硕果满枝的仁用杏

不同品种仁用杏在我国的资源分布

仁用杏杏园的修整管理结果图

常见的仁用杏栽培模式

杨忠义　姚延梼　著

中国农业科学技术出版社

图书在版编目(CIP)数据

仁用杏/杨忠义,姚延梼著.—北京:中国农业科学技术出版社,2014.5
ISBN 978-7-5116-1677-7

Ⅰ.①仁… Ⅱ.①杨…②姚… Ⅲ.①杏—果树园艺 Ⅳ.①S662.2

中国版本图书馆 CIP 数据核字(2014)第 113827 号

责任编辑 徐 毅
责任校对 贾晓红

出　　版 中国农业科学技术出版社
北京市中关村南大街 12 号　　邮编:100081
电　　话 (010)82106631 82106626(编辑室) (010)82109702(发行部)
(010)82109709(读者服务部)
传　　真 (010)82106631
网　　址 http://www.castp.cn
经　　销 各地新华书店
印　　刷 北京富泰印刷有限责任公司
开　　本 880mm×1 230mm 1/32
印　　张 9.125
彩　　插 4
字　　数 260 千字
版　　次 2014 年 5 月第 1 版 2014 年 5 月第 1 次印刷
定　　价 30.00 元

前 言

仁用杏是我国主要经济林树种之一,杏仁是我国传统的重要出口商品,经济价值高,发展仁用杏,对于充分利用山丘土地资源,改善山地生态环境,提高经济效益有着重要意义。我国仁用杏的应用研究早在20世纪60年代就已经开始了,传统中医中药对杏仁的药食兼用研究就已有涉猎,尤其是近年来,对杏仁的化学成分、药理作用、临床应用、杏仁中含有的药食兼用蛋白原,在医疗效能及补脑益智,营养保健等方面的应用也取得了一定成果。由于仁用杏生物学特性决定了其适宜栽培的土地广阔。近年来,对传统品种的改良培育,也取得了一定进展,一些适应性强、丰产、稳产的优良品种不断涌现,为仁用杏发展提供了良好的物质和技术条件。目前"三北"防护林区已开始杏仁生产基地建设,这既可以改善生态环境,而且还能在短期内获得巨大的经济效益。在生产过程中,由于受低温、高温、干旱、病虫害环境因素及逆境等因子限制,仍然不可避免地影响了仁用杏在大范围内的栽培和发展。本书的出版发行是为充分挖掘全国各地仁用杏品种资源和地域优势,进一步提高我国仁杏产量和品质,为我国仁用杏集约化生产经营服务,为发挥仁用杏食药兼用,医疗效用及营养保健作用,为我国人民的生活和健康水平提高,提供科学依据和理论指导。

本书共分为如下章节。第一章:仁用杏资源分布状况;第二章:仁用杏苗木培育与建园;第三章:仁用杏应用研究成果;第四章:仁用杏抗逆性研究进展;第五章:仁用杏营养元素及酶活性与抗逆性研究方法;第六章:仁用杏的矿质元素变化规律研究;第七章:仁用杏酶活性变化规律研究;第八章:仁用杏抗寒机理研究;第九章:仁用杏食药保健开发前景展望。

本书第一章、第五章由姚延祷教授执笔，其余章节由杨忠义副教授完成。本书成书过程中，得到了张作刚副教授，研究生徐福慧、吉国强、郝丽娟、杨秀清、郭爱华等及相关研究者的支持，在此谨向他们表示最衷心的感谢。此外，还查阅了大量相关的国内外研究专著及高水平刊物，引用了许多相关的资料和图片，为本书的编写提供了重要的理论参考，在书后的参考文献中都能体现出来，但仍不可能全部列出，在此，特向有关作者深表歉意并致谢意！

由于作者水平有限，书中一定存在很多不足，恳请专家学者提出宝贵意见和建议。

作　者

2013 年 12 月于山西农业大学

目 录

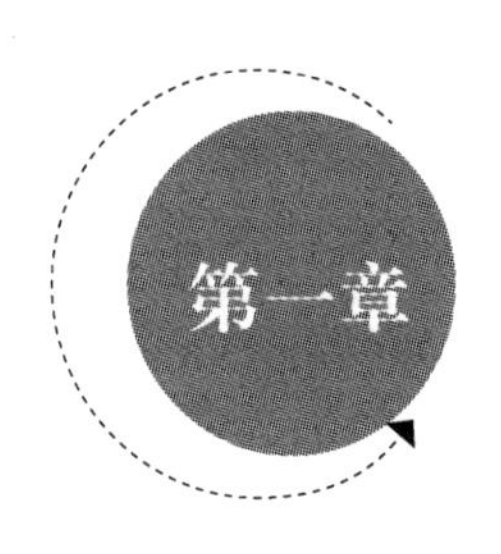

第一章 仁用杏资源分布状况

仁用杏（Kernel-apricot）是以杏仁为主要产品的杏属（*Prunus armenicana* Linn.）果树的总称，主要包括生产甜杏仁的大扁杏和生产苦杏仁的各种山杏（西伯利亚杏、辽杏、藏杏和普通杏的野生类型）。

第一节 仁用杏在我国的分布情况

一、我国仁用杏的栽培历史

杏为蔷薇科杏属落叶乔木。原产我国，华北地区分布较为广泛，栽培历史约有两千余年。公元前658年《管子》记载，“五沃之土，其木宜杏”。公元前400－250年，《山海经》上也记载有“灵山之下，其木多杏”，当时杏树栽培之盛已跃然纸上；灵山位于陕西省，系秦岭的一部分。野生种和栽培品种资源都非常丰富。全世界杏属植物划分为6个地理生态群和24个区域性亚群，共有10个种。其中，我国就有9个种。10个种中又可分为3大类，即肉用型（食用果肉），也是主要类型，其著名品种主要为肉用型，如金太阳、凯特杏等。仁用型，果肉较少而口味较差，但仁大而适合食用（或药用）；兼用型（榛杏），果肉、果仁均可食用。榛杏的著名品种有红金榛、沂水丰甜榛杏等。其中，我国就有5种：普通杏、西伯利亚杏、东北杏、藏杏、梅杏。栽培品种近3 000个，都属于普通杏。欧美的杏树品种是18世纪被西班牙教士带入加利福尼亚南部。1879年，美国果树学会列举的在美国种植的品种有11个。据说，西欧的杏是通过中国古代的丝绸之路传播过去的，而现在在全世界都有栽培。

二、我国仁用杏的资源分布

杏在我国分布范围很广，除南部沿海及中国台湾省外，大多数省区皆有，其中，以河北、山东、山西、河南、陕西、甘肃、青海、新疆维吾尔自治区（以下称新疆）、辽宁、吉林、黑龙江、内蒙古自治区（以下称内蒙古）、江苏、安徽等省区较多，其集中栽培区为东北南部、华北、西北等黄河流域各省。

仁用杏对自然环境的适应性较强，我国栽植主要分布在32°～44°N的12个省、市（自治区），仁用杏抗严寒、耐干旱、抗盐碱、耐瘠薄、喜沙壤土、喜光照，冬季耐低温，最低可耐－40～－30℃的低温。在年平均气温3. 5 ℃以上，年降水量在350 mm以上，海拔1 500 ～1 800m，≥10 ℃年有效积温在2 700 ℃以上，无霜期130 d以上的坡地、平川都可栽植。凡是杏树能挂果收获的地方，仁用杏均可栽植。

目前，我国苦杏仁的生产面积为133. 3 万 hm^2，年产量为1. 8万～2. 1万 t。甜杏仁全国年产量为800 ～1 000 t，一般666. 7 m^2产量为30kg左右。

近年来，为了发展仁用杏商品基地，我国先后在一些老产区建成了一批新品种基地，如河北省巨鹿、广宗的串枝红杏基地，山东省招远的红金榛杏商品基地，张家口大扁杏商品基地，北京市的水晶杏基地，山西省广灵、岚县仁用杏基地，山东省崂山关爷脸杏基地，历城红荷苞基地，河南省渑池仰韶红杏基地，陕西省华县大接杏基地，甘肃省敦煌李光杏基地和新疆维吾尔自治区英吉沙杏基地等。在这些基地的建设过程中，选用名优品种，科学的栽培管理技术，使我国仁用杏生产水平跃上了一个新的台阶。

三、栽培仁用杏的目的和意义

杏树全身是宝，用途很广，经济价值很高。杏果实营养丰富，含有多种有机成分和人体所必需的维生素及无机盐类，是一种营养价值较高的水果。杏仁的营养更丰富，含蛋白质23%～27%、粗脂肪50%～60%、糖类10%，还含有磷、铁、钾、钙等无机盐类及多种维生素，是滋补佳品。杏果有良好的医疗效用，在中草药中居重要地位，主治风寒肺病，生津止渴，润肺化痰，清热解毒。

杏树寿命长，华北、西北各地常见百年以上大树，产量仍很高。经济寿命亦很长，在40～50年。杏对土壤、地势的适应能力强，多种植在山坡梯田和丘陵地上，在800～1 000 m的高山上也能正常生长。在壤土、黏土、微酸性土、碱性土上甚至在岩缝中都能生长。杏树耐寒力较强，可耐－30 ℃或更低的温度；耐高温，如新疆喀什等地，夏季最高气温43.4℃仍能正常生长结果且品质佳。杏树不耐水涝，地面积水3d就会烂根树死。

杏及杏产品具有很好的加工性能，也是出口创汇的重要产品之一。杏果肉可以加工成杏干、杏脯、杏汁（杏茶）、糖水罐头、果酱、话梅和果丹皮等。杏仁是制作各种高级点心的原料、杏仁霜、杏仁露、杏仁酪、杏仁酱、杏仁酱菜、杏仁油等。杏仁油微黄透明，味道清香，不仅是一种优良的食用油，还是一种高级润滑油，可耐－20 ℃以下的低温，可作为高级油漆涂料、化妆品及优质香皂等的重要原料。还可用来提取香精和维生素等。

杏树的木材色红、质坚、纹理细致，可以加工成家具和各类工艺品；叶片是很好的家畜饲料；树皮可提取单宁和杏胶；杏壳是烧制优质活性炭的原料。

此外，杏树也是一很好的绿化、观赏树种，尤其是在干旱少雨、土层浅薄的荒山或是风沙严重的地区，杏树是防风固沙、保土、改善生态环境、造林的先锋树种。

第二节　山西仁用杏分布情况

一、山西仁用杏栽培历史沿革

据有关资料记载，杏树原产于我国华北地区，在山西省约有两千年的栽培历史。《山海经》记载“灵山之下，其木多杏”，原指的灵山位于陕西省，系秦岭的一部分，与山西省晋南地区接壤，秦晋历来交往频繁，果树品种与栽培技术经常进行相互交流，优良果树，尤其杏品种自然也互通有无（ 王中英等 1991 ）。该地区和山西省至今仍为杏的主要产区。

杏树具有适应性强，耐寒、耐旱、耐瘠薄土壤的特点。山西省杏树的分布极为广泛，南起黄河滩涂地，北至长城脚下，无论平川高山，不管沟壑丘陵一带，到处都有杏树生长，在山西省大部分县境内，都能看到百年以上的老杏树。中条山、吕梁山、太行山和管涔等山区也都分布有大量的山杏。据不完全统计，新中国成立前山西省有杏树 500 余万株，年产杏果 1 282. 5 万 kg，新中国成立后杏树栽培有了较大的发展，到 1957 年杏树株数增加到 60% ，产量增加了 57% 。后来，由于历史的原因至 1978 年杏树株数降至 125 万株，产量降至 173. 3 万 kg，株数和产量均下降 86% 以上。改革开放之后，杏树种植面积逐渐增加。截至目前，全省境内仁用杏的种植面积大约每年出口杏仁 800 余 t，占全国出口总数的 10% ～20% 。

山西省杏树资源极为丰富，山西省农业科学院果树研究所在重点果区组织调查，曾采集标本 170 余个。该区栽培的杏树资源及仁用杏资源十分丰富，不仅具有闻名全国的清徐沙金红杏，永济三月黄杏等 90 多个延续栽培的当地品种，而且从历史上就引种了河北、京、津和陕西等省市的优良品种和品系，该区域是一个十分典型的杏和仁用杏资源保存库。这些杏品种在小满前后即可上市，成熟期与樱桃相近，对调剂市场水果淡季需求具有重要的作用；清徐沙金红杏，色泽鲜艳，个大味美，甜酸适口，品质最上，堪称杏之珍品；万荣白水杏肉细离核，仁大味甜，生食、制干均为上品。这些优良生食杏品种颇受市场欢迎。仁用杏是一种很好的木本油料树种，也是绿化荒山、防止水土流失的良好材料，杏仁又是我国传统出口商品之一，在当地经济发展中具有非常重要的作用。

二、山西杏属果树种类及特征

山西杏属果树按分类学上分为3个种。

1. 普通杏 *A vuigaris* Lam.

树型为乔木，高一般在5～12 m；树冠圆头形、扁圆形或长圆形都有；树皮暗灰褐色；一年生枝浅红褐色，有光泽，无毛；芽圆锥形，芽鳞褐色，无毛，开花时大部分脱落。叶片近圆形或宽卵圆形，先端短渐尖，稀长渐尖，基部圆形或近心形，边缘具圆钝锯齿，两面无毛；叶柄长2～3 cm，基部具1～6腺。花单生，直径2～3 cm，无柄或具极短柄；萼筒圆筒状，基部微被短柔毛，紫红绿色；萼片卵圆形至椭圆形；花瓣白色或稍带红色，圆形至倒卵形；雄蕊25～45、短于花瓣；子房被柔毛。果实球形、罕倒卵形，直径大于2.5 cm，白色、黄色至黄红色，常具红晕，微被短柔毛；果肉多汁，成熟时不开裂。核平滑，圆形、椭圆形或倒卵形，两侧常不相等，背缝较直，腹缝较圆，腹缝中部具龙骨状棱，两侧有扁平棱或浅沟；种子扁圆形，味甜或苦。

普通杏在3月上、中旬萌芽，4月中旬展叶，4月上、中旬开花，6～7月果实成熟，10月下旬至11月上旬落叶。

普通杏为山西省主要栽培品种，树势强健，适应性强，抗寒耐寒。山西省约有百余个品种，分布于全省各地。

2. 西伯利亚杏 *A sibirica*（L.）Lam.

树型为小乔木，高 2 ～4m，枝条开张；小枝通常无毛、灰褐色或淡红褐色。叶片卵形至近圆形，长 3 ～10 cm，宽 2 ～7 cm，先端长渐尖，基部圆形或近心形，叶缘有细锯齿，两面无毛或背面脉腋微具髯毛；叶柄长 2 ～3 cm 无腺或有腺。花单生、近无柄，直径 1.5 ～2 cm ；萼筒圆筒状，微被短柔毛或无毛。常红色；萼片长圆状椭圆形；花瓣白色或淡红色，近圆形至倒卵圆形；雄蕊短或稍长于花瓣；子房被短柔毛。果实球形，直径 1.5 ～2.5 cm，两侧扁平，外被短柔毛，黄色，常具红晕；果肉较薄而干燥，味酸涩不可食，成熟时沿腹缝线裂开；核易与果肉分离，皮黄褐色，近球形，腹棱明显而尖锐，背棱喙状凸出；种仁味苦。

西伯利亚杏在 3 月上、中旬萌芽，3 月上旬～4 月上旬开花，4 月中、下旬展叶，6 月中、下旬果实成熟，10 月下旬至 11 月落叶。

西伯利亚杏分布山西各地山区，多用作杏的砧木，抗旱耐寒，部分地区开发利用杏仁加工，山西省杏仁有一定数量外销出口。

3. 东北杏 *A mandshurica*（maxim.） Skvortz.

乔木，高达 15m；树皮木栓质，深裂，暗灰色，嫩枝绿色或淡红褐色，无毛。叶片宽椭圆形或卵圆形，长 5 ～12 cm，宽 3 ～6 cm，先端渐尖，基部宽楔形至圆形，少数为心形；边缘有尖锐重锯齿，长短不齐；两面无毛或背面脉腋具髯毛；叶柄长 2 ～3 cm。花单生，直径 2.5 ～3 cm，花梗长 0.7 ～1 cm，无毛；花瓣红色或浅粉色。果实近球形，直径 1.4 ～2.5 cm，被短柔毛，黄色，向阳面有时具红晕或红点；果肉多汁或干燥，味酸，略带苦涩，大果类型，可食，有香气，核球形或长圆形，长 1.3 ～1.8 cm，宽 1.1 ～1.8 cm；顶端渐尖或圆钝，基部稍向下狭窄，微具皱纹，浅棕褐色，腹缝平展，中央形成钝棱，侧棱不发育，背缝隐蔽，近圆形，种仁味苦。

东北杏在 3 月中旬萌芽，4 月中旬展叶，3 月下旬至 4 月中旬开花，7 月果实成熟，11 月落叶。

东北杏分布于山西省各地山区。抗寒，耐瘠薄，为杏的砧木。

三、山西杏属果树的分布

山西省杏属果树分布极广，遍及全省各个县市。山西省北部的高寒地区，如左云、右玉、平鲁、神池，五寨，岢岚等地，一般果树较难栽培，而杏树能正常生长，成为当地主要栽培果树。由于山西杏栽历史悠久，形成了许多地方品种，并随之而形成了独特品种的栽培区。根据山西省各地优良品种的分布，山西省有以下 4 个杏的主要栽培区。

1. 京杏栽培区

主栽品种为软条京杏和硬条京杏。主产地在阳高县王官人屯镇的康窑村，栽培数量占当地杏树的 70% 以上；还分布在大同市和天镇县等地。

2. 沙金红栽培区

主栽品种为沙金红杏。主产地在清徐县边山一带，以都沟，后窑和水峪等村较多，栽培数量约占当地杏树的 70%，太原市小店区和榆次、太谷一带也有分布。

3. 白水杏栽培区

主栽品种为白水杏。主产地在万荣县袁家庄、黄家峪、黑子沟。栽培数量约占当地杏树的 80% 以上；还分布临猗县李家庄和黄家庄一带。

4. 红梅杏栽培区

主栽品种为红梅杏。主产区为永济庄子、虞乡等地，分布于中条山山麓地带。

四、山西仁用杏栽培布局

杏在山西省的分布也较为广泛。仁用杏资源更为丰富，大约有

170 多个品种，常见栽培的就达 90 多个。主要分布在太原市的清徐县，古交市；晋中的榆次区，太谷县；大同市的天镇县，阳高县，大同县以及广灵县；忻州市岚县；运城市的永济市，万荣县，临猗县等。集中大同的广灵县和忻州市岚县也已跻身全国仁用杏之乡的行列。主要仁用杏资源分布，见下图。

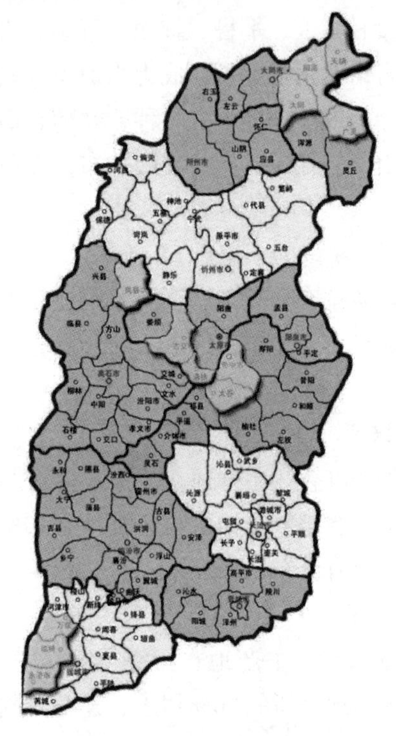

图　山西仁用杏栽培布局

第三节　我国发展仁用杏的市场前景

自从我国开始实施“三北”杏树产业带以来，许多省市场区都被列入到这个工程当中了。其中，新疆维吾尔自治区和宁夏回族自治区已经纳入自治区的重点项目，内蒙古自治区的赤峰市和通辽市，辽宁省的朝阳市和阜新市，河北省的承德市和张家口市，北京市的延庆县，山西省的大同、朔州、吕梁和运城、临汾等地市，陕西省的延安和榆林两市以及甘肃省的庆阳地区等，都先后将发展杏产业列入本地区的重点项目。

据不完全统计（张加延，2007），到2005年末，“三北”地区杏树总面积已达212.5万 hm^2，占全国杏树总面积（218.4万 hm^2）的97.3%。其中，鲜食与加工杏的面积为30.9万 hm^2，占全国同类杏的85.2%；年产量为114.6万t，占全国同类杏年产量的77.9%。“三北”地区大扁杏面积为27.8万 hm^2，占全国大扁杏面积的99.8%；年产量为2.05万t，占全国大扁杏产量的99.6%。“三北”地区山杏面积为153.8万 hm^2，占全国山杏面积的99.7%；年产量为7.2万t，占全国苦杏仁产量的99.0%。由此可见，“三北”地区是我国名副其实的杏的主要产区。

东部产区主要包括辽宁、河北、北京、内蒙古和吉林等省（市、自治区），具体的是辽宁省的朝阳市和阜新市以及相邻市的部分县乡；河北省的张家口市和承德市以及邢台市的巨鹿县和广宗县，衡水市的阜城县等；北京市的延庆县；内蒙古自治区的赤峰市和通辽市；吉林省的通榆县等地。

2005年底这一区域杏树面积达170.9万 hm^2，占“三北”杏树总面积的80.4%。其中，鲜食与加工杏11.1万 hm^2，占6.5%；大扁杏19.6万 hm^2，占11.5%；山杏140.1万 hm^2，82.0%。2005年产鲜食与加工杏29万t，占全国同类杏的19.7%；大扁杏仁1.8万t，占全国大扁杏仁产量的83.7%；山杏仁6.9万t，占全国山杏仁产量的94.8%。平均单产鲜食与加工杏4 461.5 kg/hm^2，大扁杏仁246.6 kg/hm^2，山杏仁105.3 kg/hm^2。

中部产区包括山西、陕西、甘肃、宁夏4省（自治区），主要产区是山西省的忻州市和临汾市以及吕梁市的兴县和大同市的阳高县与广灵县；陕西省的延安市和榆林市；甘肃省的庆阳地区；宁夏回族自治区的固原市。2005 年，这一杏产区的杏树生产面积已达 27.9 万 hm^2，占“三北”杏树总面积的 13.1%。其中鲜食与加工杏 6.3 万 hm^2，占 22.6%；大扁杏 8 万 hm^2，占 28.7%；山杏 13.6 万 hm^2，占 48.7%。鲜食与加工杏产量为 17.4 万 t，占全国同类杏的 11.8%；大扁杏仁 3 300 t，占全国大扁杏仁产量的 14.0%；山杏仁产量 3 080 t，占全国山杏仁产量的 4.1%。平均单产鲜食与加工杏 3 954.6 kg/hm^2，大扁杏仁 120 kg/hm^2，山杏仁 58.8 kg/hm^2。

西部产区即新疆杏产区，其鲜食与加工杏主要分布在南疆 5 个州（地），仁用杏主要分布在北疆的伊犁地区和昌吉州。2005 年，这一杏产区的杏树总面积达 13.8 万 hm^2，占“三北”杏树总面积的 6.5%。其中鲜食与加工杏为 13.5 万 hm^2，占全国同类杏的 37.2%；大扁杏 2 400hm^2，占全国大扁杏生产面积的 0.9%；山杏 1 100hm^2，占全国山杏面积的 0.07%。2005 年产鲜食与加工杏 68.2 万 t，占全国同类杏的 46.4%；大扁杏仁 370 t，占全国大扁杏仁产量的 1.9%；山杏仁产量 100 t，占全国山杏仁产量的 0.1%。平均单产鲜食与加工杏 7 513.2 kg/hm^2，大扁杏仁 205.6 kg/hm^2，山杏仁 100 kg/hm^2。

从整体分析来看，我国鲜食与加工杏的主要产区在西部（新疆），大扁杏和山杏的主要产区在东部，各产区均有相当多的幼树未进入结果期，尤其是中东部产区增产潜力更大。

由此可见，在“三北”林带发展仁用杏是我国经济干果林发展的重点区域，这一地区即有相当越的地理环境，同时，也是仁用杏产业优势区域。

一、目前我国已初步建成的仁用杏基地

1. 河北省的蔚县地区

该区处于冀西北山区，栽植杏扁具有得天独厚的条件。如今河

北省蔚县拥有杏扁基地 2.87 万 hm^2，已建成常宁、北水泉、桃花、吉家庄、宋家庄、白乐、南杨庄、柏树乡（镇）等一批面积超过 666.67 hm^2的杏扁重点栽培区，进入盛果期，全县杏扁仁产量可达 2 000 万 kg，产值可达 6 亿元。2001 年，蔚县被国家林业总局命名为“中国仁用杏之乡”，被河北省政府确定为“河北省杏扁生产基地县”。

2. 河北省承德县

该县是河北省重点仁用杏产区，杏仁是该县传统的名特产品，生产的杏仁曾荣获 99 昆明世博会优质产品奖，河北优质名牌产品称号。仁用杏产业已成为部分乡镇农民脱贫致富的支柱产业。目前，全县已有仁用杏资源林 3.33 余万 hm^2，其中，结果面积 2.4 余万 hm^2，正常年景产杏仁 230 万 kg，年创产值 2 450 万元。

3. 辽宁省朝阳市凌源县

该县是众所周知的仁用杏之乡。现在 1.3 万 hm^2栽培面积的，110 万 kg 的大扁杏仁年产量，让当地的产值达到了 5 000 万元人民币，并正式把大扁杏等经济林产业作为了当地的农业类主导产业，是“中国名特优经济林仁用杏之乡”。

二、具有发展潜力的仁用杏之乡

山西省的岚县、广灵县、天镇县等新发展的经济树种产品，含有丰富的维生素，富含的 VB_{17}具有治癌、防癌等功效。岚县为山西省仁用杏建设基地县，现存活保存面积达 1.33 万 hm^2，年产杏 20 万 kg。

河北省燕山仁用杏产业科技园区”已被列入“河北省山区星火产业带示范基地”。辽宁省的义县、彰武县等。陕西省白干山区南部优质仁用杏基地建设项目，建成的高效益生态型优质仁用杏基地 1.2 万 hm^2，成龄园年收入 1.8 亿元以上。此外，甘肃，新疆等省市自治区都把仁用杏列入当地产业发展规划之中，成为经济干果林，成为农业丰产，农民增收的主要来源之一。

三、仁用杏的国内外市场需求

目前，我国仁用杏产量在 3 万 t 左右，国内外市场年需求大约在 5 万 t，其中，国内药用和饮料用杏仁需求量各为 1 万 t，供求矛盾尖锐（周晏起 等 2006；张加延 等 2007）。近几年来，杏仁一直供不应求，成为药品、食品市场上的供不应求的产品，价格也在持续攀升。由于人们对仁用杏在品种及种植方式不同，杏仁价格也不相同，市场上最高价格可达 80 元/kg 以上（苑克俊，2013）。杏仁油在国内的价格在 300 ～ 400 元/kg，在国际市场上为 57. 5 美元/kg。杏仁油出口市场年需求量约 500 t；国内食用终端市场年需求量 500 t；直接用于保健化妆需求量约 100 t；化妆品原材料年需求 400 t。同类厂家供应市场年不达 200 t，市场上有相当大的缺口。取油后的杏仁粕还含有 42. 9% 的蛋白质，可加工成高蛋白质的杏仁粉，国内售价为 25 元/kg。杏仁粕中含有 3% ～4% 的苦杏仁苷（VB_{17}，纯度 95%），是防癌抗癌物质，目前，国内市场售价约为 3 000 元/kg，在国际市场上售价为 3. 2 美元/g（高丽红 2008）。由此可见，杏仁加工后的附加值比原料价格要高出许多（张晓莉　等 2013）。而我国又是仁用杏的原产地，加之，我国适宜发展仁用杏的地区很广阔，今后一段时期大力发展仁用杏具有很大的发展潜力和巨大的市场前景。

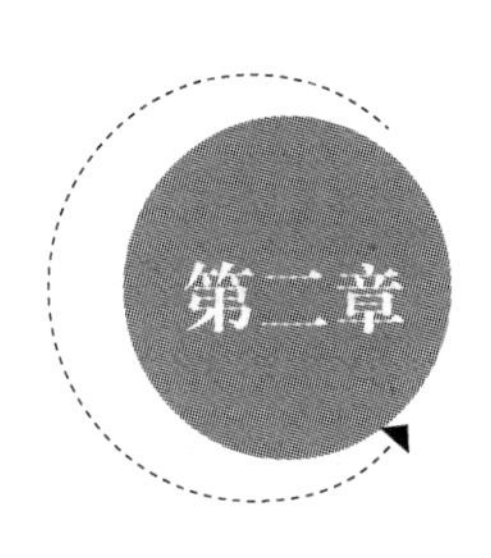

仁用杏苗木培育与建园

第一节　仁用杏生物学特性及品种简介

仁用杏（Kernel-apricot）是以用杏仁为主的杏树（*Prunus armenicana* Linn.）。落叶灌木或小乔木，1～3年为幼树期，主要进行营养生长。4～5年生为初果期，开始少量结实，此阶段为营养生长与生殖生长同步进行期。5年后进入结实盛期，此期可长达10年左右，短果枝结果，占结果枝总量的96.7%，坐果率3%～5%（黄永红，1997）。15年生后进入衰老期。早果性和丰产性较好的品种2～3年生树就开始结果，7年生树进入盛果期。果肉薄汁少味酸涩，多纤维；核大壳薄仁香甜，平均单果重40～60 g，果肉离核，杏核较扁，基部有沟纹，顶端尖，千粒重0.62～0.90 kg，出仁率27%～35%，仁皮黄色，仁肉白色或乳白色，含粗糙脂56.7%～58.13 %，甜杏仁含蛋白质23 %，脂肪50%～60 %，糖类10%，磷338mg/100g，钙11 mg/100g，铁7 mg/100g及锌、铜、锰等元素和多种维生素（黄永红，1997）。仁用杏主产于我国西北部高原，在河北、山西、陕西、江苏、甘肃、新疆等省、市、自治区均有分布。

一、仁用杏主要生物学特性

仁用杏树为阳性树种，喜光，在全光照条件下生长发育良好，有利于花芽的形成和果实糖分积累，庇荫条件下内堂枝会枯死，病虫害发生较严重，生长发育不良。仁用杏为复合型根系，根系强大而发达，能吸收土壤深层的水分，故有较强的耐旱性能。适合生长于土层深厚、肥沃、渗透性良好的土壤中，喜欢中性或微碱性（pH 值 7 ～7.5）的土壤质地条件。通透性差的下湿地、山头、风口、低洼地、薄层土地不宜栽培仁用杏。仁用杏对气候条件适应范围较广，生长期需要有效积温为 2 000 ～2 500℃（肖扬，1998）。开花、受粉、授精、结实时气温大于 10℃即可，但生长阶段的最适气温要求为 20℃左右。在休眠期，仁用杏发生的冻害温度为 -25 ～ -30℃，远远低于其他一些果树。年降水量在 400 ～600mm 并分布在适宜的情况下生长良好。

二、仁用杏品种简介

杏的原产地在我国，尤其以华北地区分布最为广泛，通过对华北的山西、河北，辽宁、陕西等省的了解和不完全统计，我们在 20 世纪 80 ～90 年代调查的基础上（王中英等 1991），再次走访山西省有仁用杏资源的大部分地区，发现山西杏品种资源及主栽品种既保持了本地区和本土的特色，又融合了全国大部分的资源和品种优势，该区是一个集陕西省、京、津地区及河北省等地资源和品种的丰富的品种资源库，可以作为全国杏及仁用杏品种历史沿革的一个典型区域。目前，山西杏及仁用杏的品种大约有 170 多个，常见的栽培品种约有 90 多个。目前，对该区域仁用杏的京杏栽培区、沙金红栽培区、白水杏栽培区、红梅杏栽培区品种资源调查表明，该区区域内 4 大栽培区的品种资源反映了仁用杏资源的特点，也将在今后一段时间内为仁用杏的品种和品系选育发挥一定的作用。在此对山西省的传统仁用杏品种和品区的品种分布、树型特征、生长发育特点，果实类型以及营养成分含量等进行罗列和描述，以供大家参考。按照仁用杏的分类法，大概可以分为苦杏仁和甜杏仁两大类。

（一）传统苦杏仁品种

1. 沙金红杏

主要分布在太原市清徐边山一带，以仁义，平泉等村栽培的品质最好，栽培历史有百年以上。因果实色泽鲜艳，向阳面紫红，而果肉色泽橙黄如金，深受果农欢迎，并命名为沙金红。

树冠呈圆头形，树势中庸，主干黑褐色。花蕾粉红色，花瓣白色。果实扁圆形，中等大，果肉橙黄色，果肉厚，质地紧密，汁液中多，甜酸适口，香味较浓，品质上等。果实含还原糖4.89%，蔗糖7.42%，含酸0.92%，pH值3.69，鲜杏VC含量71.45 mg/100 g；离核或半黏核，核扁圆形广表面粗糙，平均重1.5 ~2 g。

原产地4月上旬开花，6月中下旬果实成熟。嫁接三年后开始结果。以花束状果枝和短果枝结果为主，寿命长。成年树产量高而稳定。

本品种，树势健壮，丰产稳产，果实大而美观，甜酸适口，生食、制脯均宜，品质上等，颇受果农和广大消费者所喜爱。在大中城市近郊可大量发展。

2. 老爷红杏

主要分布在太原清徐边山一带，分布较零散，以马峪、仁义，平泉，东西梁泉、都沟等村栽培较多，栽培历史在200年以上。成熟期较早，品质亦好；是当地比较古老的一个品种。

树冠呈自然圆头形，成龄植株树势强健，树体高大，主干褐色，老皮呈网状剥落。多年生枝灰褐色，块状裂，二年生枝红褐色，一年生枝曲折，有光泽皮目淡黄色，叶片近圆形。

果实中等大小，圆形或扁圆形。果面茸毛多，果粉少，底色淡黄，向阳面的彩色紫红晕，色泽艳丽。果顶平，微凸，梗洼深。果肉橙黄色，肉厚，肉质细，纤维少，味甜，汁液中多，香味浓郁。果实单糖2.14%，双糖6.01%，总糖8.42%，总酸1.99%，糖酸比4.23，品质中上，生食制干均宜，核椭圆形，核面粗糙，鲜核红褐色，与果肉易分离。苦仁。

3. 端午杏

分布于清徐县东、西梁泉、都沟、东于、马峪、仁义村一带，以西梁泉栽培最为集中，约占该村杏树总株数的70%。栽培历史约在两百年以上，至今在西梁泉仍可见80～90年生的大树。本品种果实成熟较早，端午节前后即可上市，故名端午杏。

树冠呈自然半圆形，开张或半开张。树干黑褐色，条状纵裂，裂缝较深。二年生枝紫褐色，一年生新梢阳面紫红色。叶片近圆形，几近全圆，叶柄较长，花瓣粉红色，在当地3月下旬开花，6月中旬成熟；果实成熟期不一致，前后相差达半月之久。嫁接后3～4年开始结果，15年左右进入盛果期。产量中等，盛果期树株产可达200～300 kg，少数高产树可超过500 kg。

果实圆形，中等大。果面有光泽，底色黄绿，向阳面有紫红色晕。果顶平，微凹，缝合线中深，梗洼广而较浅，果皮薄，与果肉较难剥离。果肉黄色，肉质细，汁多味甜，风味浓香，纤维较多，品质好，离核，苦仁。

本品种耐寒耐旱力均强，在早熟品种中，品质堪称上等。因其早熟质优，颇受果农和市场消费者的欢迎。在城市近郊可适量发展。

4. 万荣白留梢杏

本品种主要分布在万荣县宝井、荣河、杨村、孝原、里望、陈村、薛纪等地，栽培历史约在百年以上，是当地主栽品种之一。

树冠自然半圆形，半开张，树势中等，主干黑褐色，一年生新梢黄绿色，较粗壮，向阳面红褐色，有光泽，具淡黄色圆或长圆形皮孔，无茸毛。叶片大而厚，叶面平展，叶缘锐锯齿，叶背脉腋间有茸毛；叶基圆形，叶柄长，有蜜腺两个。花蕾粉红色，花瓣白色，雌蕊低于雄蕊，退化花占80%。

果实近圆形，中等大，平均单果重35 g。果面光滑，茸毛少，底色黄白，向阳面有类似胭脂鲜红色片状晕，果顶微凹，沿缝合线边缘略突起；梗洼中广，较深，果皮薄，较难剥离。果肉黄白色，肉质松脆，纤维极少，汁液多，香味浓，甜酸适口。据山西果树所分析，果实含酸0.8%，总糖5.17%。品质上。较耐贮藏，采后可放置8～10天。黏核或半离核，苦仁。

在当地3月12日花芽萌动，3月20日初花，4月初盛花，6月初果实成熟，果实发育期60～70天，坐果率高，花后生理落果和采前落果均轻，无明显大小年。抗旱，但易受晚霜危害。以花束状果枝和短果枝结果为主。果枝分布均匀，寿命较长，隐芽萌发力强，易于更新复壮。丰产稳产，盛果期树株产可达150～200 kg，高产树可达400 kg。

本品种树势强健，果实外观美，产量高，适于生食、加工。1976年参加西北地区评比，其杏干质量获第一名，同时，也是一个生食加工兼用良种。

5. 大海棠红杏

主要分布在广灵县平城一带，栽培数量很少，近年来有少量发展。

树冠多呈圆头形，树势健壮，主干黑褐色，纵裂较深。一年生新梢红褐色。叶片椭圆形，基部楔形。花芽着生较稀，产量中等。

果实扁圆至长圆形，大型果，单果平均重55～60 g。果面较光滑，略带光泽，果粉薄，茸毛少，底色黄绿，向阳面有片状红晕及紫红色果点，缝合线浅。果梗较粗，果肉深黄色，肉厚，质软，纤维少，汁液中，甜酸适口，果实含酸量1.78%，总糖含量7.8%，黏核，苦仁。

6. 二圆杏

主要分布在怀仁县何家堡一带。

树冠多呈自然圆头形，主干灰褐色，二年生枝紫红色，一年生新梢鲜红色。叶片长圆形，先端渐尖，绿色，基部楔形，叶缘锯齿大而钝，叶脉绿色。以中短果枝结果为主，产量较高，稍加管理即可丰产稳产。

果实圆或卵圆形，中等大，单果平均重46 g。果顶平，梗洼较深，缝合线不明显，果皮与果肉不易剥离。果面外表较美观，果肉黄色，质地细硬，汁液较多，成熟初期味道酸涩。果实含酸2.61%，总糖5.69%，品质中等，离核或黏核，苦仁。

本品种具有肉厚，质硬，离核，耐贮运，易管理等优点，在当地较受群众喜爱。

7. 焦家杏

主要分布在新绛县境内，以万安乡柏壁村和峨嵋岭一带栽培较为集中。据新绛县志记载，该品种栽培历史在千年以上，因母株原产焦家而得名。目前，已作为推广品种在晋南发展。

树冠圆头形，树姿较开张，主干黑褐色，多年生枝灰褐色，一年生新梢红褐色，皮目淡黄色。叶片长椭圆形，叶缘锯齿细密；叶基楔形，叶柄较粗，近叶基部有1～2个蜜腺。花白色，雌蕊低于雄蕊，退化花约10%。幼树以中长果枝结果为主，成年树以花束状果枝结果为主，果枝连续结果能力强，丰产稳产，百年以上老树仍果实累累。在当地3月下旬开花，6月上旬果实成熟。

果实圆形至扁圆形，较大，单果平均重47 g，最大单果重达70g以上。果实底色金黄，向阳面有鲜红色彩霞，果皮较厚，果肉淡黄色，汁液丰富，甜酸适口，有芳香。果实含还原糖1.25%，蔗糖5.46%，总糖6.71%，总酸1.55%，糖酸比4.33，pH值3.45。纤维少，品质上，半离核，种仁长圆形，浅褐色，单仁重0.52 g，出仁率28.24%，苦仁。

本品种以适应性强，早熟，丰产、个大，肉厚、质优而受广大果农及消费者所喜爱，是一个很有前途的鲜食优种，可以大量发展。

8. 关爷脸杏

主要分布在永济市寇家窑村，栽培面积不大。

树冠呈自然半圆形，树势中庸，树姿开张，主干黑褐色，老枝灰褐色，二年生枝淡紫红色，有较多的簇生白色皮孔。芽基膨大，基部膨大更加明显。叶片近圆形，较大，叶柄长，向阳面色泽紫红，分布有3个肾形蜜腺，背阴面绿色，主脉近基部有1/3的部分呈紫红色。花瓣白色，雌蕊高于雄蕊，雌蕊退化花占13.64%。

果实较大，尖顶圆形，单果平均重50 g，最大单果重70 g。果面黄白色，向阳面有鲜红色晕，外观极美，果肉淡黄色，肉质软绵，汁液丰富，甜酸适口，有轻微李香味。含可溶性固形物13%，纤维中，品质上，半离核，苦仁。

在当地4月初开花，6月上旬果实成熟。

本品种色泽美，风味佳，果形大，产量高，在市场上颇受欢迎，可适量发展。

9. 红梅杏

本品种主要分布在永济市城关、庄子、上庄、高淮一带，栽培历史达500余年，是当地最优品种之一，颇受市场消费者的欢迎。该品种又分为白梅杏、梅大子、猪皮梅、香梅子，梅甜子等6个变种。

树冠多呈半圆形，树势旺盛，主干灰褐色，多年生枝灰色，较光滑，偶有块状裂纹，背阴面有较多网纹，一年生枝黄红色，有光泽和蜡质，皮孔不明显。叶片长椭圆形，叶柄短，叶柄基部或距叶基1/3处有蜜腺1～4个，叶基对称，主脉浅红色，侧脉色泽较淡，叶缘锯齿细小而明显。花蕊紫红色，花白色，雌蕊略低于雄蕊或等高，雌蕊退化花占15.1%。中长果枝结果能力也强，采前落果轻。

果实扁圆形，中等大，单果平均重37.8 g，最大单果重51.4 g。果肉淡黄色，果肉致密，酸甜适口，汁液较多，纤维中，有芳香味，品质上。果实含总糖7.24%，折光糖11.4%，糖酸比5.45∶1，鲜重VC含量9.55 mg/ 100 g。离核，苦仁。

本品种适应性强，在当地3月下旬开花，6月初果实成熟，果实发育期约70d。丰产稳产，大小年不明显，采前落果少，唯成熟期遇雨容易裂果。1982年经专家品尝，确定为该县重点发展品种之一。

10. 永济白柳梢杏

分布在永济市长处、张营一带。

树冠多为圆头形，树势中庸，树姿开张，主干灰褐色，3 ～4 年生枝紫红色，有光泽与蜡质，并有黄褐色肾形皮孔。叶片浅绿色，圆形，叶柄浅红色，基部有2 ～3 个褐色圆形蜜腺，叶基基本对称，主脉浅红色，叶缘锯齿大而钝，波状。

果实扁圆形，中等大，单果平均重 25.5 g，最大单果重约 40 g。果实黄色，向阳面有鲜红色彩霞。果皮薄，较易剥离。果肉黄白色，肉质致密，较脆，味甜酸，汁液丰富，纤维少，含可溶性固形物 13%，成熟后甜酸适口，品质上。过熟后易裂果。离核、苦仁。

本品种果实美观，中等大小；果实甜酸适口，颇受消费者及果农的欢迎，近年来，群众自发种植数量较大。

11. 三月黄杏

主要分布在永济市清华、虞乡一带，因农历 3 月果实即可变黄之故而得名。

树冠圆头形。树势健壮，枝条较直立，主干灰褐色，细纵裂，裂纹规则，1 ～2 年生枝紫红色，上覆灰色蜡状物，节间较长，梢部有较小的簇状灰白色皮孔。叶中等大，叶柄深红色，中上部有 2 ～6个深褐色蜜腺。花白色，雌蕊高于雄蕊。

果实中大，圆形，平均单果重 23 g。果皮枯黄色，向阳面偶有鲜红色晕。果面光滑，果肉黄，肉细汁多，味甜酸，纤维中。果肉含单糖 1.23%，双糖 5.88%，总糖 7.11%，总酸 1.37%，折光糖 12%，糖酸比 5.19。半离核，苦仁，仁较饱满。

本品种成熟期特早，在当地 3 月中旬开花，5 月下旬初果实成熟，为山西省成熟期最早的杏品种。虽品质稍差，产量不高，仍受果农和消费市场的欢迎。近年来，该县寇家窑村又发现数株甜仁三月黄杏，树形与果实均与三月黄杏同，仅成熟期略迟 3 ～4 天。

12. 白大子杏

主要分布在永济市城关边山一带，栽培历史在 500 年左右、是当地的古老品种，也是比较早熟的优种之一。

树冠自然半圆形，树体高大，树势旺盛，成枝力强，寿命较长。主干灰褐色，1～2年生枝紫红色，附有白色蜡质网纹，皮孔近圆形。基部有两个褐色而突出的圆形蜜腺，叶柄沟浅而明显。主脉浅红色，叶缘锯齿深而明显，中波状。花蕾紫红色，花瓣白色，雌雄蕊等高，雌蕊退化花占66.7%。

果实中大，圆形，单果平均重29 g，最大单果重近40 g，果顶略突起，果梗短，果面光滑，果肉黄白色，质地松软，纤维少，汁多味甜，香味较浓。果实含单糖2.45%，双糖2.56%，总糖5.01%，总酸1.55%，糖酸比3.23，黏核，苦仁。

本品种丰产性好，果实大小均匀，成熟期较早，在当地3月下旬开花，5月底至6月初成熟。果实色泽艳丽，品质上等，1953年被评为永济县早熟优种。对土壤肥力要求较高。

13. 万荣胭脂杏

主要分布在万荣县杨蓬村一带，栽培面积不大。

树冠半圆形或自然开心形，主干灰褐色，一年生枝紫红色，节间长，芽基中大，呈马蹄形，两侧芽大于中部芽。叶淡绿色，卵圆形，叶柄中长，紫红色，基部有两个黑褐色肾形蜜腺。叶基对称，叶缘锯齿中等。

果实中等大，呈不规则圆形，单果平均重40 g，最大者可达50 g左右。果面底色淡黄，向阳面有鲜红色晕，艳如胭脂，故名胭脂杏。果皮薄，果肉黄白色，汁液丰富，味甜酸，有芳香。品质中土，纤维中多。果实含还原糖3.05%，蔗糖4.13%，总酸1.16%，pH值3.62，VC4.5mg/100g鲜重。黏核，苦仁。

本品种色泽艳丽，深受消费者欢迎。

14. 蜂蜜杏

主要分布在万荣县光华乡杨蓬村一带。栽培历史约80年，是当地主栽品种之一。

树冠呈自然半圆形，树势中庸，枝条密集且下垂。主干灰褐色，一年生枝红褐色，有光泽，表面具白色蜡质，皮孔不明显。芽较大，芽基中等，呈马蹄形。叶椭圆形，叶面皱，有光泽，叶背无茸毛。叶柄紫红色，近叶基部有1～2个褐色肾形蜜腺。花蕾粉红色，花瓣白或粉红色，雌雄蕊等高，雌蕊退化花约20%。

果实近圆形，中等大，平均单果重25 g，最大者可达30 g。果面光滑，底色黄白，部分果实阳面有暗红色晕。果皮薄，果肉黄白色，沿核周围有一乳白色晕，肉质较细，汁液较多，甜酸适口，纤维中多，品质上，折光糖12.5%，半离核，苦仁。

在原产地3月下旬开花，6月中旬果实成熟。

本品种风味好，品质佳，有蜂蜜之余香，在当地已列为重点推广品种之一。

15. 十里香杏

分布于新绛县泽掌乡杏林村一带。栽培数量较少。

树冠圆锥形，树姿直立，树势旺盛。主干暗灰色，一年生枝淡褐色，有光泽，无茸毛，枝条多直立生长。叶片薄，淡绿色，圆形，叶面平，叶背脉腋间有茸毛，叶柄长，上有蜜腺1个。花蕾粉红色，花瓣白色，雌雄蕊等高。雌蕊退化花约10%。

在原产地3月下旬开花，6月下旬果实成熟。发育枝萌芽率83.05%，成枝力13.27%，成年树以花束状果枝结果为主，花束状果枝占结果枝总数的75%，结果枝寿命一般可达4～5年，采前落果轻。

果实圆形，较小，单果平均重17.5 g，大者可达21 g。果面光滑，底色黄白，向阳面有淡红色晕；果皮厚，不易剥离。果肉黄白色，质地硬，汁液少，味酸，香味浓郁，纤维较少。离核，苦仁，单仁重0.4 g，出仁率27.45%。

本品种香味浓郁，故名十里香，丰产。唯果实较小是其缺点。

16. 梅子杏

主要分布于新绛县泽掌乡杏林村一带，是当地的主栽品种之一。

树冠圆锥形，树势健壮，树姿直立，中干较强。主干灰褐色，纵裂，多年生枝灰褐色，翘皮多，一年生枝红褐色，有光泽。叶片绿色，近圆形，叶柄有 1 ～2 个蜜腺。花蕾淡粉红色，花瓣白色，雌雄蕊多等高，雌蕊退化花约 30% 。

在原产地 3 月下旬开花，6 月下旬果实成熟，果实发育期 85 天左右。枝条萌芽率 64% ，成枝率 12. 3% ，以花束状果枝结果为主，花束状果枝占果枝总数的 68. 2% ，短果枝占 31. 8% ，果枝结果寿命约 3 ～5 年，采前落果轻，丰产，百年以上老树株产仍达 250 kg 左右。

果实扁圆形，中等大，大小较整齐。单果平均重 43. 4 g，最大可达 52. 4 g。果顶平，或一侧隆起，梗洼圆或长圆，深而广。缝合线明显，片状肉不对称。果面光滑，底色金黄，向阳面有鲜红霞，果皮厚，果肉厚，黄色，松脆，汁中多，纤维中多，酸甜。果实含还原糖 3. 15% ，蔗糖 4. 78% ，总酸 1. 83% ，pH 值 3. 55，每 100g 果实中含 VC12. 5 mg。离核，苦仁，单仁重 0. 55 g，出仁率 23% 。

本品种外观美，品质上，丰产，VC 含量高，是优良的中熟生食品种。

17. 新绛胭脂杏

主要分布在新绛县泽掌乡杏林村一带，栽培面积不大。

树冠呈圆头形，半开张，树势中庸。主干灰色，网状裂，多年生枝翘皮较多。一年生枝略弯曲，向阳面红褐色，有光泽，皮孔长圆形，淡褐色。叶片绿色，圆形，叶厚，色绿，叶背脉腋间有茸毛，叶柄有 1 ～2 个蜜腺。花蕾、花瓣均为白色，雌雄蕊多等高，雌蕊退化花约 30% 。

在当地 3 月下旬开花，6 月中旬果实成熟，果枝连续结果能力强，采前落果轻。以花束状果枝结果为主，占果枝总数的 88. 23% 。

果实近圆形。中等大，大小整齐，单果平均重 43. 6 g，最大单果重可达 50 g。果面光滑，底色黄，向阳面有鲜红色晕。果皮薄，不易剥离。果肉黄色，质地细密而脆，汁多，酸甜，纤维较多，可溶性固形物 10%。果实含还原糖 3.03%，蔗糖 2.43%，总酸 1.77%，鲜果中含 VC3.27 mg/100 g，pH 值 3.37。离核，苦仁，单仁重 0.45 g，出仁率 25.54%。

本品种色泽艳丽，外观美，品质上，成熟早，是深受群众喜爱的优良生食品种。

18. 里包糖杏

分布于新绛县泽掌乡杏林村一带，栽培数量不多。

树冠圆头形。树势中庸，树姿半开张。主干灰褐色，一年生枝紫红色，略弯曲，有光泽。叶片近圆形，叶较薄，叶柄浅紫红色，近叶基处有两个蜜腺。花蕾粉红色，花瓣白色，雌雄蕊多等高，雌蕊退化花约 10%。

在当地 3 月下旬开花，6 月下旬果实成热，果实发育期 85d 左右。果枝寿命长，可连续结果 6 ～8 年，坐果率高，采前落果较重，枝条萌芽率 66.67%。

果实长圆形，果顶突起，较小，平均单果重 27 g，最大单果仅 30.5 g。果皮厚，不易剥离。果面光滑，底色金黄。果肉黄色，质地松沙，汁液中，纤维少，味甜，品质上。果实含还原糖 3.0%，蔗糖 4.12%，总酸 1.83%，鲜果含 VC12.3 mg/100 g。pH 值 3.52。离核，苦仁，单仁重 0.46 g，出仁率 25.91%。

本品种品质优良，VC 含量高，丰产。唯果实较小是其缺点。

19. 四月黄杏

分布于新绛县柏壁村，栽培数量较少。

树冠自然圆头形。树姿开张，树势中庸。主干黑褐色，二年生枝褐色，一年生枝深红色。叶片近圆形，叶面微皱，叶背脉腋有茸毛，叶缘钝锯齿。叶柄粗，近叶基部有蜜腺 1 个或无。花蕾粉红色，花瓣白色，雌雄蕊等高，退化花很少。

在当地 3 月下旬开花，5 月底至 6 月初果实成熟，枝条萌芽率

58.89%，花后生理落果和采前落果均轻，以花束状果枝结果为主，花束状果枝占结果枝总数的77.78%，30年生树株产仍可达200 kg。

本品种果实金黄，成熟早，售价高，虽纤维多，风味较差，仍受果农及市场欢迎。

20. 于家杏

分布于新绛县万安乡柏壁村，栽培历史悠久，据传在唐朝以前就有栽培，距今已有数百余年的历史，是当地主栽优良品种之一。

树冠圆头形，半开张，枝条生长势较弱。主干淡褐色，网状深裂；二年生枝褐色，一年生枝深红色，略弯曲。叶片圆形至长圆形，叶缘钝锯齿，基部楔形。叶柄紫红色，近叶基部有1～3个蜜腺，花蕾淡粉红色，花瓣白色，雌雄蕊多数等高，雌蕊退化花较少。

在当地3月下旬开花，6月上旬果实成熟，果实发育期70天左右。枝条萌芽率82.61%，定植后3～4年开始结果，坐果率较高，花后生理落果和采前落果均轻。果枝连续结果寿命4～5年，以花束状果枝结果为主，花束状果枝占果枝总数的76.19%。40年生树株产仍可达400 kg。抗旱，花期怕雾，不抗晚霜。

果实扁圆形。中等大，大小整齐，单果平均重38 g，最大单果可达46.5 g。果面光滑，底色浅黄，彩以红霞，果肉浅黄色，近核处深黄，质地松软，汁多，纤维少，风味较淡，微有清香。果实含还原糖0.89%，蔗糖2.66%，总酸1.33%，鲜果中含VC3.27 mg/100 g，pH值3.61，离核或半黏核，苦仁，单仁重0.52 g，出仁率达29.38%。

本品种丰产、稳产，皮薄，色艳，外观美，香味浓，品质仅次于焦家杏，颇受消费者欢迎，是一个早熟的生食良种。

21. 夏县白杏

分布于夏县高村一带，栽培数量不多。

树冠圆头形，树势偏弱，树姿较开张。主干灰褐色，块状裂；

二年生枝红褐色，一年生枝阳面紫红色。叶卵圆形，先端锐尖或渐尖。叶面微皱，叶缘锯齿细密，叶基截形。叶柄紫红色，叶基部有2个蜜腺。

果实扁圆形，中等大，大小整齐，单果平均重57.6 g，最大单果重65 g。果面光滑，底色白绿，充分成熟后向阳面略带红晕。果肉黄白色，肉质致密，纤维少，汁中多，味甜酸，品质中上。果实含还原糖0.97%，蔗糖3.13%，总酸2.47%，pH值3.25%，每100g鲜果肉中含VC2.38 mg。离核，苦仁，单仁重0.54 g，出仁率25.37%。

在当地4月初开花，6月中旬果实成熟，较丰产，18年生树株产100 kg以上。

本品种果肉黄色，质地致密，离核，果面一般无红晕，是生食、加工兼用的优种。

22. 大红灶杏

分布于夏县周村、吴村、大洋、南郭，上北寺一带，栽培历史在100年以上，是当地主栽品种之一。1958年曾赠送苏联科学院，以肉厚、味甜、香脆等特点受到周总理和苏联专家的赞赏。

树冠呈圆锥形，树势强健，半开张，枝条较密。主干灰褐色，有翘皮；二年生枝灰褐色，淡褐色。叶片圆形，先端渐尖，叶背无茸毛，叶面平展或微皱，叶缘钝锯齿。叶基截形或楔形。叶柄淡紫红色，叶基有蜜腺1～2个。

果实扁圆形，大果型，大小不整齐，单果平均重57 g，最大者可达100 g左右。果面光滑，底色金黄，向阳面有彩色红晕和深红色斑点，果皮中厚，不易剥离。果肉黄色，肉质致密而脆，汁液少，甜酸，香味较浓，纤维少。果实含还原糖1.36%，蔗糖3.63%，总酸1.94%，pH值3.42，鲜果肉含VC2.94 mg/100 g。种核长圆形，离核，单核重2.17 g，苦仁，仁饱满，单仁平均重0.55 g，出仁率24.8%。

在当地3月下旬开花，6月上旬果实成熟，11月初落叶。果实发育期70～80d。花后生理落果严重，常达50%左右，采前落果轻。25年生树株产100～150 kg。

本品种色泽美观，个大，味甜，果肉金黄，质地致密，是生食加工兼用的早熟优良品种，但对肥水要求较高，可在肥水条件好的地方适量发展。

23. 夏县接杏

主要分布于夏县高村、楼底、大洋一带，是当地发展的优种之一。

树冠自然圆头形，树姿开张，树势较弱。主干黑褐色，浅纵裂；二年生枝红褐色，一年生枝红色。叶片卵圆形，先端渐尖，深绿色，叶面平展，叶背无毛，叶缘锯齿较整齐。叶基截形或圆形，叶柄红色，近叶基部有1～2个蜜腺。

果实近圆形，中大，单果平均重48.5 g，最大单果可达58 g，果面不光滑，底色黄，向阳面有深红色晕。果皮薄，果肉橘黄色，果汁多，酸甜，味香，品质中上。果实含还原糖1.78%，蔗糖3.81%，总酸1.96%，pH值3.35，鲜果肉中含VC4.64 mg/100 g。离核，种核椭圆形，单核重2.15 g，苦仁，单仁重0.46 g，出仁率22.45%。

在当地3月中旬开花，6月上中旬果实成熟，11月下旬落叶，果实发育期80d左右，18年生树株产100 kg。

本品种丰产，外观美，肉质致密，品质中上。果肉色泽橘黄，适于加工，是生食加工兼用的优良品种，有加工条件的地方可适量发展。

24. 夏县大接杏

分布于夏县大吕乡四辛庄村，栽培较集中。

树冠圆头形，半开张，树势略弱。主干褐色，块状浅裂；多年生枝红褐色，有纵条纹；一年生枝紫红色，微曲，有光泽。叶片近圆形，先端渐尖，深绿色，叶面平展，背面无毛，叶缘钝锯齿，基部截形，叶柄紫红色近叶基处有 2 ～3 个蜜腺。

果实圆形，中等大，平均单果重 42. 5 g，最大者达 55 g。果面不平，底色黄白，阳面略带红晕，无斑点。果皮薄，果肉白色，汁液和纤维均少，味淡，略酸。果实含还原糖 1. 68% ，蔗糖 4. 97% ，总酸 1. 97% ，pH 值 3. 35，鲜果肉中含 VC5. 55 mg/ 100 g。种核近椭圆形，离核，单核重 2. 41 g，苦仁，中等大，单仁重 0. 68 g，出仁率 27. 68% 。

在当地 3 月下旬开花，6 月上旬果实成热，20 年生树株产 100 kg 左右，较丰产。

本品种丰产，外观美，肉厚，可食率高，在沙壤土中发育良好。

25. 瓜皮杏

分布于天镇县宣家塔乡一带，系当地果农从实生杏中选出。因果实颜色似瓜皮而得名。栽培面积不大。

树冠多呈自然圆头形，树势生长中庸，主干暗灰色，有条状纵浅裂；多年生枝灰色，纵裂，有翘皮；二年生枝灰褐色，有蜡质和网状裂纹；一年生枝直立，紫红色，有光泽，皮孔圆形，浅黄色，较稀疏。叶片椭圆或长椭圆形，平展叶绿细锐锯齿。叶柄红色，近叶基处有褐色蜜腺。成年树萌芽率达 66. 7% ，以花束状果枝结果为主，约占果枝总数的 94% ，采前落果轻。

在当地 4 月下旬开花，7 月中旬成熟，11 月下旬落叶。

果实圆形，较小，单果平均重 21. 6 g，最大单果重 24. 7 g。果顶平，梗洼小而浅，缝合线浅而不明显，片状肉较对称。果实浅黄色，色泽较淡，向阳面有红色晕，果皮薄，不易剥离，果肉厚 0. 8 ～1. 2cm，近核处色泽显著较深。果实汁液丰富，甜酸适口，微有芳香，可溶性固形物 16% ～17% ，肉质细，纤维少，品质中上，离核，苦仁。

本品种树势强健，适应性较强，抗寒，耐旱，产量高而稳定，果实大小整齐。唯果实个头偏小是其缺点。

26. 广灵黄杏

分布于广灵县平城一带，栽培历史约120年，栽培数量不大。

树冠呈圆头形，树姿开张，主干灰褐色，纵裂翘皮，二年生枝紫褐色，伴有灰色条纹；一年生枝紫红色。叶圆形，先端渐尖，叶面皱，叶缘粗锐锯齿，叶基截形或心形，叶柄紫红色，蜜腺2个或无，大部叶片有两个叶翼。花蕾粉红色，花瓣平整，白色，雌蕊高于雄蕊，雌蕊退化花22.32%。

果实扁圆形，略小，大小整齐，单果平均重31.5 g，最大单果重44 g。果顶微凹，果梗较长，梗洼褶状，浅而较平，缝合线不明显，片状肉不对称。果面光滑，底色绿黄，向阳面略带红晕及果点，果肉乳黄色，近核处色泽略深，质地松脆，汁液中多，纤维较少，甜酸适口。果实含还原糖1.22%，蔗糖5.16%，总酸1.56%，pH值3.35，鲜杏肉中含VC12.41 mg/100 g。离核，单核重2.03 g，苦仁，单仁重0.59 g，出仁率29.05%，有少数杏核为双仁。

在当地4月下旬开花，7月中下旬果实成熟，果实发育期近90d。一年生枝萌芽率58.82%，以短果枝结果为主，短果枝占结果枝总数的70%，定植后第三年开始结果，10年生树株产50 kg，大小年不明显。坐果率高，采前落果轻。

本品种果实较大，VC含量显著较高，甜酸适口，有微香，深受当地群众的欢迎。

27. 广灵沙金红杏

主要分布在广灵县王洼乡西庄村。系1957年从当地实生苗中选出。因其色泽美，味香甜，可与情徐沙金红比美，故名。栽培数量不大。

树冠呈圆头形，半开张，树势中庸，主干灰褐色，纵浅裂；多年生枝灰褐色，翘皮较多；一年生枝紫红色。叶圆形，叶缘圆钝锯齿，叶基截形，叶柄红色，有蜜腺 2 个。花蕾深红色，花瓣白色，上有不规则粉红色斑点，尤以瓣尖明显普遍，远观花呈粉红色，雌蕊略低于雄蕊，雄蕊退化花 23.14%。

果实纺锤形，较小，大小整齐，平均单果重 26.3 g，最大单果重 32 g，纵横侧径分别为 3.97cm、3.58cm、3.47cm。果顶圆，梗洼正圆，狭深。缝合线浅而明显，片状肉略不对称。果面光滑，底色黄白，向阳面有鲜红色晕。果皮薄，果肉乳黄色，质地松软，汁液中多，甜酸，香味浓，纤维少。果实含还原糖 1.48%，蔗糖 5.85%，总酸 3.6%，pH 值 3.03，鲜杏肉中含 VC16 mg/100 g，黏核，单核重 1.79 g，苦仁，单仁重 0.53 g，出仁率 30.41%。

在当地 6 月初开花，7 月上旬果实成熟，果实发育期近 70d。一年生枝条萌芽率 69.93%，以花束状果枝和短果枝结果为主，其中花束状果枝占果枝总数的 46.15%，短果枝占 42.31%，坐果率高，采前落果轻，有大小年，果枝寿命 3 ～5 年，抗旱，耐瘠薄。

本品种外观端正，色泽艳丽，香味较浓，品质上等，深受当地果农和消费者的欢迎。

28. 广灵木瓜杏

分布在广灵县蕉山乡西蕉山，系当地农民从实生单株中选出，栽培面积不大。

树冠圆头形，半开张，树势中庸，主干灰褐色，网状浅裂；多年生枝灰褐色，一年生枝淡红色。叶圆形，绿色，叶缘粗锐锯齿，叶基圆形，叶柄淡紫红色，有 1 个蜜腺。花蕾粉红色，花瓣白色，略带粉红，雌蕊高于雄蕊或等高，雌蕊退化花 38.58%。

果实不规则形，较小，大小整齐，单果重 33.7 g，最大单果重 30 g。果顶圆，沿缝合线一侧突起，梗洼褶状，浅而缓，缝合线浅而明显，片状肉不对称。果面光滑，底色橘黄，阳面有鲜红色晕及红色果点。果皮薄，不易剥离，果肉黄白色，肉质脆，汁少，酸甜，纤维少，可溶性固形物 10%。果实含还原糖 1.42%，蔗糖

4.38%，总酸2.57%，pH值3.35，每100g鲜杏肉中含VC8.48 mg。离核，单核重1.92 g，苦仁，单仁重0.51 g，出仁率26.4%。

在当地4月中旬开花，7月中旬果实成熟，果实发育期90d左右，一年生枝萌芽率6.45%，坐果率不高，采前落果较轻。以短果枝结果为主，约占果枝总数的73.68%，果枝寿命4～5年，有大小年。

本品种丰产，酸甜适口，纤维少，很受消费者欢迎。

29. 广灵海棠红杏

分布在广灵县蕉山乡西蕉山村，栽培数量不多。

树冠圆头形，树姿开张，主干灰褐色，一年生枝紫红色，有光泽，皮孔肾形，乳黄色。叶片圆形，较厚。叶面波状，叶缘覆锯齿，叶基心形至圆形，叶柄紫红色，近叶基处有蜜腺1～3个，并有变态叶翼。花蕾粉红色，花瓣白色，平展，雌蕊退化花17.54%。

果实近圆形，较小，单果平均重29 g，最大单果重35 g。果顶微凹，沿缝合线一侧突起，梗洼圆、陡、深，缝合线不明显，片状肉较对称。果面光滑，底色金黄，向阳面有彩虹霞及红色果点。果皮薄，不易剥离。果肉金黄色，质松脆，汁中多，纤维多，甜酸有香味。可溶性固形物11%。黏核，单核重1.93 g，苦仁，单仁重0.37 g，出仁率20.31%。

在当地4月中旬开花，7月上中旬果实成热，果实发育期80d。一年生枝萌芽率54.67%，有大小年，采前落果轻。

30. 新绛接杏

分布在新绛县泽掌乡杏林一带，系当地群众由自然实生苗中选出，栽培数量不多。

树冠圆锥形，树势强健，枝条稀疏，树姿较直立。主干灰褐色，纵浅裂；多年生枝灰色，一年生枝红褐色。叶长圆形，叶基圆或截形，叶柄红褐色近叶基部有蜜腺2个，部分无蜜腺。花蕾粉红色，花瓣平展，白色，雌蕊略低于雄蕊。

果实为不规则圆形，较大，不整齐，平均单果重58 g，最大单果重72.7 g，果顶平，缝合线明显，片状肉不对称，梗洼中深，窄、陡，有波状纹，果臀部有6条棱。果柄粗而短。果面不光滑，有果锈。果实底色黄绿，有红色晕，果点较大。果皮中厚，不易剥离，果肉金黄色，近核处色泽略深，汁液多，味甘甜，纤维较少，肉质细，品质中上。折光糖12%，果实含还原糖2.0%，蔗糖3.2%，总酸1.67%，pH值3.45，鲜杏肉中含VC10.3 mg/100 g，苦仁。

在当地3月底开花，6月底果实成熟，果实发育期90d左右。一年生枝萌芽率66.26%，成枝力7.41%，以短果枝结果为主，短果枝占果枝总数的52.6%，花束状果枝占31.6%。果枝寿命可达4年，采前落果轻。

本品种果实个大，丰产，酸甜适口，在晋南可适量发展。

31. 馒头杏

又名包子杏，分布于新绛县杏林村及襄汾县西汾阳村一带。

树冠圆头形，树姿半开张，树势中庸，主干灰褐色，粗糙，呈块状裂。一年生枝紫红色，有光泽，无茸毛，皮孔圆形，灰白色，小而密。叶片近圆形，先端短尖。较薄，色浅绿，叶缘锯齿钝而浅，叶基心脏形，叶柄褐红色。

果实平底圆形，较大，平均单果重78.8 g，最大单果重86.5 g。果顶微凹，缝合线明显，片状肉不对称，梗洼中深而广。果面底色黄绿，向阳面有朱红色斑点。果肉黄色，近核处颜色较深。肉质细，汁中多，味甜酸，品质中上，含可溶性固形物12%，黏核或半黏核，核长椭圆形，苦仁，种仁饱满，单仁重1.2 g。出仁率23.1%。

在襄汾县3月下旬花芽萌动，4月上旬开花，6月底果实成熟，果实发育期80d左右。

本品种果大，丰产，质佳，色泽艳丽，是一个较好的鲜食加工兼用种。可适量发展。

32. 襄汾桃杏

分布于襄汾县浪泉乡，栽培数量不大。

树冠圆锥形，树姿较直立，树势中庸。主干粗糙，呈块状裂。一年生枝绿色，有光泽，皮孔圆形，灰白色，小而中等密。叶芽卵圆形。叶片厚，绿色，椭圆形，较平展，先端短尖，基部圆形。叶缘细锯齿，钝而密。叶背光滑。叶柄微红，有蜜腺。

在当地 3 月下旬花芽萌动，4 月上旬开花，6 月下旬果实成热，果实发育期 70d 左右。果实较小，心脏形，似桃，故名。单果平均重 26 g，最大单果可达 33 g。果顶偏尖，梗洼浅、广、平，缝合线较明显，片状肉不对称。果实底色黄。向阳面有红晕及少数朱红色斑点。果肉橙黄色，肉质细，汁液中多，味甜酸，可溶性固形物 11%，品质中上，离核，核翼较宽。种仁较饱满，味苦，单仁鲜重 0. 72 g，沟纹不明显。

本品种进入结果期早，早期产量较高，大小年不明显，唯果实较小，是其缺点。

33. 牛犊子杏

主要分布在清徐县都沟、石梁泉、石窑等村。以都沟村栽培数量最多。因其果实横径明显大于纵径，形似卧牛，故名。

树冠自然半圆形，树姿开张，树势中庸。主干灰褐色，纵浅裂。一年生枝淡红色，有光泽，皮孔圆形，淡黄色。叶片长椭圆形，平展，叶尖急尖，叶背脉腋间有茸毛，叶基楔形，叶缘细锐锯齿，叶较薄，色绿，叶柄长 2. 8 cm，上有蜜腺 1 ～2 个。

果实矮扁圆形，中等大，单果平均重 32. 4 g，最大单果可达 60 g 以上。果顶平，微凹，沿缝合线一侧明显隆起。缝合线深而明显，片状肉多不对称。梗洼扁圆形，广、缓、中深，有明显皱褶。果面较光滑，底色橘黄，日照充足时向阳面有紫红色晕，果皮薄，易剥离，肉金黄色，肉质松软，纤维少，味较淡，品质中，半黏核，苦仁。

在当地4月初开花，花期较一般品种早2～3天。6月中旬果实成熟，成熟期较集中。

本品种进入结果期早，丰产，果实美观，适宜生食，也可提前采收，制作青梅，经济价值较高。缺点是对肥水较敏感，花期易罹晚霜危害。

34. 临县端午杏

为临县地方品种，主要分布在碛口一带，栽培历史100余年，栽培数量占杏总株数的5%。

树冠呈乱头形，树势健壮，树姿开展，枝条稀疏，主干黑褐色，树皮纵裂，裂纹长而深。2～3年枝赤褐色，分布有少量黄褐色椭圆形皮孔，一年生枝赤褐色，背阴面绿色，皮孔不明显，叶卵圆形，叶尖渐尖，叶片较一般品种大，叶缘呈波浪形，锯齿浅而钝，叶柄蜜腺少或无，附生在靠近叶基的叶脉上。

果实扁圆形，果顶微凸，单果平均重28g，最大单果重可达40 g左右。果面光滑，底色黄绿，向阳面有鲜红色晕，充分成熟后，大部果面均能变红，果顶微秃，果形稍偏，缝合线浅而明显。果肉黄色，质细而软，汁液多，有纤维，味酸甜，品质中上。离核，苦仁。

在临县3月底发芽，4月中旬开花，6月中旬果实成熟。

本品种色泽艳丽，品质较好，成熟期较一般品种提前10～15d，是一个优质的早熟的生食品种。

35. 假京杏

分布于阳高县王官人屯镇和城关一带。因果实外观酷似京杏，而杏仁味苦，与京杏不同，故名假京杏。

树冠自然圆头形，树势中庸，树姿半开张。主干灰褐色，树皮条状裂，有翘皮，多年生枝纵裂。一年生枝褐色，有光泽，皮孔少而较大，叶片卵圆形，叶尖锐尖，色泽浓绿，叶缘锯齿整齐，大而较浅。叶基圆形，叶柄浅红色，蜜腺圆形，中等大。

果实圆形，中等大，单果平均重 30 g，最大单果重 40 g 以上。果顶平，微凹，梗洼广、浅、缓，缝合线浅而不明显。片状肉多数对称。果面平滑洁净，色泽金黄，向阳面有鲜红色晕，甚美观，果皮薄，不易剥离。果肉金黄色，近核处色泽略深。果肉汁液中多，酸甜适口，有芳香，品质上。离核，核深褐色，较小，苦仁。

本品种适应性强、色泽艳丽，品质优良，丰产稳产，耐贮藏，裂果少，颇受消费者欢迎。缺点是采前落果严重，可作为鲜食品种适量发展。

36. 大红脸杏

分布于晋城市郊区南岭乡李沟村一带，系当地古老的地方品种，栽培数量不大，树龄多在 70 ～80 年生。

树冠自然开心形，树姿开张，树势中庸，外围枝条较密。主干灰褐色，密布网状裂纹，多年生枝灰褐色，有较稀的片裂，1 ～2 年生枝紫红色，覆有片状灰白色蜡状物，无光泽。叶片卵圆形，深绿色，两侧略向内抱合；先端锐尖，基部截形，叶面无光泽，叶缘波状锯齿，锐尖；叶柄阳面淡红色，近叶基部有 2 ～3 个褐色圆形蜜腺。

果实扁圆形，较大，平均单果重 50 g 左右，果面较光滑，果粉中厚，茸毛较少。果实底色橙黄，向阳面有紫红色彩晕，果顶平，微凹，缝合线一边隆起，果梗多斜生，梗洼深而广。果肉金黄色，肉质松软，汁液少，味酸甜，核小、离核、苦仁。

在当地 3 月下旬开花，6 月中下旬成熟，果实发育期 80d 左右。

本品种丰产稳产，果实大，色泽艳，品质好，仁肉兼用，生食、制干均可，在城镇郊区可以大量发展。

37. 晋城大接杏

分布于晋城市郊区李沟、后河、水峪一带，以李沟栽培最为集中，占当地杏树总数的 70% 左右。

树冠圆头形或自然半圆形，树势健壮，生长旺盛。主干淡褐色，密布网状裂纹。多年生枝深褐色，有明显片裂，1～2年生枝浅红色，覆有片状不规则灰白色蜡状物。叶片大，卵圆至近圆形，先端渐尖，叶色浅绿，平展，先端锐尖，叶基圆形，叶缘锯齿波状，密而锐。阳面淡红色，近叶基部有1～2个褐色圆形蜜腺。

果实扁圆形，平均单果重约45 g，最大单果重可达70 g。果面较光滑，果粉中厚，茸毛中多，底色黄，向阳面覆有鲜红色晕，果点小，分布稀，果顶平，微凹，缝合线深而明显，梗洼中广而深，果梗粗而短，果皮中厚，果肉黄色，肉厚1.4cm，质地细而绵软，汁少味甜，香味较浓。离核，苦仁，仁饱满。

在当地3月底开花，6月中下旬果实成热。

本品种花期较一般品种晚，且延续时间长，故抗晚霜力较强，产量较稳定，加之果大，肉厚，品质较优，为鲜食、制干的兼用优良品种。

38. 晋城大水杏

分布于晋城市郊区李沟村，栽植面积不大，多为70～80年生的大树，因果实个大，汁多而得名。

树冠呈自然半圆形，树姿较开张，树势中庸，枝条较密。主干灰褐色，网状纵裂，多年生枝灰褐色，有较稀的片裂，1～2年生枝暗红色，覆有片状不规则的白色蜡状物，无光泽。叶片短椭圆形，色淡绿，较平展，先端锐尖，基部截形，叶缘锯齿锐尖，波状，叶柄长2.5cm，向阳面紫红色，近叶基部有2～3个褐色圆形蜜腺。

果实大，广圆锥形，单果平均重60 g左右，大者可达75 g以上。果面光滑，茸毛中多，有果粉，底色黄绿，向阳面有鲜红色晕，果项平，微凹，缝合线深而明显，沿缝合线一侧隆起。果梗洼广而浅，果皮较薄，果肉黄色，肉质松软，汁液较多，味甜酸，有浓香、离核、苦仁、种仁饱满。

在当地3月底开花，7月正旬果实成熟，果实发育期75～80d。

本品种果实大，品质好，坐果率高，丰产稳产，各地可适量发展。

39. 枣杏

分布于闻喜县郭道及夏县吴村、史家一带。系闻喜县地方品种之一，栽培数量较多。

树冠自然半圆形，树势健壮，枝条较开张，主干呈黑褐色。叶片近圆形，较大，锯齿钝，叶柄阳面红色，背阴面黄绿色。

果实扁圆形，较大，平均单果重54 g。果面光滑、茸毛少，底色黄绿，向阳面有鲜红色彩晕。果顶平。沿缝合线一侧突起。果梗稍斜生，梗洼窄而深。果皮中厚，肉色深黄，质地硬，纤维较少，汁液中多，味酸甜，略带清香。鲜果含葡萄糖2.49%，蔗糖4.06%，总糖含量6.55%。总酸含量1.96%，糖酸比3.342，品质中上。核长圆形，离核、苦仁。种仁较饱满。

在当地3月底至4月初开花，6月上旬果实成熟，果实生育期90～95天。产量较稳定，盛果期株产可达200 kg左右。

本品种丰产、稳产，果实大，色泽艳丽，外形壮观，肉厚，品质中上，仁肉兼用，生食加工均可，较耐运输，耐瘠薄，抗逆性较强。可在城镇郊区适量发展。

40. 永济白桃杏

分布于永济市城关及清华乡一带，栽培数量较多。

树冠自然开心形，树势强健，生长势中庸，树姿开张，枝条较稀疏。主干深灰褐色，多年生枝灰褐色，较光滑有褐色横条纹。二年生枝浅褐色，有灰褐色圆形皮孔，稍凸起。一年生枝向阳面紫红色，背阴面多为绿色，有光泽，无茸毛，秋梢部分皮孔不明显，春梢有浅褐色圆形皮孔，较密。叶圆形至广卵圆形，叶缘细锐锯齿，叶色浅绿，叶基截形，两侧多对称。叶柄淡红或绿色，近叶基处大部有1个深褐色蜜腺，也有2个蜜腺的，主脉近叶柄处淡红色。

果实偏扁圆形，中等大，单果平均重 45 g，最大单果可达 65 g。果顶凹下，沿缝合线一侧明显隆起，造成果形偏斜。缝合线浅而明显。梗洼圆或扁圆，广、缓，中深，果梗极短，不易脱落。果面光滑，底色黄白，向阳面有鲜红色晕，甚美观。果皮中厚，较易剥离。果肉淡黄色，肉质软，汁液多，纤维少，味甜，微酸，充分成熟后有清香。离核，苦仁，仁较饱满，鲜仁重 0. 95 g。

本品种色泽美观，品质较好，果形大，颇受消费者的欢迎。城郊附近可适量发展。

41. 白梅杏

分布在永济市边山一带，是当地古老品种之一，栽培历史约 500 余年，为梅杏系中的优种，颇受果农及市场的欢迎。

树冠圆头形，主枝弯曲，部分枝条下垂，树姿开张。主干黑褐色，较粗糙，1 ～2 年生枝深红色，背阳面绿色。叶大而薄，近椭圆形，叶缘锯齿钝，略呈波状，先端渐尖，叶基圆形，叶脉明显，主脉基部浅红色，叶柄紫红色。

果实扁圆形，中等大，单果平均重 34 g，果面光滑，茸毛少，果实底色黄白，向阳面有鲜红色彩霞。果顶平，微凹，缝合线深而明显，梗洼深而广。果皮较厚，易剥离。果肉黄白色，肉质细脆，纤维较少，汁液丰富，味甜酸，有香味，品质上。果实食葡萄糖 2. 16%，蔗糖 4. 60%，总糖 6. 76%，含酸 1. 66%，糖酸比 4. 07。核扁圆形，离核，仁饱满，味苦。

在当地 4 月初开花，花期 8d 左右，6 月上旬果实成熟，果实生育期 70d。

本品种始花期较一般品种晚，且花期较长，晚霜危害较轻，丰产稳产，大小年不显著，成熟期一致，采前落果较轻。品质优，生食加工均宜。缺点是果实大小不匀，寿命较一般品种短，对光线要求严格；阴坡低洼处品质明显变劣。

42. 香梅杏

分布于永济市庄子村，是梅杏中一个较好的品种，品质优于红梅杏，栽培历史300余年。由于产量较低，栽培数量不多。

树冠自然半圆形，枝条较直立，生长旺盛。叶片扁圆形，色浓绿，较厚。

果实扁椭圆形。单果平均重32～40 g。果梗有纵向棱纹，果顶微凹，缝合线较深，果面光滑，底色黄绿，向阳面有朱红彩晕，并有不明显的褐色果点。果皮较厚，果肉黄白色，肉细质脆，纤维较少，汁液多，味甜酸，有香气，品质中上。果实含葡萄糖2.29%，蔗糖5.31%，总糖7.60%，总酸2.25%，糖酸比3.38，核扁圆形，离核，仁饱满，味苦。

在当地3月底开花，6月初果实成熟。嫁接后3～5年开始结果，幼树中果枝较多，成年树以短果枝结果为主，发枝力弱，秃裸现象严重。

本品种果实均匀，成熟期一致，外形美观，品质较好，因开花较迟，可减轻晚霜为害。缺点是对肥水条件要求较严，产量较低。

43. 汾阳海棠红杏

分布在汾阳市高家庄一带，栽培历史在200年以上，为当地优良地方品种。占当地杏树70%左右。

树冠圆头形，树势旺盛，枝条粗壮，树枝直立。主干黑灰色，叶片椭圆形，较肥大，浓绿色，锯齿小而钝，叶柄长、粗。

果实扁圆形，较大，单果平均重52.5 g。果面光滑、底色黄绿，彩色桃红，缝合线浅而明显，梗洼圆锥形，较广，中深。果皮薄，果肉黄色，质细松软，汁多味甜，品质上等。果实含葡萄糖1.79%、蔗糖1.95%、总糖3.74%、总酸3.22%，糖酸比1.16，离核、苦仁。

在当地4月上旬开花，花期5d左右，果实6月下旬成熟。

本品种果形整齐美观、个大，质优，寿命长，抗病虫力强，生食加工均宜。缺点是过熟易裂果，贮运力差、种仁不饱满。

（二）传统甜仁杏

1. 马午杏

本品种分布于清徐县都沟、梁泉、马峪、仁义及东于等村，栽培历史近百年。原系实生种，因在都沟村农民马午的果园里发现此树，并传布出去，故名马午杏。马午杏栽培面积不大。

果实中等，圆形乃至扁圆形，单果平均重 50 g 左右，大者可达 70 g 以上。果面无光泽，茸毛中多，底色橘黄，向阳面有深红色晕。果顶平，梗洼深广，缝合线浅而明显，果肩稍凸起；果皮薄，较难剥离。果肉厚，橙黄色，汁液中多，充分成熟后质地变松散，纤维较少，甜酸适口，有浓郁的芳香。果实含单糖 2.7%，双糖 6.77%，总糖 9.47%，总酸 1.68%，糖酸比 5.64，品质较好。6 月上中旬成熟。核扁圆形或长椭圆形，黄褐色，核面较平滑，与果肉不易分离。仁味甜，是优良的仁肉兼用品种。

2. 脆扁担杏

分布于太原市小店区和清徐县马峪乡边山一带，仁义、东于等村也有一定数量。脆扁担杏栽培历史约 70 余年，栽培面积不大。

果实扁圆形，中等大，单果平均重 20 ～25 g，缝合线浅而明显，片状肉不对称。果顶圆，微凹，梗洼窄而较浅，果皮较厚，不易剥离。果面底色黄至淡黄，向阳面有较艳丽的紫红色晕。果肉厚，橙黄色，质脆而汁多，较耐贮运，纤维少，味酸甜。果实含单糖 4.71%，双糖 5.52%，总糖 10.23%，总酸 0.69%，糖酸比 14.83。品质较好。核较小，长椭圆形，表面光滑，离核，甜仁。

本品种果大质优，花期较一般品种略迟，花和幼果遭受霜冻频率显著较其他品种要轻，产量比较稳定，颇受果农的欢迎，是一个较有发展前途的仁肉兼用品种。

3. 清徐海棠红杏

本品种为清徐县古老品种之一，栽培历史悠久，分布也较普遍，唯数量较少。在清徐城郊至今仍能见到百年以上的大树。

树冠圆头形，树姿半开张或开张，生长势偏弱。一年生枝向阳面紫红色，有光泽。叶片长椭圆形，叶背脉腋间有茸毛，叶片基部楔形，叶缘粗锐锯齿，靠近叶片基部有2～3个蜜腺。在当地4月上旬开花，6月下旬至7月初果实成熟。

果实圆至扁圆形，较整齐，中等大，平均单果重29.7 g，最大可达40 g。果面底色金黄，向阳面有红色晕。果顶略尖，果梗粗而短，梗洼窄而深，呈波状，缝合线明显略深，片状肉不大对称。果面较光滑，茸毛少，果皮厚，较难剥离。果肉橙黄色，汁液中多，质地柔软，甜酸适口。果实含单糖1.69%、双糖4.29%、总糖5.98%、总酸1.78%、糖酸比3.36，纤维较多，略有香味，品质中上。果肉厚，半黏核，核面光滑，黄褐色，长扁圆形，平均重1.64 g。仁甜而香，较饱满，单仁重0.68 g，出仁率41.5%，偶有双仁。

本品种适应性强，水旱地均生长良好。果实美观，大小均匀。因花期较其他品种略迟数日，晚霜冻害较轻，产量较高且稳定。是一个较有发展前途的仁肉兼用品种。

4. 满囤杏

主要分布在清徐县都沟、东于一带，栽培历史100余年，因母株在都沟村一位叫满囤的老农中发现并逐步推广出去，故名满囤杏。

树冠呈圆头形，树势中庸，树姿较直立。主干较粗糙，淡灰色，树皮呈条状剥落。多年生枝灰褐色，枝条较密；一年生枝微曲，有光泽，阳面红色，无茸毛。叶片斜生，近圆形，绿色，薄，叶面微皱，背面脉腋间有髯毛，基部截形或楔形，先端短尖至长急尖，叶缘粗锐锯齿，叶柄长，靠近叶片基部有1～3个蜜腺。

在当地4月10日前后开花，6月20日左右果实成熟，果实发育期约70d，霜降后落叶。果枝连续结果能力强，大小年不明显，采前落果轻。

果实圆形，中等大，较整齐，平均单果重36 g，最大者47 g。果面底色黄绿，向阳面有鲜红晕，果顶微凸，梗洼正圆，浅平，缝合线浅而不明显，片状肉对称，果皮薄，不易剥离。果肉浅黄色，近核部黄色，果肉厚肉质松脆，果汁中多，甜酸适口，芳香味浓，纤维中多，品质上乘，含可溶性固形物15%。离核，单核重1.48 g。甜仁，仁饱满，单仁重0.48 g，出仁率32.4%。

本品种树势健壮，丰产稳产，外形美观，品质优良，仁肉兼用，是当地优种之一。

5. 串条红杏

主要分布在太原市清徐县边山一带，为当地主栽杏品种之一。

树冠圆形，树势健壮，树姿直立。主干灰褐色，纵浅裂。一年生枝阳面紫红色，有光泽，无茸毛，有稀疏椭圆形淡黄色皮孔，19年生树新梢长28.3 cm。叶片长圆形，淡绿色，较薄，叶面平展，叶背脉腋间有簇生髯毛，叶缘具粗锐锯齿，叶柄中长，靠近叶片基部有2～3个褐色蜜腺。在当地4月上旬开花，6月中下旬果实成熟，果实发育期70d左右。

果实扁圆形，中等大，较整齐，平均单果重35 g，最大果重43 g。果面金黄色，阳面看鲜红霞。果顶圆形凸起，梗洼正圆形，浅广，缝合线浅而明显，片状肉对称。果面光滑，皮薄，不易剥离。果梗粗短。果肉金黄色，肉质致密，汁液中多，纤维中等，味较酸，含可溶性固形物11%，一般肉厚，品质中上。离核，单核重2.73 g，出核率7.8%，甜仁，鲜仁重0.9 g，出仁率33%。

本品种外观较美，仁甜而香，品质中等。因果实不宜加工杏脯和杏罐头，故应适当限制发展。

6. 梨杏

品种仅清徐县东于村有少量分布，因初成熟期质脆如梨，因而得名。

树冠自然半圆形，枝条开张，部分枝条下垂。叶片卵圆形，先端渐尖，锯齿钝，稀疏且浅。叶柄较长，蜜腺1～3个。花白色，以中短果枝结果为主，坐果率高，采前落果较轻。

果实圆形，果顶平，梗洼广而较深，缝合线浅而明显。果中等大，平均单果得34～37 g，大者可达44 g。果面底色黄，向阳面有紫红色晕，皮厚，较难剥离。果肉黄色，质地致密，汁液中等，香味较浓，极甜，含酸1.5%，总糖13.84%，糖酸比9.23，品质较好。离核，甜仁。

本品种适应性强，较耐干旱，果肉厚，质脆，含糖量高，香味浓，是一个较有发展前途的仁肉兼用优种。

7. 白水杏

本品种是万荣县的古老地方品种，主要分布在晋南孤山一带，万荣县袁家庄、南关、古城、黑子沟和临猗县李家庄、黄家库等村栽培尤为集中。栽培历史300年左右。近年来，晋中、晋北也大量引种。树冠多呈自然半圆形，树势健壮，树姿较开张。树干黑褐色，较粗糙，条状纵裂，多年生枝灰褐色，老皮呈块状剥落，二年生枝深灰褐色，一年生新梢黄绿色，向阳面深红色，有光泽。花白色，多单生，偶有复生，雌雄蕊多等高，退化花约40%。叶片深绿色，心脏形或圆形，较大，先端突尖，叶基楔形，叶缘圆钝锯齿，叶片平展，叶脉明显。叶柄较长，蜜腺较小，圆形，色紫红。

果实圆形，中等大，平均单果重40～50 g。果面光滑，茸毛少，底色绿白至乳白，向阳面有朱红色斑点晕，甚美观。果顶平或微凹，缝合线浅而明显，片状肉不对称。梗洼中广而深，扁棱形，周围有浅褶。果皮薄，不易剥离。果肉黄白色，肉厚，质地致密，略软，纤维少，汁液丰富，甜酸适口，稍有清香，品质极上。果实含还原糖 3.11%，蔗糖 4.13%，总酸 1.23%，pH 值 3.86，Vc 9mg/100 g。离核，核扁圆，略带桃形。仁饱满，单仁重 0.63g，出仁率 25.4%，味香甜。

在当地 3 月下旬开花，6 月中旬果实成熟，果实发育期 70 ～75d。以短果枝和花束状果枝结果为主，采前落果轻。丰产稳产，盛果期树平均株产 100 ～150 kg，高产树可达 400kg 以上。

本品种树势强健，适应性较强，产量高而稳定，果实大小整齐，是一个生食、加工、仁肉兼用的优良品种。已列为本省重点发展品种之一。

8. 万荣苹果杏

本品种在万荣县荣河、宝井等乡镇有少量栽培，栽培历史 60 年左右。

树冠多呈自然开心形，树姿开张，树势强健，层次明显。树干较光滑，灰黑色，干部皮孔扁圆形，少且较小；二年生枝灰褐色，一年生新梢黄绿色。叶片大，近圆形，浓绿色，叶基楔形，叶缘锯齿浅，不整齐。叶柄长，蜜腺小，圆形，红褐色。

果实斜扁圆形，大型，单果平均重 60 ～65 g。果实底色黄绿，充分成熟后色泽黄白。果顶平或微凹，缝合线明显，片状肉不对称。梗洼凹陷，狭小。果皮厚而韧，易剥离。果肉黄色，肉质致密，汁液中多，酸甜适口，品质中上。离核，核形扁圆，核翼大，仁大而饱满，味香甜。

在当地 3 月下旬开花，6 月中旬果实成熟，果实生育期 70 ～75d，以花束状果枝结果为主，约占结果枝总数的 89%，果枝分布均匀，寿命较长，丰产稳产。盛果期高产树单株产量可达 400 ～500 kg。

本品种抗逆性强，丰产稳产，果实较大，肉厚味甜，品质中上，是一个较有发展前途的仁肉兼用优种。

9. 大甜核杏

分布在广灵县平城一带，栽培数量不多。

树冠多自然半圆形，树势健壮，树姿开张，枝条稀疏。一年生新梢红褐色，叶片深绿，卵圆形，先端渐尖；以中短果枝结果，产量中等，较稳产。

果实大，单果平均重64.2 g。果面较光滑，底色黄，向阳面有紫红色小点。果顶平，梗洼深。果肉深黄色，味甜汁多，纤维较少。果肉含酸晕1.23%，总糖6.57%。核较大，扁圆形，离核，甜仁。

本品种果实大而美，品质优，仁大味甜，是一个仁肉兼用的优种。

10. 软条京杏

主要分布在阳高县王官人屯镇的边山一带。以康窑、许窑、恶石、都司口等村栽培较多。在当地栽培历史200余年。据说本品种来源于北京郊区的密云县。因其新梢弯曲，3年生以上枝条多下垂，故名软条京杏。

树冠多呈圆头形。树势中庸，主枝开张，多年生枝软而下垂。主干黑褐色，裂纹深而较广。老枝灰褐色，皮目分布均匀，较明显。一年生新梢黄绿色，向阳面较红，枝节一处有肉瘤状凸起。叶片近圆形，色浓绿，先端渐尖，基部圆形，边缘略有波纹，叶脉较稀疏，主脉紫红色，叶柄红色，短而粗，上附灰色茸毛。花蕾淡红色，花白色，雌蕊略低于雄蕊，退化花仅占20%左右，以中长果枝结果为主，丰产性能较好。

果实近圆形，大小整齐，中等大，单果平均重40 g左右，最大单果重达70 g。果面光滑，底色深黄，向阳面有鲜红色晕，并附有较大的深黄色斑点。果顶平，缝合线浅而明显。果皮厚，易与果肉分离。果肉金黄色，质地较疏松，成熟后发绵，纤维较多，汁液中等，风味甜酸，稍有香气。果肉含总酸2.84%，总糖7.06%，糖酸比 2. 49。品质优。半离核，花面较粗糙，椭圆形，褐色，甜仁，较饱满 。

本品种适应性强，抗寒抗旱，品质优良，采前落果轻，易于丰产稳产，并较耐贮运，是一个生食、加工、仁肉兼用的优良品种。

11. 硬条京杏

分布于阳高县王官人屯和怀仁县何家堡一带。栽培历史较软条京杏短。因其果实与软条京杏相似，而其树姿直立，新梢细而硬，故名硬条京杏。

树冠自然半圆形，树姿直立，树体较软条京杏小。主干灰褐色，皮孔明显且分布均匀。一年生枝黄绿色，向阳面紫红色。叶深绿色，卵圆形，叶面光滑，叶背颜色稍淡，缺刻浅，锯齿钝。叶柄较短，红色，有蜜腺 1 ～3 个，圆形，以中短果枝结果为主。

果实圆形或卵圆形，外形整齐，果中等大，单果平均重 38 g，缝合线明显，果顶平，梗洼广，陡而中深。果实底色金黄，向阳面有紫红色斑点晕。果肉橙黄色，质细而较硬，纤维少，汁液多，味酸甜，香味浓，果肉含酸量 2. 19% ，总糖量 6. 71% 。核面略粗糙，离核、甜仁。

本品种抗逆性强，产量较稳定，成熟期一致，个大，色鲜，味美，汁少，适于制脯、制干，较耐贮藏运输，是一个生食、加工咸宜的仁肉兼用品种。

12. 哈密杏

主要分布在大同县聚乐、吴家凹、周士庄一带，现有两万余株，为大同县主栽的杏品种之一。

树冠圆头形，树势健壮，树形半开张。产量较稳定，盛果期树一般株产 125 kg，高产树可达 250 kg 以上。无明显大小年。成熟期比京杏早 4 ～5d。

树干黑褐色，有不规则的宽纵裂，3 ～4 年生枝红褐色，上被覆白色蜡状物；二年生枝色泽较淡；一年生枝向阳面红色，背阴面绿色。叶片近圆形，先端渐尖，叶片两侧略向内抱合，叶缘锯齿锐尖，密而整齐；叶色深绿，叶背光滑，叶柄紫红色，靠叶基部有1～2个深褐色圆形蜜腺；叶脉绿色，近叶柄处呈紫红色。成年树以中短果枝结果为主，部分腋花芽也可结果。

果实圆或扁圆形。中等大，单果平均重28.7 g，最大单果重35 g。果实底色黄绿，密被白色茸毛；充分成熟后色泽金黄，向阳面有鲜红色晕，甚美观。果顶微凹，缝合线浅而明显，片状肉多不对称。梗洼窄、陡、深。果柄极短。果皮厚成熟后易剥离。果肉金红色，肉质软，汁液丰富，味甜，可溶性固形物15%，稍有芳香，无纤维，品质上。半离核，甜仁。

本品种抗寒、耐旱，对杏疔有一定抵抗力。开花迟，霜冻害较其他品种轻，是一个丰产、优质、很有发展前途的仁肉兼用品种。

13. 水杏

本品种于1978年由河北省涿鹿县引进，零星分布在寿阳县宗艾镇沟西村一带，主要用作仁用杏龙王帽、一窝蜂地授粉树，栽培面积不大。

树冠多自然半圆形，树势旺盛，枝条开张，多数植株无中干。主干深褐色，有纵裂，多年生枝灰褐色，二年生枝浅褐色，一年生枝红褐色，被覆一层白色蜡粉。芽基突起似白水杏。叶卵圆形，叶面光滑，叶缘呈波状，锯齿钝，叶尖渐尖，叶基不对称，楔形，叶柄中长，近叶基处有1～2个圆形蜜腺。

果实圆形或短圆柱形，中等大，单果平均重26.8 g，最大单果重达40 g以上。果面金黄色，向阳面有密集的点状红晕。果顶平，微凹，缝合线浅而明显，片状肉多不对称。梗洼窄、深、陡。果柄中等长。果肉淡黄色，汁液中等，味甜酸，含可溶性固形物12%，纤维中多，品质中上，果皮薄，不易剥离。离核，甜仁。

本品种色泽美观，丰产，花期较长，是仁用杏的优良授粉品种，可适量发展。

14. 扁甜杏

系永济市地方品种，栽培历史约50年。主要分布在永济市清华乡土乐村一带。

树冠多呈自然圆头形，树势生长旺盛，枝条密而下垂。主干黑褐色，呈条状或块状纵裂；多年生枝紫红色，常有小型块裂，2～3年生枝上零散分布有深褐色椭圆形皮孔，梢部较密；一年生枝阳面紫红色，有光泽，背阴面色泽黄绿，皮孔乳白色，肾形。叶片长圆形，浅绿色，较薄，叶尖渐尖，基部短截形或楔形，叶缘锯齿锐；叶柄长中部有两个褐色圆形蜜腺。花蕾淡红色，花瓣略带粉色，雌蕊低于雄蕊，雄蕊退化花占41.9%。

果实卵圆形，中等大，单果平均重37.3 g，最大单果可达50 g以上。果顶平，梗洼窄、深、陡。缝合线浅而不明显，片状肉较对称。果面光滑，底色绿黄，向阳面微有红晕，外观甚美丽，果皮薄，较易剥离。果肉淡黄色，较厚，近核处色泽略深。肉质软绵，汁液中等，风味稍淡，纤维较多，品质中等。果实含还原糖1.65%，蔗糖4.18%，总酸1.87%，pH值3.32。离核，甜仁，单仁重0.42 g，出仁率23.07%。

在原产地3月下旬开花，6月中旬果实成熟。采收前遇干旱或大风时落果严重，有大小年现象。

本品种抗寒、耐旱、抗病，产量较稳定，虽果实品质一般，仍受当地群众欢迎。

15. 大白甜杏

为永济市古老的地方品种，主产区在清华乡土乐村一带。栽培历史在250年以上。已确定为永济县重点推广品种，近几年来，发展较快。

树冠多呈自然半圆形，树势旺盛，枝条比较开张。主枝分布较集中。主干深灰褐色，有均匀的纵裂纹。多年生枝深褐色；2～3年生枝深紫红色，无光泽，大部分覆盖有一层白色蜡状物；一年生枝紫红色，均匀分布有淡褐色稀疏的皮孔。叶椭圆形，较大，稍有光泽，叶尖锐尖，叶缘锯齿钝，波状，叶柄长，向阳面淡红色，背阴面浅绿色，叶柄中部或近叶基部有两个突出的褐色圆形蜜腺。主脉近基部稍带红色。花蕾粉红色，花白色，雄蕊雌蕊同高，雌蕊退化花 18.2%。

果实近圆形，大小较均匀，单果平均重 38.4 g，最大单果重达 50 g 以上。果顶平，微凹，沿缝合线一侧隆起。梗洼窄、陡、深。缝合线浅而不明显，片状肉不对称。果柄短。果面黄白色，向阳面微有红晕，并散生紫红色斑点，甚美观。果皮薄，易剥离。果肉淡黄色，肉质松绵，汁液丰富，香味较浓，品质上。果实含总糖 7.1%，折光糖 11.6%，糖酸比 4.39:1，含 VC 15.92mg/100g 鲜重。离核或半离核，仁饱满，味甜。

在当地 3 月下旬开花，6 月上中旬果实成熟，果实生育期 70 天左右。

本品种色泽艳丽，品质优良，丰产稳产，生食、加工均宜。缺点是采前落果较严重，果实汁多，不耐贮运。在城郊附近可适量发展。

16. 养兰甜杏

主要分布在永济市清华乡土乐村一带。此品种由一位叫养兰的农民从实生苗中株选繁殖推广，故名。

树冠自然半圆形，树势中庸，树姿开张，枝条较密。主干深褐色，密布网状裂纹；多年生枝灰褐色，有较细的片裂；1 ～2 年生枝紫红色，覆有不规则的片状蜡状物，无光泽。叶椭圆形，深绿，先端锐尖，基部截形，叶面无光泽，叶缘锯齿波状，锐尖；叶柄长，阳面淡红色，近叶基部有 2 ～3 个圆形褐色蜜腺。花蕾紫红色，花瓣白色，雌蕊高于雄蕊，雌蕊退化花占 9.1%。

果实扁圆形，中等大，单果平均重 43 g，最大单果重可达65 g。果顶平，梗洼窄、陡、深，有皱褶，缝合线浅而明显，果柄短，不易脱落。果实黄绿色，充分成熟后黄白色，向阳面有红色晕。果皮韧，较厚；不易剥离。果肉淡黄色，近核处色泽略深。果肉厚1.2～1.6cm，肉质致密，味甘甜。果实含还原糖2.68%，蔗糖4.47%，总酸1.83%，pH值3.48，汁液较少，纤维中等。离核，甜仁。单仁重0.4 g，出仁率23.26%。

在当地3月下旬开花，6月中旬果实成熟，果实发育期70～75d。

本品种抗寒，耐旱，抗病，丰产、稳产，个大，质优，是一个较有发展前途的仁肉兼用品种。

17. 五月甜杏

主要分布在永济市清华乡土乐村内，为永济县栽培历史较久的地方品种。在当地5月下旬即可成熟，又是甜仁，故名五月甜。

树冠圆头形。树势健壮，枝条开张，较稀疏。主干深褐色，树皮较粗糙。3～4年生枝暗紫红色，多覆有灰褐色蜡状物。一年生枝紫红色，较细，有光泽。花粉红至白色，雌蕊高于雄蕊或等高，雌蕊退化花占62.5%。叶椭圆形，较小，色深绿，稍向内抱合，叶尖缓尖，稍扭曲；叶背光滑，叶缘锯齿细而浅，叶基常偏斜，褐红色，背阴面色泽稍淡，近基部有较小的蜜腺1～2个，稍突起；叶主脉淡绿色，主脉近叶柄部1/3为浅红色。

果实扁圆形，中等大，较整齐，单果平均重34.7 g，最大单果重近50 g。果顶微凹，梗洼广、深、平，缝合线浅而不明显，片状肉较对称。果实底色黄绿，果面光滑，色泽美观，果皮薄，较易剥离。果肉黄白色，近核处色泽略深。肉致密，味甜酸，汁液多，纤维少，风味佳。鲜果总糖含量6.37%，折光糖10.8%，糖酸比4.08:1，VC含量11.14 mg/100 g鲜果。离核，单核重1.77 g，甜仁，仁饱满，单仁平均重0.44 g，出仁率25.46%。

在当地3月15～20日为盛花期，5月下旬果实成熟。

本品种成熟期早，虽色泽、品质不算上乘，但仍受果农及消费者的欢迎。1982 年被确定为该县的优种之一。在大中城市郊区和工矿区可适量发展。

18. 临潼甜杏

原产陕西临漳，引入山西省已有近百年的历史。主要分布在永济市清华乡部分村庄，栽培面积不大。

树冠自然半圆形，树势较健壮，树姿半开张，枝条稀疏，主干浅褐色，粗糙、纵裂；2 ～3 年生枝紫红色，上覆白色蜡状物；一年生枝色泽较浅，背阴面绿色，叶片长圆形，边缘微向内抱合。叶面光滑，偶有红褐色斑点；叶缘波状钝锯齿，叶基偏斜，叶柄较细，向阳面浅红色，上、中部有 1 ～2 个褐色蜜腺，芽基较突出。花白色。

果实圆形，单果平均重 45. 7 g，最大单果重可达 60 g 以上。果顶平，微凹，梗洼窄、深、陡。缝合线浅而明显，片状肉大多对称。果柄极短。果面底色金黄，向阳面有红晕。果皮厚，易剥离。果肉金黄色，近核处色泽无明显变化。肉质绵、汁液略少，纤维中，味酸甜，品质上。折光糖含量 14% 。离核或半离核，甜仁，单仁重 0. 52 g，出仁率 18. 45% 。

在当地 4 月 10 日开花，6 月中旬果实成熟。果实发育期 70d。

本品种果实美观，酸甜适口，品质好，市场经济价值高，但抗风力差，对土壤要求较严。可作为仁肉兼用品种适量发展。

19. 蛇头甜杏

主要分布在永济市清华乡土乐村附近。因果实形状似蛇头而得名。为永济县主要发展品种之一。

树冠呈圆头形。树势中等偏强，枝条稀疏，树姿开张。主干灰褐色，较光滑，纵裂扭曲，裂纹长，裂块较窄；多年生枝网状裂，有部分翘皮；1 ～2 年生枝紫红色，有光泽，上有灰白色细网状蜡质纹，并且有明显的白色皮目，芽基稍膨大。叶色深绿，圆形，较光滑，顶端锐尖，叶基心脏形，叶缘波状，锯齿缓尖。叶柄较长，阳面浅红，叶柄近叶基部有1～2个褐色蜜腺。主脉基部亦为绿色，个别稍带红色。花粉红至白色，雌蕊略低于雄蕊，退化花少。

果实呈不规则扁圆形，似蛇头，平均单果重50 g，最大单果重73 g。果顶微凹，果梗极短，梗洼窄、陡、深，缝合线浅而明显，片状肉较对称。果面光滑，绿白色，向阳面有浅红色晕，果皮薄，不易剥离。果肉黄白色，近核处色泽略深，味甜酸，纤维少，品质中上。离核或半黏核，甜仁，单仁重0.4 g，出仁率13.48%。

在当地3月下旬盛花，6月中旬成熟。果实发育期80余天。

本品种树冠较大，丰产稳产，果实色泽艳丽，较耐贮运，是一个较有希望的仁肉兼用品种。

20. 牛心杏

本品种在永济市寇家窑村附近有零星分布，栽培面积不大，但由于该品种含糖量高，香味浓郁，已受到栽培者的重视。

树冠呈自然半圆形，树势健壮，枝条较密。主干深灰褐色，条纹状纵裂，裂纹深而较短，多年生枝块状裂，翘皮明显；1～2年生枝紫红色，有光泽，芽基明显膨大，密布有小而明显的不规则状皮孔，三芽簇生者居多。叶长圆形，叶面光滑，叶缘波状，略向内抱合，锯齿钝，叶尖缓尖，明显向内扭曲，叶基偏斜，叶柄紫红色，稍延至主脉处，叶柄长4.3cm，中上部有2～4个突起的褐色肾形蜜腺，中部略向下凹。花蕾粉白色，花瓣白色，雌蕊高于雄蕊。

果实中等大，尖顶圆形，单果平均重35 g，最大单果重可达50 g。果顶尖，梗洼广、浅、平；缝合线浅而不明显。果面黄色，向阳面微有红晕，果皮薄，不易剥离。果肉金黄色，肉质软绵，味甜，可溶性固形物含量15.1%，香味浓，纤维多，品质中上，半黏核，甜仁。

在当地3月下旬开花，6月中旬果实成熟。

本品种抗寒，耐旱，适应性强，可作为仁肉兼用品种适量发展。

21. 梅甜子杏

本品种主要分布在永济市太谷屯一带，有近百年的栽培历史，栽培较集中。

树冠多自然圆头形，树势生长旺盛，枝条多而较乱，树姿开张。主干黑褐色，有较深的块状纵裂，裂纹处有苔藓附生。多年生枝灰褐色，有老翘皮。一年生枝红褐色，内膛枝浅红色，有光泽与灰白色蜡质网纹，梢部密布褐色圆形皮孔，节间较短。芽长三角形，芽基呈马蹄形。叶圆形至卵圆形，叶色浅绿，有光泽，叶尖急尖；叶柄浅红色，叶柄基部或叶柄顶端有两个褐色肾形蜜腺，叶缘锯齿较浅，大而明显。花蕾粉红色，花瓣白色，雌雄蕊等高，雌蕊退化花占 18.92%。

果实扁圆形，单果平均重 36.2 g，最大单果重 43 g。果顶微凹，梗洼广、浅、平。缝合线浅而明显。果面金黄色，向阳面偶有红晕。果皮薄，不易剥离。果肉黄色，近核处色泽无明显变化。质绵、味甜，汁液较少，风味稍淡，纤维少。充分成熟后含可溶性固形物 15%，常温下可存放 5 ～7d。半离核，甜仁，仁重 0.32 g，出仁率 19.37%。

在当地 3 月下旬开花，5 月底至 6 月初果实成熟。

本品的适应性强，抗寒，耐旱，含糖量较高，唯果实较小是其缺点。

22. 大黄杏

分布在万荣县柏郭、南阳、北阳、宝井一带。清咸丰年间由内蒙古锡林郭勒盟引入，在当地已有 100 余年的栽培历史，是当地主栽品种之一。

树冠呈自然半圆形，树势健壮，枝条直立。主干黑褐色，块状纵裂，裂纹较短。2 ～4 生枝灰褐色稍有蜡质，一年生枝紫红色，有明显的蜡质网纹和浅褐色圆形皮孔，以梢部分布较密。叶片圆形或卵圆形，厚而大，叶尖不明显，深绿色，锯齿大小不一，锐尖，主脉基部红色，中上部淡绿，叶柄较长，向阳面红色，叶柄近叶基部有红褐色圆形蜜腺 1 ～2 个。叶基不对称。

果实圆形，个大，单果平均重 60 g，最大单果重可达 75 g。果顶平，微凹，梗洼窄、陡、深。果实鲜黄色，向阳面有点状红晕。果皮薄，较易剥离。果肉金黄色，厚 1. 3 ～1. 5cm，近核处有一淡黄色晕，汁液丰富，酸甜适口，有芳香，品质上。纤维中多，品质上。含可溶性固形物 15. 5%。离核、甜仁。

本品种成熟期较早，在当地 3 月下旬开花，5 月下旬果实成熟，由于果实硕大，色泽金黄，甜酸适口，芳香味浓，品质上等，在市场上深受消费者的欢迎。近年来，该品种发展较快。其缺点是果实充分成熟后容易裂果。

23. 鸡蛋杏

主要分布在万荣县杨蓬一带，栽培面积不大。

树冠乱头形，树势中庸，枝条多而乱，树姿开张，枝条下垂，成枝力与萌芽力均差。主干灰褐色，有块状纵裂，裂纹深，有时有老翘皮。3 ～4 年生枝红黄色，有灰白色蜡质网纹，皮孔黄褐色，肾形，不明显。一年生枝红褐色有光泽，皮孔淡黄色，小而密，肾形，枝上无茸毛，叶深绿色，圆形。叶面皱，较厚，粗锐锯齿，叶尖突尖或急尖，叶基心脏形，主脉淡红色，侧脉色泽较淡，脉腋间有茸毛。叶柄较长，有蜜腺 1 ～2 个。叶柄沟不明显。花蕾粉红色，花瓣白色，花较大，雌蕊略低于雄蕊，退化花约占 50%。

果实圆形，较大，单果重 45 g，最大单果重可达 60 g。果顶平；梗洼窄、陡、浅，果柄短，不易脱离。缝合线浅而不明显。果实金黄色。果皮薄，不易剥离。果肉金黄色，近核处色泽略深，汁液丰富，味甘甜，纤维较多，品质中上，含可溶性固形物 14%。离核，甜仁。

在当地 3 月下旬开花，6 月上旬成熟。

本品种汁液丰富，风味较好，唯纤维含量较多，品质只能列为中等，发展不快。

24. 黄馍馍杏

分布于万荣县宝井、荣河、光华等乡镇，系当地主栽品种之一。栽培历史在50年以上，是由自然实生种中择优繁殖而成。

树冠圆头形，树姿开张，树势中庸，枝条萌芽力强，成枝率较弱。主子黑褐色，有较深的纵裂及老翘皮，1～2年生枝黄褐色有光泽及蜡质，皮孔不明显，褐色，圆形。复芽三角形，芽基中大，马蹄形。叶片中大，卵圆形，叶尖突出，叶面光滑，有蜡质。叶柄淡红色，叶基有2个黑褐色圆形蜜腺。叶基对称，叶缘锯齿大小不一，呈中波状。

果实圆形，大型果，单果平均重50 g，最大单果重可达90 g以上，果顶平，微凹。果柄较短，梗洼窄而中深。缝合线浅而明显，片状肉不对称，果面粗糙，茸毛较多。果实底色橙黄，甚壮观。果皮较厚，不易剥离。果肉金黄色，近核处色泽略深，果肉汁液丰富，肉质细脆，甜酸适口，折光糖12.5%，品质上等。离核，甜仁。

在当地3月中旬开花，6月中旬果实成熟。

本品种抗逆性强，不易受晚霜危害。果实大，肉厚，离核，适于生食和加工；唯纤维较多是其缺点。

25. 万荣李子杏

分布于万荣县皇甫乡袁家庄一带，栽培历史在200年以上。目前，仍有200年生以上的大树数株。

树冠半圆形，树势较弱，树姿开张，枝条密而下垂。主干黑褐色，纵深裂，多年生枝黑褐色，有块状剥落，一年生枝阳面紫红色，微曲，有光泽，皮孔不明显。叶片浓绿，近圆形，平展，较厚，叶基楔形，近叶片基部有一个蜜腺。花蕾粉红色，花瓣白至粉红，雌蕊略低于雄蕊，退化花较少，枝条萌芽率78.16%，成枝力2.94%。

果实圆形，较小，大小整齐，单果平均重23.75 g，最大单果重仅30 g。果顶平，梗洼近圆柱形，底阔口广，缝合线浅，不明显，片状肉对称，果面极光滑，淡黄色。果皮厚，易剥寓。果肉黄白色，质地松软，汁多，纤维少，味极甜，有李子香味，较耐贮运，可溶性固形物15.5%，唯略带涩味。离核、甜仁，单仁重0.54 g，出仁率29.32%。

在当地3月下旬开花，6月中下旬果实成熟。

本品种品质好，耐贮运，甜仁；缺点是果实个头不大。

26. 永不落杏

主要分布在万荣县皇甫乡袁家庄一带。系当地果农从实生杏树中选出，现有100余株。果实采前落果极轻，部分成熟的果实可长期干在树上，故名。

树冠自然圆头形，树姿开张，树势中庸，枝条密而下垂。主干灰褐色，纵裂，多年生枝褐色，部分呈块状翘起，一年生枝绿色，无光泽，具淡黄色圆形皮孔，无茸毛。叶片长圆形，平展，浓绿，背面稀有茸毛，先端渐尖，叶缘钝锯齿，叶基楔形，靠近叶柄的叶基部有2个蜜腺。花蕾粉红色，花瓣白色，雌蕊雄蕊多等高，退化花较少。

在当地4月初开花，6月25日左右果实成熟，11月初落叶。成年树萌芽率76.3%，成枝力弱。在果枝中花束状果枝占90.5%，短果枝9.5%。果枝连续结果能力强，坐果率高，花后生理落果中多，采前落果轻，丰产，幼年树一个新梢可结果60余个。果密，常5～7个一簇，25年生树株产150 kg左右。

果实中大，大小整齐，单果重34 g，最大果重在40 g以上。果实扁圆形，梗洼广、浅，缓，果柄较长，不易脱落。果面光滑，底色淡黄，向阳面略带红晕。缝合线浅而不明显，片状肉不对称。果皮厚，不易剥离。果肉黄白色，质地松脆，汁多，纤维素极少，味甜，含可溶性固形物13%。果实含还原糖2.63%，蔗糖4.14%，总酸1.44%，VC7.14 mg/100 g果实。离核、甜仁，单仁重0.51 g，出仁率26.84%。

本品种节间短，采前落果轻，丰产，坐果率高，品质上，VC含量高，是一个较有发展前途的生食优种。

27. 新绛大把杏

主要分布在新绛县禅曲一带，为当地主栽物品种之一。

树冠圆头形，半开张，树势中庸。主干灰褐色，纵浅裂，一年生枝褐色，有光泽，较直立，具淡黄色圆形皮孔，有茸毛，节间较长。叶片斜生，绿色，叶面皱，叶背脉腋间有髯毛，叶薄，圆形，先端急尖，偏斜，叶缘波状，叶基圆形，叶柄较长，有蜜腺1～2个。花白色，雌蕊雄蕊多数等高，退化花40～80%。

在当地3月下旬开花，6月10日前后果实成热。果实发育期75d左右。枝条萌芽率58.67%，成枝力4.55%，在果枝中花束状果枝占35%，短果枝占35%，果枝寿命4～5年，采前落果轻，25年生树株产50 kg左右。果实采后可贮藏10～15d。

果实小，大小整齐，单果平均重30.87 g，最大者达37 g以上。果实圆形，稍偏斜，果顶平，梗洼浅而广，缝合线明显，片状肉对称，果面光滑，底色金黄，向阳面有淡红色晕。果皮厚，纤维多，味甜酸，汁中多。果实含还原糖2.14%，蔗糖5.02%，总酸2.29%，VC2.53 mg/100 g果实，pH值3.4，离核或半离核，甜仁，单仁重0.44 g，出仁率31.12%。

本品种色泽艳丽，品质优良，成熟早，耐贮藏，较受群众喜爱，是优良的早熟生食品种之一，唯果实略小是其缺点。

28. 桃大把杏

分布在新绛县禅曲、南头，裴社一带，栽培数量不多。

树冠圆头形，树姿半开张，树势中庸。主干灰褐色，纵裂。多年生枝灰色，翘皮多。一年生枝褐色，有光泽，略弯曲，无茸毛，节间较长，叶片深绿色，圆形，平或斜生，叶尖短尖至急尖，稍偏斜。叶面皱，中厚，叶缘圆钝锯齿，叶基圆形，叶柄较长，靠近叶基处有2～4个蜜腺。花蕾粉红色，花瓣白色，雌蕊略低于雄蕊或等高，退化花约40%。

在当地3月下旬开花，6月下旬果实成熟。一年生发育枝萌芽率56.57%，成枝力3.57%，成年树以花束状果枝与短枝果结果为主，花束状果枝占结果枝总数的73.1%，短果枝占15.30%。果枝结果寿命5年左右，26年生树株产可达100 kg。

果实中大，大小不匀，单果平均重41 g，最大者可达50 g以上。果实桃形，果顶突起，果尖偏向一侧，梗洼深，有皱褶，缝合线浅而明显，片状肉对称。果面光滑，底色黄白，向阳面有红晕，果皮薄且不易剥离。果皮淡黄色，肉厚，质地致密，汁中多，纤维少，甜酸适口。果实含还原糖2.15%，蔗糖3.09%，总酸2.51%，鲜果实中含VC 6.48 mg/100 g，pH值3.23，黏核或半黏核，仁饱满，味甜，有时有双仁，单仁重0.79 g，出仁率36.9%。

本品种外观漂亮，味甜酸，仁甜个大，出仁率高，丰产，是一个较有希望的仁肉兼用品种。

29. 夏县大红杏

分布于夏县楼底村和四辛庄一带，栽培数量不多，近年来群众自发繁殖，栽培面积日益扩大。

树冠圆头形。树姿开张，生长势偏弱。主干灰褐色，块状裂；二年生枝褐色，具有灰色条纹；一年生枝褐红色，略弯曲，有光泽，皮孔圆形，较小，淡黄色。叶片卵圆形，先端渐尖，绿色，斜生，较平展，中厚。叶绿有钝锯齿，叶基截形。叶柄紫红色，长3.8cm，近叶基部有蜜腺1～2个。

果实扁圆或近圆形，较整齐，果特大，单果平均重52.6 g，最大单果重可达125 g，实为杏果中之佼佼者。果顶平或微凹，沿缝合线一侧向上隆起。梗洼漏斗形，广而浅，果梗牢固，缝合线浅而明显，片状肉多不对称。果面不光滑，底色绿黄，向阳面有鲜红色彩霞，果皮薄，韧性差，不易剥离。果肉黄色，致密，脆，汁多，纤维少，肉厚，味甜酸适口，有清香，品质上。果实含还原糖2.64%，蔗糖 5.65%，总酸 1.89%，每 100g 鲜果肉中含VC3.97mg。种核长圆形，先端尖圆，核翼明显，单核重2.54 g，出核率3.26%。离核，甜仁，单仁重0.8 g，出仁率31.5%。

在当地3月底至4月初开花，6月上旬果实成熟，11月上旬落叶。

本品种果实特大，色艳，味美，果肉厚，又是甜仁，是一个优良的仁肉兼用的中早熟品种。

30. 甜核杏

又名红甜核，分布于夏县大吕乡郭道等地，栽培数量不多。

树冠自然圆头形，树姿开张，枝条角度较大，生长势较弱。主干灰褐色，纵浅裂，老翘皮较多；多年生枝粗糙，表皮多翘起；二年生枝褐色，一年生枝淡红色，微曲，有光泽，皮孔不明显。叶片近圆形，先端突尖或锐尖，中厚，多斜生，叶基心形或截形，叶面皱，绿色，背面无茸毛，叶缘钝锯齿；叶柄紫红色，近叶基部有蜜腺2～3个。

果实馒头形，较小，大小整齐。单果平均重28.5 g，最大单果可达45 g。果顶平，缝合线一侧略隆起。梗洼心形，浅而广，缝合线明显，呈绿色，片状肉较对称。近梗洼处略深。果皮薄，易剥离，果面光滑，底色黄，向阳面具有彩色浓红晕。果肉厚，黄白色，质地松软，汁液少，风味浓，甜酸适口，纤维少，品质上。果实含还原糖2.01%，蔗糖4.55%，总酸1.63%，pH值3.53，鲜果肉中含VC 5.42 mg/100 g。离核，单核重2.49 g，出核率8.74%，甜仁，单仁重0.52 g，出仁率20.9%。

在当地4月初开花，6月上中旬果实成热，采前落果轻，较丰产，20年生大树株产可达75 kg以上。

本品种外形美观，甜酸适口，品质上等，是一个仁肉兼用的优良品种，适于在沙土地上发展。

31. 青皮杏

分布于夏县大吕乡四辛庄村，栽培数量不多。

树冠呈伞形，生长势中等，树姿开张，部分枝条平生或下垂。主干褐色，有浅裂纹；二年生枝红褐色；一年生枝淡红色，微曲，有光泽，皮孔不明显，节间较长。叶片长圆形，先端突尖，较薄，深绿色，叶面平展，叶缘钝锯齿，基部截形，叶柄淡紫红色，长4.2cm，近叶基处有1～2个蜜腺。

果实圆形，中等大，不整齐，平均单果重57.5 g，最大可达70 g左右。果顶偏，梗洼圆形，深、中广，缝合线明显，片状肉不对称。果面底色金黄，向阳面有红晕及红色果点，外观美，果皮薄，不易剥离。果肉白色，肉厚，致密，肉脆，果汁少，味偏酸。果实含还原糖1.18%，蔗糖3.24%，总酸2.53%，pH值3.25，鲜果肉中含VC 2.54 mg/100 g。离核，核纺锤形，单核重2.04 g，甜仁，单仁重0.51 g，出仁率25.07%。

在当地3月底开花，6月中旬果实成熟，果实发育期68～78d。花后生理落果和采前落果均轻。

本品种色泽艳丽壮观，品质中上，是仁肉兼用的优良品种，可适量发展。

32. 夏县大红袍杏

分布于夏县大吕乡四辛庄，栽培历史约70余年，现存数量不多。

树冠圆头形，枝条多平生或下垂，树姿开张树势较弱。二年生枝红褐色，一年生枝紫红色，微曲，有光泽，皮孔不明显，节间较长。叶长圆形，先端锐尖，深绿色，多平生，叶面平展，叶背无茸毛，叶缘钝锯齿，叶基截形，叶柄紫红色，叶柄较长，上有1～2个蜜腺。

果实扁圆形，缝合线明显。底色橘黄，缝合线处色泽略深，向阳面鲜红色，有褐色斑点，含可溶性固形物13%，果实充分成熟后肉质软，汁液多，味甜酸，有浓香，离核，甜仁。

本品种果个大，外观美，味甜酸，风味浓，品质上，丰产稳产，是早熟鲜食优良品种之一，唯果实不耐贮运是其缺点。可在城区近郊或交通方便的地方适量发展。

33. 夏县小接杏

分布于夏县大吕乡四辛庄，栽培数量较少。

树冠自然半圆形，树势中庸，树姿半开张。主干褐色，一年生枝较直立，淡红色，有光泽，具黄色圆形皮孔，节间较长。叶片心脏形，先端渐尖，叶较薄，斜生，绿色。叶基心形，叶缘钝锯齿，叶面平展，背面无毛。叶柄紫红色，较长，近叶基处有2个蜜腺。

果实圆形，中等大，平均单果重42.5 g，最大者达55 g，果实大小不匀。果顶缝合线一侧突起，梗洼长圆形，中深而广，有明显皱褶。缝合线浅而明显，片状肉不对称。果面不平，底色黄白，阳面略带红晕，无斑点。果皮薄，不易剥离，果肉白色，果肉厚，质地松脆，汁液和纤维均少，味稍淡，略酸。果实含还原糖2.49%，蔗糖2.89%，总酸1.92%，pH值3.7，鲜果肉中含VC2.25 mg/100 g。离核，单核重1.97 g，甜仁，单仁重0.57 g，出仁率29.28%。

本品种适应性强，耐旱，品质中上，肉质松脆，离核，适于加工。可作为加工和仁肉兼用品种，唯生食风味较淡是其缺点。

34. 木瓜甜核杏

分布于夏县大吕乡四辛庄一带，栽培历史100余年，是当地主栽品种之一。因果形似木瓜而得名。

树冠圆锥形，树势较旺，树姿直立。主干深褐色，多年生枝淡褐色，一年生枝紫红色，直立，有光泽，皮孔长圆形，黄色，节间较长。叶片斜生，圆形，先端渐尖，绿色，较薄。叶面皱，背面无毛，叶缘钝锯齿。叶柄红色，近叶基处有1～4个蜜腺。

果实近圆形，大小不整齐，单果平均重63.5 g，最大可达85 g，结果多时，果实略小。果顶平，沿缝合线一侧明显隆起，形成果实偏斜。梗洼圆形，深、广、陡，缝合线浅而明显，片状肉不对称。果面光滑，底色黄绿，向阳面有深红色晕及斑点。果皮中厚，不易剥离，果肉黄白色，果肉厚。质地软面，汁液较少，味稍淡，纤维略多。据山西省农科院中心实验室1986年分析：果实含还原糖1.38%，蔗糖2.59%，总酸2.34%，pH值3.3，鲜果肉中含VC l.59 mg/100kg。核椭圆形，先端尖圆，半黏核，单核重2.05 g，甜仁，单仁重0.54 g，出仁率25.45%。

在夏县3月底开花，6月上中旬果实成熟。果实发育期55～75d。采前落果轻，一年生苗定植后第4年开始结果，花后生理落果严重，10年生树可产果50 kg，成龄大树产果可达150 kg左右。

35. 拳头杏

分布于新绛县禅曲一带，是当地的主栽品种，栽培历史悠久，目前，栽培数量有所下降。

树冠圆头形，半开张，树势强。主干黑褐色，一年生枝红褐色，生长旺盛，有光泽，节间较长。叶片不规则圆形，先端急尖、偏斜。叶色浅绿，斜生。叶薄，叶面平展，叶缘粗锐锯齿。叶基圆形或截形，叶背脉腋间有茸毛。叶柄紫红色，叶柄上有一个蜜腺。花蕾粉红色，花瓣白色，略皱缩，雌蕊较低，花柱和子房茸毛较多。

果实扁圆形，较大，单果重57.55 g、最大单果重可达70 g。果顶凹下，梗洼长圆、浅、有皱褶，缝合线深而明显，片状肉对称。果面黄绿色，向阳面有红色斑点，果皮厚，较易剥离。果肉黄色，肉质松软、味甜、微酸，含可溶性固形物7%，耐贮，采收后可贮放10～15d。黏核，甜仁。

在当地3月底开花，6月底至7月初果实成熟，果实发育期

95d左右。枝条萌芽率3.2%，成枝率5.56%，以花束状果枝及短果枝为主，两者占结果枝总数的94%。果枝连续结果能力3～4年，产果率低，11年生树株产30 kg左右。

本品种果大、甜仁，是仁肉兼用的中熟品种。

36. 大黄甜杏

主要分布于万荣县乔薛堡一带，栽培较集中，是当地主栽品种之一。栽培历史100余年。

树冠自然圆头形，树姿直立，枝条中密，树势强。主干黑褐色，块状剥落；多年生枝深褐色，有条状或块状剥落。一年生枝绿色，微曲，有光泽，无茸毛。叶圆形，先端急尖，绿色，叶缘圆钝锯齿，叶背无茸毛，叶基楔形，有蜜腺1～2个。花蕾淡粉红色，花白色，皱缩较严重，雌雄蕊等高，退化花约60%。

果实扁圆形，大果型，大小较整齐，平均单果重89.87 g，最大者可达105 g。果顶微凹，梗洼锥形，深广，有皱褶，缝合线明显，中深，片状肉对称。果面光滑，金黄色，有光泽，果皮厚，不易剥离，果肉橘黄色，果肉厚，质地致密，脆，汁液中多，味甜，略酸，纤维少。果实含还原糖2.09%，蔗糖7.11%，总糖9.2%，总酸0.91%，糖酸比10:1，pH值3.09，鲜杏肉中含VC9.89 mg/100 g，离核，核长圆形，单核重3.69 g，甜仁，单仁重0.86 g，出仁率23.91%。

在当地3月下旬开花，6月中下旬果实成熟，果实发育期80～85d，以花束状果枝及短果枝结果为主，其中，花束状果枝占47.83%，短果枝占43.5%。丰产性好，20年生树株产达150 kg。

本品种果实硕大，肉厚味甜，VC含量丰富，肉质细密，适于加工，仁大，丰产，是一个生食、加工、仁用三者兼用的优良品种，可大力发展。

37. 桃甜杏

分布于永济市城关附近及清华乡一带。栽培数量不大。近年有所发展。

树冠圆头形，树势健壮，树姿直立。主干深灰褐色，有较宽的纵裂，多年生枝灰褐色，有纵裂，一年生枝粗壮，大部为绿色，显然与其他品种不同。节间较短。叶绿色，圆形至阔椭圆形，先端突尖，叶缘细锐锯齿。叶基截形，叶柄两侧上下不齐，多不对称。叶柄紫红色，红色延及主脉中部，叶柄近叶基处有 1 ～3 个褐色圆形蜜腺，中部略凹陷。

果实偏圆形，中大型果，单果平均重 50 g，最大单果重可达 80 g。果顶平。沿缝合线一侧隆起，造成果形偏圆，似桃，故名。梗洼小、陡、中深，缝合线深而明显，片状肉较对称。果面底色绿黄，向阳面有不明显的点状红晕，果皮薄，无韧性，不易剥离。果肉淡黄色，近核处为黄白色，果肉厚，肉质面，汁液中，纤维少，味稍淡，品质中。黏核，核大而扁，甜仁，仁大而饱满，鲜仁重 1. 12 g。

本品种树势强健，生长旺盛，由于果型较大，颇受消费者的欢迎。各地可适量发展。

38. 华阴杏

原产陕西省华阴县，1968 年引入清徐县北营村，近年来发展较快。20 世纪 90 年代大面积引种到古郊市。

树冠自然开心形，树姿开张，树势强，枝条密，多平或斜生。主干黑褐色，有块状翘皮；二年生枝红褐色，一年生枝紫红色，有光泽，皮孔圆形，淡黄色，稀而小，节间较长。叶卵圆形，先端长突尖，色绿，斜生，较薄，叶面平展，叶缘波状锯齿，叶基圆形，叶柄紫红色，近叶基部有 1 ～3 个蜜腺。

果实扁圆形，大型果，较整齐，单果平均重 88 g，最大单果可达 100 g。果实顶部凹陷，沿缝合线一侧略高，缝合线浅而不明显，片状肉不对称。梗洼波状，浅而阔。果面光滑，绿黄色，果皮薄，易剥离。果肉金黄色，果肉厚，质地松软，果汁多，酸甜，略香。

果实含还原糖1.48%，蔗糖6.19%，总酸0.99%，pH值3.75，鲜杏肉中含VC 7.76 mg/100 g。离核，单核重2.96 g，甜仁，不饱满，单仁重0.51 g，出仁率达17.13%。

在清徐县4月上旬开花，7月初果实成熟。果实发育期80余天。10月下旬落叶，一年生枝萌芽率76.47%，以花束状果枝和短果枝结果为主，花束状果枝占果枝总数的84%，18年生树株产50 kg。

本品种丰产、稳产，果大，味甜，风味浓，是鲜食的中熟优良品种。引入山西省后表现良好，唯不宜加工杏脯、罐头，只能在城镇工矿区附近适量发展。

39. 红甜核

分布于广灵县平城一带，栽培历史120余年，栽培面积不大。

树冠自然开心形，树姿开张，树势中庸。主干黑褐色，块状浅裂；二年生枝紫红色，有灰色条纹，枝条中密，较直立；一年生枝淡红色，微曲，有光泽，皮孔肾形，褐色，节间较长。叶心脏形，先端短突尖，色泽浓绿，斜生，较厚。叶面皱，叶基心脏形，叶柄紫红色，较长，蜜腺2个或无。花蕾粉红色，花瓣白色或粉红色，雌雄蕊多等高，雌蕊退化花占77.88%。

果实扁圆锥形，小型果，大小整齐，单果平均重32.6 g，最大单果重38 g。果顶平，或微凸，梗洼正圆，浅、广。缝合线浅而不明显，片状肉不对称。果面光滑，底色黄，向阳面有红色彩霞及红色斑点。果肉橘黄色，松脆，汁多，纤维少，味酸甜，香味浓，可溶性固形物14%。离核，单核重2.12 g，甜仁，单仁重0.6 g，出仁率29.07%。

在当地4月20日开花，7月10日果实成熟，果实发育期80d左右。坐果率低，枝条中上部易形成花芽，结果枝寿命4～6年，有大小年，采前落果轻，以花束状果枝结果为主，花束状果枝占果枝总数的92.3%，一年生枝成枝力弱，萌芽率88.64%。19年生树株产可达50 kg左右。

本品种外观漂亮，酸甜适口，品质优良，在市场上颇受消者的欢迎。

40. 广灵白甜杏

分布于广灵县平城一带，栽培历史约120年，栽培数量不大。

树冠半圆形，树势中庸，树姿开张，枝条稀疏，平生或斜生。主干黑褐色，翘皮呈不规则状剥落；二年生枝灰褐色；一年生枝紫红色，微曲，有光泽，皮孔稀疏，肾形，白色，节间平均长1.5cm。叶片近圆形，先端短突尖。色泽浓绿，斜生，较厚，叶面平整，叶缘圆钝复锯齿，叶基心形，叶柄紫红色，较长，着生蜜腺1～2个或无。花蕾粉红色，花瓣白色，雌雄蕊等高，雌蕊退化花约35.4%。

果实中等偏小，平底圆形，单果平均重24.7 g。果顶微凸，梗洼正圆，浅而平，缝合线浅而不明显，片状肉不对称。果面光滑，果粉薄，茸毛少，底色黄白，向阳面有鲜红色晕及朱砂红果点。果皮薄，果肉黄白色，质脆，充分成熟后果肉绵，汁液中多，酸甜，可溶性固形物17%，有芳香。离核，仁饱满，单仁重0.7 g，味甜。

在当地4月20日开花，7月13～15日果实成熟，果实发育期85d左右。一年生枝萌芽率42.11%，以花束状果枝和短果枝结果为主，稀有中果枝，果枝寿命3～5年，采前落果轻，有大小年，14年生树株产约25 kg。

本品种果实大小均匀，外形端正美观，果肉味甜而芳香，又是甜仁，颇受当地群众欢迎，近年来略有发展。

41. 广灵大甜核杏

分布于广灵县蕉山乡西蕉山一带。是当地农民从实生单株中选出的优种。近年来，群众自发繁殖，栽培数量逐年扩大。

树冠丛状形，半开张，树势较强。主干灰褐色，纵裂；多年生枝灰褐色，老皮常翘起，枝条中密。一年生枝淡红色，微曲，有光泽，皮孔肾形，乳黄色，节间较长。叶绿色，斜生，圆形，先端短尖叶面较皱，叶缘细锐锯齿，叶基楔形至圆形，叶柄紫红色，近叶基部有 1 ～3 个蜜腺。花蕾红色，花瓣粉红色，雌蕊退化花占 49.06%。

果实圆形，中等大，大小整齐，单果平均重 34 g。果顶平，微凹，梗洼圆、窄、深，缝合线不明显，片状肉对称。果面底色黄，向阳面有红晕及红色果点，果皮厚，易剥离。果肉橘黄色，果肉厚，质地松软，汁液中多，纤维少，酸甜适口，富有香味，可溶性固形物 13%。果实含还原糖 1.29%，蔗糖 4.4%，总糖 5.72%，总酸 3.15%，糖酸比 1.82，pH 值 3.14，每鲜杏中含维生素 C8.09 mg/100 g。离核，单核重 2.24 g，甜仁，单仁重 0.61 g，出仁率 26.8%。

在当地 4 月下旬开花，7 月中下旬果实成熟，果实发育期约 90d。一年生枝萌芽率 63.38%。以短果枝结果为主，约占果枝总数的 57.14%，果枝寿命 4 ～5 年，坐果率高，有大小年，采前落果轻。

本品种酸甜适度，富有香味，甜仁，是一个仁肉兼用的优良品种。

42. 朱皮李杏

分布在永济市清华乡土乐村一带。

树冠偏头形，半开张，树势中庸。主干深褐色，有条状裂纹。二年生枝淡褐色，枝条稀疏，多下垂。一年生枝紫红色，有光泽，皮孔圆形，乳黄色，节间乎均长 1.1cm。叶片深绿色，斜生，长圆形，先端渐尖，较厚。叶面平展，叶背无毛，叶缘钝锯齿。基部截形，叶柄长，上有蜜腺 1 ～2 个。花蕾粉红色，花瓣多皱缩，白色，雌蕊略低于雄蕊，雌蕊退化花少。

果实尖顶圆形，较小，大小不匀，单果平均重 28.4 g，最大果重 32.5 g。梗洼窄、陡、深，缝合线一侧隆起，果面光滑，底色黄绿，向阳面有鲜红色晕，果皮薄，较易剥离。果肉黄白色，近核处色略深，果肉厚，肉质脆、硬，酸，纤维中多，品质略差。折光糖10%，果实还原糖2.2%，蔗糖1.91%，总酸1.18%，pH值3.63。离核，甜仁。

本品种品质略差，但果肉较硬，耐贮运，适于加工，是一个仁、肉、加工兼用的品种。

43. 黄疙瘩杏

分布于万荣县光华乡杨蓬一带，栽培数量不多。

树冠圆头形，树姿开张，树势较强。主干灰褐色，老翘皮呈网状剥落。多年生枝深褐色，二年生枝黄褐色，枝条密，多斜生。一年生枝红褐色，有光泽，无茸毛。节间平均长1.84cm。叶片深绿色，较薄，斜或平生，圆形，叶尖急尖，偏斜，叶面皱褶，叶背无茸毛，叶缘钝锯齿，叶基楔形，叶柄较长，有蜜腺2～3个。

果实圆形至短圆形，中等大，平均单果重25.5 g，最大单果重29.7 g。果面光滑，金黄色，少数果实向阳面有红色果点。果顶平，缝合线明显，梗洼窄而深，果柄较长。果皮薄，不易剥离，果肉橘黄色，近核处色泽无明显变化。果肉厚，汁液丰富，味甘甜，纤维较多，品质中上，折光糖达13%。果实含还原糖2.89%，蔗糖4.58%，总酸0.8%，pH值3.84，每鲜杏肉中VC8.8 mg/100 g。离核，甜仁。

在当地4月初开花，6月上中旬果实成熟，果实发育期70～75d。一年生枝萌芽率62.66%，成枝率12.12%，以花束状果枝和短果枝结果为主，多在发育枝中部形成果枝，其中，花束状果枝占果枝总数的53.57%，短果枝占28.57%。花后生理落果与采前落果均轻。丰产。35年生树株产200 kg左右。有大小年，较抗晚霜。

本品种外观漂亮，肉厚，酸甜适口，抗晚霜，深受群众喜爱，有发展前途。

44. 临县大扁杏

本品种系临县地方品种。分布在黄家峪村。

树冠自然半圆形或乱头形。树势健壮，树姿半开张。主干暗褐色，较光滑，有纵浅裂，老翘皮较少。多年生枝灰褐色，阳面皮孔明显，沿皮孔纵轴开裂，呈条状剥落。一年生枝淡红色，无光泽，背阴面色泽浅绿，梢部分布有淡黄色小皮孔。节间平均长 1.2cm，成年树以花束状果枝结果为主。叶片心脏形，叶尖渐尖，略歪斜，中等大，深绿色。叶缘波状，具有浅而整齐的钝锯齿。叶基楔形，两侧对称。叶柄较长，在叶基或靠近叶基的叶柄上附有 1 ～3 个红褐色圆形蜜腺，稍凸起。

果实椭圆至卵圆形，单果平均重 45.2 g，最大单果重可达 57 g。果顶偏斜，沿缝合线一侧隆起，缝合线明显，片状肉较对称。梗洼扁圆形。果面光滑，底色黄绿，向阳面有微红晕。果肉黄色，肉薄。纤维多，味酸涩，品质差。离核，种仁饱满，味甜。

在原产地 3 月下旬发芽，4 月上旬开花，6 月中下旬果实成热。

本品种适应性强，抗寒、抗旱、耐瘠薄，杏仁大而甜，有芳香，是一种颇有发展前途的仁用杏优良品种。

45. 临县大接杏

分布于临县黄河沿岸的曲峪乡和丛罗峪镇一带，已有近 200 年的栽培历史，为当地的古老品种之一，栽培数量不大。

树冠自然半圆形，树势强健，树姿开张，枝条较稀疏。主干黑褐色，有纵裂，多年生枝褐色，一年生枝绿色，皮孔不明显。叶片大，近圆形，叶尖急尖，叶基圆形，叶缘锯齿浅而钝，叶柄长 5.4cm，在叶柄靠叶基两侧着生有蜜腺 1 ～2 个。

果实卵圆形，单果子均重 30 g，最大单果可达 42 g。果面光滑，底色黄绿，充分成熟后黄色，缝合线明显，果肉黄色，皮薄肉软，汁液少，味较甜。离核，甜仁，种仁多不饱满。

在当地 3 月下旬发芽，4 月上旬开花，花期约 7d，6 月下旬果实成熟。

本品种适应性强，丰产稳产，品质中上，可适量发展。

46. 圆庆州杏

分布于原平市东郊边山一带。以中阳乡井沟、中庄、上庄等村栽培较多，系当地主栽品种之一，目前，仍有 50 ～60 年生大树 1 000余株，近年来发展较快。

树冠圆头形，树姿开张，树健势壮，枝条较稀疏。主干黑褐色，纵裂。裂纹深而广。多年生枝灰褐色，纵或横裂，一年生枝红褐色，中下部有灰白色横条斑点，节间平均长 1.5cm。叶近圆形，先端长突尖。两侧略向中部抱合，叶基圆形，主脉近叶柄处紫红色，叶缘粗锐锯齿，色淡绿，较厚，叶柄紫红色，近叶基处有 1 ～2 个褐色圆形蜜腺，中部稍凹下。

在原平 3 月下旬花芽萌动，4 月上旬开花，6 月底至 7 月初果实成熟，果实发育期 90d 左右。果实中大，圆形，单果平均重 3.8 g，最大单果重近 60 g。果实底色黄绿，向阳面有鲜红色彩霞。果皮厚，果肉金黄色，近核处色泽略深、柔软多汁，纤维较少，风味稍淡。据省果树研究所分析，果肉含单糖 2.6%，双糖 4.43%，总糖 7.03%，含酸 2.08%，品质中上，离核，甜仁。

本品种丰产，早熟，耐干旱，适应性强，山地、平地均生长良好，果实适于加工杏干、杏脯。色泽漂亮，品质好，是一个鲜食加工兼用的优种。

47. 原平木瓜杏

分布于原平市东郊边山一带，以中阳乡井沟、中庄、上庄等村栽培较为集中，系由圆庆州实生苗中选择出来的优种。

树冠圆头形，树姿半开张，树势中庸，枝条较密，主干黑褐色，纵浅裂，多年生枝灰褐色，一年生枝红褐色，中下部密布浅褐色条纹，基部有较多的灰白色横条斑点。叶圆形至椭圆形，中等大，先端短突尖，略偏向一侧，叶基截形至圆形，叶缘粗锐锯齿至复锯齿，叶背光滑，侧脉基部有茸毛，叶柄紫红色，背阴面色泽略绿，近叶基部有 1 ～2 个褐色肾形蜜腺，突起，中部略凹陷。

果实圆形，略扁，单果平均重41.3 g，果顶平，沿缝合线一侧隆起，缝合线浅而明显，片状肉多不对称。梗洼广、浅、缓，部分有波状皱褶。果面底色黄绿，有灰白色细茸毛，向阳面有红色晕。果肉金黄色，肉质细，纤维少，柔软多汁，甜酸适口，有微香，品质上。多黏核，甜仁，种仁较大。

在当地4月上旬开花，花期较圆庆州杏晚3～5d，成熟期晚10d左右，一般在6月底至7月上旬成熟。

本品种果实中大，色泽艳丽，风味好，甜仁，是一个优良的仁肉兼用品种。

48. 闻喜李子杏

分布于闻喜县城关坡底，白土一带，万荣孤山也有少量栽培。为闻喜的主栽品种。

树冠自然半圆形，树势健壮，树姿半开张，枝条较密集。主干黑褐色，二年生枝多为紫红色，当年新梢绿色，向阳面紫红色。叶片卵圆形，色黄绿，较大。

果实圆形或扁圆形，中等大，果面光滑，茸毛较少，底色黄，向阳面有鲜红色彩晕，果点紫红色，小而稀疏，果顶微凹，缝合线明显，梗洼圆锥形，较深。果肉黄色，肉厚而脆，纤维极少，汁液多，甜酸适口，香味浓，品质上。据山西省果树科学研究所分析，果实含葡萄糖3.0%，蔗糖4.6%，总糖7.6%，总酸0.78%，糖酸比9.74。半黏核，甜仁。

在万荣孤山北麓3月中旬开花，5月下旬成熟，果实生育期75～80天。进入盛果期较早，15年生树株产100 kg左右。

本品种成熟期早，产量较高，品质好，宜生食，城镇和工矿区附近郊区可适量发展。

49. 早白水杏

分布于河津市永安庄一带，栽培历史在100年以上，为河津县优秀生食品种之一。

树冠圆锥形，枝条密而直立。主干灰褐色，二年生枝红褐色，新梢紫红色，背阴面黄绿色。叶片心脏形或卵圆形，色泽深绿，较大，先端渐尖，锯齿钝，主脉紫红色，叶柄较长。

果实近圆形，中等大，单果平均重33 g。果面光滑，茸毛少，底色黄白，向阳面有鲜红色点状晕，果顶稍突起，缝合线浅而明显，果梗长，梗洼深而广。果肉浅黄色，质地致密，纤维较少，汁多，味甜，品质上。黏核，甜仁，仁饱满。

在当地3月中旬开花，5月下旬果实成熟。果实生育期75d左右。盛果期单株平均产量150 ～200 kg。

本品种丰产稳产，果实大小均匀，品质好，成熟早，对肥水条件要求不严，较受果农及消费者的欢迎，唯开花较早，有时易受晚霜危害。

50. 平陆大甜核杏

分布在平陆县葛赵一带，栽培历史约100年以上。是当地最优良的栽培品种。

树冠自然半圆形，树势旺盛，枝条稠密直立。主干深灰色，一年生枝紫红色，背阴面绿色。叶片肥大，近圆形，先端急尖，锯齿小而钝，叶柄长，紫红色。

果实扁圆形，中等大，单果平均重41. 9 g。果实底色黄白，向阳面有紫红色晕，果面粗糙，茸毛较少；果顶突起，缝合线浅而明显，梗洼窄而深，果皮较厚；果肉黄白色，质细而脆，纤维少，汁多味甜，酸甜适口，品质上。据山西省果树研究所分析，果实含葡萄糖2. 92%，蔗糖2. 72%，总糖5. 64%，总酸1. 78%，糖酸比3. 17。离核，甜仁，仁较饱满，多双仁。

在当地4月初开花，花期7 ～8d，6月中旬果实成热，果实生育期75d左右。以短果枝结果为主，果实着生较稀。但果个大，落果少，因而仍较一般品种丰产。中年树一般株产100 ～150 kg，单株最高产量可达500 kg。

本品种果大质优，适应性强，丰产，生食、加工、仁用均佳，较耐贮运，在城镇及工矿区可适量发展。

51. 黄接杏

分布在汾阳市的三泉和南偏城一带，为当地栽培的主要优良品种之一。

树冠开张，枝条较粗壮。叶片大，深绿色，近圆形。

果实近椭圆形，果实平均重 50 g 左右。果面不平，果实金黄色，缝合线浅而明显，梗洼中广、较深，圆锥形，果肉深黄色，质地细软，汁液中多，甜酸适中。据山西省果树研究所分析，果实含葡萄糖 1. 31%、蔗糖 3. 75%，总糖 5. 05%，总酸 2. 37%，糖酸比 2. 14、品质上。离核，甜仁，仁饱满。

在当地 4 月中旬开花，花期 5d，果实 7 月上旬成熟。

52. 白沙杏

分布于汾阳市高家庄一带，栽培数量不多。

果实正圆形，单果平均重 46. 25 g。果面光滑、底色黄白、彩色鲜红，缝合线浅而明显，梗洼中广较深、果皮中厚，果肉黄色，肉质细，汁中多，味甜酸。据山西省果树研究所分析，果实含葡萄糖 1. 2%，蔗糖 3. 61%，总糖 4. 81%，总酸 3. 02%，糖酸比 1. 59。品质中上。核长扁圆形，离核，甜仁，种仁较饱满。

在当地 4 月上中旬开花，7 月上中旬果实成熟。

本品种色泽美观，品质较好，但不太丰产。

53. 平定大红袍杏

零星分布在平定县锁簧镇北庄村一带，全村现有 100 余株。

树冠圆头形，主干及大枝灰褐色，有不规则纵横纹。二年生枝红褐色，皮目灰白色，长圆形、稍突起，分布不均匀，一年生新梢紫红褐色，光滑、无茸毛，皮目小，中多，圆形，灰白色，分布不匀。叶片近圆形，较薄，色绿，有光泽，先端急尖，叶基圆形，叶缘有钝锯齿，小而浅，叶柄褐红色。

果实大，圆形，平均单果重 70.94 g，果形整齐，缝合线深而明显，片状肉不对称。果顶平，微凹，略向缝合线相反一侧倾斜。梗洼深而广。果面金黄色，向阳面有玫瑰红晕斑点。茸毛少，果皮韧，中厚，不易剥离。果肉橙黄色，肉质细，纤维少，汁液中多，甜酸适口。据山西农大分析：果实含可溶性固形物 14%，还原糖 2.63%，苹果酸 0.657%，柠檬酸 0.686%，每 100g 鲜果中含 VC 8 mg，品质上。核卵圆形，核端圆钝，离核，仁饱满，味香甜。

在当地 4 月初开花，6 月下旬果实成熟，萌芽率低，成枝力较强，丰产，成年树平均株产 150 kg，最高株产达 500 kg。

大红袍杏果实整齐美观，果肉色泽鲜艳，肉厚，纤维少，可食率较高，为优良的鲜食。

除此之外，在华北各省和京、津、冀及江苏省还分布有传统栽培品种有龙王帽（大扁、香港称：龙皇大杏）、一窝蜂（又名次扁、小龙王帽）、白玉扁（又名大白扁）、北山大扁（荷包扁）、串铃扁（小核扁）；抗冻优质品种（系）有产于河北蔚县常宁乡的优一、新四号、三杆旗等品种树势中强，树姿自然开张，萌芽率、成枝率都很强，结果率也高，具有速生丰产、抗病、抗风力强、采前落果少、花期抗霜冻能力强等优点。

另外，近几年新选育的品系有 80A03（暂定名天桥扁）、80E05、80D05、C30901，辽宁省果树科学研究所选育的超仁、油仁、丰仁、国仁等优良品种也已用于生产。这些优良品种的推广和应用，为仁用杏的发展提供了物质条件（李全义，1996）。

（三）最近几年推广的新品种

目前，我国苦杏仁的生产面积为 133.3 万 hm^2，年产量为 1.8 万～2.1万 t，平均 666.7 m^2产量为 1 kg 左右。甜杏仁全国年产量为 800 ～1 000 t，一般 666.7 m^2产量为 30kg 左右。可见全国仁用杏的生产水平很低。但是也有许多管理好的园段产量很高，如河北省蔚县常宁乡安庄村农民夏正时，1991 年在其承包的 20 000 m^2 坡地仁用杏密植园上，创造了 11 年生 666.7 m^2 产杏仁 172.5kg 的全国纪录，产值达 4 400 元。各地区还出现许多 4 ～5 年生的幼树早丰典型园，666.7m^2 甜杏仁产量达 50 ～70kg。充分说明只要加强管理，其增产潜力非常大。

优良品种

优良品种是增产增效的前提，市场上甜杏仁的收购主要是按杏仁的大小划分等级的，杏仁越大价格高，其标准是单仁干重 > 0.8g 为一级，0.7 ～0.8g 为二级，< 0.7g 为三级。

（1）一级良种

龙王帽是目前我国生产上主栽的仁用杏品种中，仅有龙王帽这一个品种为一级，国际上称之为“龙皇大杏仁”。果实扁圆形，平均单果重 18g，最大 24g，果皮橙黄色，果肉薄，离核。出核率 17.5%，干核重 2.3g。出仁率 37.6%，干仁平均重 0.8 ～0.84g，仁扁平肥大，呈圆锥形，基部平整，仁皮绵黄色，仁肉乳白色，味香而脆，略有苦味。5 ～6 年生平均株产杏仁 3.2kg。自花不结实。

超仁是辽宁省果树科学研究所 1998 年选育的。果实扁卵圆形，平均单果重 16.7g，果皮果肉均橙黄色，离核。核壳最薄，平均干核重 2.16g，出核率 18.5%。出仁率 41.1%，平均干仁重 0.96g，比龙王帽增大 14%，仁肉乳白色，味甜，5 ～10 年生平均株产杏仁 4.3 kg，比龙王帽增产 37.5%。自花结实率达 4.2%。

油仁是辽宁省果树科学研究所 1998 年选育的。果实扁卵圆形，平均单果重 15.7g，离核。平均干核重 2.13 g，出核率 16.3 %。干仁平均重 0.90 g，出仁率 38.7%，仁大而厚，饱满，味甜香，仁肉中脂肪含量高达 61.5%，比龙王帽高 3.7%，是杏仁中脂肪含量最高的品种。5 ～10 年生平均株产杏仁 3.3kg，比龙王帽增产 4%。自花木结实。

丰仁是辽宁省果树科学研究所 1998 年选育的。果实扁卵圆形，平均单果重 13. 2g，离核。干核重 2. 17 g，出核率 16. 4%，核面较凸起。平均于仁重 0. 89 g，出仁率 39. 1%，仁厚，饱满，味香甜。5 ～10 年生平均株产杏仁 4. 4 kg，比龙王帽增产 38. 5%。自花结实率为 2. 4%，极丰产，是超仁的授粉品种。

国仁是辽宁省果树科学研究所 1998 年选育的。果实扁卵圆形，平均单果重 14. 1g，离核。干核重 2. 37g，出核率 21. 3%，为出核率最高的品种。平均干仁重 0. 88g，出仁率 37，2%，杏仁饱满，味甜。5 ～10 年生平均株产杏仁 4. 1kg，比龙王帽增产 27. 1%，丰产性好。自花不结实。

以上 4 个新品种抗病能力强，经多年观察没发现流胶病、细菌性穿孔病和果实疮痂病等病害。其抗寒性较强，可在吉林公主岭以南地区栽培。属于此组的还有 80DO5、80AO3 和 79C13 等新品系。

（2）二级良种

白玉扁 又名板峪扁、大白扁、臭水扁。果实扁圆形，单果重 18. 4g，果皮黄绿色，成熟时自然开裂，杏核弹出，离核。平均干核重 2. 10g，出核率 17. 6%。平均干仁重 0. 77 ～0. 8g，出仁率 34. 1%，杏仁心脏形，端正饱满，仁皮黄白色，有纵状条纹，仁肉乳白色，甜香可口，很受港商喜爱。树势强，丰产性一般，抗寒性强，可在吉林白城子地区栽培。是其他仁用杏的最佳授粉品种，尤其给上述 4 个新品种授粉，坐果率可提高 23. 4% ～45. 5%。

优一 河北省蔚县选育的。果实圆球形，单果重9. 6 g，离核。平均单核重 1. 7 g，出核率 17. 9%，核壳薄。单仁平均重 0. 759，出仁率 43. 8%，杏仁长圆形，味香甜。叶柄紫红色，花瓣粉红色，花型较小。花期和果实成熟期比龙王帽迟 2 ～3d，花期可短期耐 -6℃的低温，丰产性好，有大小年结果现象。

新 4 号 河北省蔚县选育的，果实近圆形，平均单果重 12 g，离核。平均单核重 1. 76 g，出核率 35. 7%，核壳较薄。单仁重 0. 7 ～0. 73 g，出仁率 35. 7%，杏仁圆锥形，端正，黄白色，饱满，味香甜。花期和果实成熟比龙王帽迟了 3 ～7d，花期能抗 -7℃的短期低温，丰产。

属于此级的仁用杏还有北山大扁、黄尖嘴。九道眉等品种。

（3）三级良种

一窝蜂又名次扁、小龙王帽，河北主栽品种之一。果实卵形，比龙王帽稍鼓，单果重 8.5 ～11.0 g，最大 1 5 g，果皮黄色，成熟时沿缝合线开裂，离核。单核重 1.6 ～1.9 g，出核率 18.5% ～20.5%。仁重 0.52 ～0.62g，出仁率 38.2%，仁肉乳白色，味香甜。极丰产，但不抗晚霜。

三杆旗 河北省蔚县选育的。果实圆形，单果重7.5 g，离核。单核重 1.52 g，出核率 39.8%，核壳稍厚。单仁重 0.68 ～0.7g，出仁率 40.6%，杏仁圆锥形，端正，饱满，仁肉细，味甜香。花期可耐短期 -5.2℃的低温，抗旱力强，落果少。

属于此级的仁用杏还有串铃扇、迟梆子、克拉拉、干颗、串角礤子、阿克胡安纳、苏卡加纳内、阿克西米西等品种。

第二节 仁用杏苗木培育及定植

一、仁用杏的苗木种类

凡是在苗圃中培育的树苗，无论年龄大小，在苗木出圃土之前均叫苗木。对于萌芽力强的树种，把树干切掉时，成为切干苗。

依据育苗所用的材料和方法，可把苗木分为实生苗、营养繁殖苗和移植苗。

（一）实生苗

指用种子繁殖的苗木。其中，以人工播种培育的苗木。叫播种苗，包括一年生和多年生（无论移植与否）播种苗。在野外由母树天然下种长出来的苗木叫野生实生苗。

播种苗由于经过人工培育，根系发达，苗冠圆满，苗木生长整齐、健壮、质量好。野生实生苗的根系不发达，根量比较少，偏根偏冠现象较明显，苗木分化现象较严重，质量较差，但苗木对造林地适应性较强。

（二）营养繁殖苗

指用乔灌木树种的枝条、苗干、根、叶、芽等营养器官做繁殖材料培育的苗木，非种子繁殖，即（非实生）。营养繁殖苗也有野生苗。同时，营养繁殖苗又可分为：

①插条苗：是截取树木的一段枝条插入土壤中培育而成的苗木。

②埋条苗：是将整个枝条水平埋入土壤中，培育而成的苗木。

③插根苗：用树木的根，插入或埋入土中育成的苗木。

④根蘖苗：又叫留根苗，是利用在地下的根系萌发出的新条与育成的苗木。

⑤压条苗：把未脱离母体的枝条压如土中或在空中包以湿润物使之生根，而后切离母体培育成的苗木。

⑥嫁接苗：用嫁接的方法培育的苗木，多用于经济树种的育苗。

（三）移植苗

是实生苗或营养繁殖苗经过移植后培育成的苗木。

二、优质苗木的特点

壮苗是优良苗木的简称。壮苗生命力旺盛，抵抗各中不良环境能力强，造林后能较早恢复创伤，造林成活率、保存率高，幼林生长较快。因而，壮苗是造林最理想的用苗。

苗木是优是劣，目前，我国主要是依据苗木的形态指标来衡量的，从形态指标来讲，壮苗应具有以下条件：

①苗木根系发达，侧根和须根数量多，主根短而直，主、侧根均有一定长度。

②苗木粗而直，上下较均匀，有一定的高度，木质化程度高，色泽正常。

③苗木的根茎比值（苗木地下部分与地上部分鲜重之比）大，且地上部分和地下部分重量都大。

④苗木无病虫害、日灼伤和机械损伤的等。

三、仁用杏的育苗技术

（一）播前种子处理

1. 机械破皮

破皮是开裂、擦伤或改变种皮的过程。用于使坚硬和不透水的种皮（如山楂、樱桃、山杏等）透水透气，从而促进发芽。砂纸磨、锉刀锉或锤砸、碾子碾及老虎钳夹开种皮等适用于少量大粒种子。对于大量种子，则需要用特殊的机械破皮机。

2. 化学处理

种壳坚硬或种皮有蜡质的种子（如山楂、酸枣及花椒等），亦可浸入有腐蚀性的浓硫酸（95%）或氢氧化钠（10%）溶液中，经过短时间的处理，使种皮变薄、蜡质消除，透性增加，利于萌芽。浸后的种子必须用清水冲洗干净。

用赤霉素（5～10μl/L）处理可以打破种子休眠，代替某些种子的低温处理。大量元素肥料如硫酸铵、尿素、磷酸二氢钾等，可用于拌种。硼酸、钼酸铵、硫酸铜、高锰酸钾等微肥和稀土，可用来浸种，使用浓度一般为0.1%～0.2%。用0.3%碳酸钠和0.3%溴化钾浸种，也可促进种子萌发。

3. 清水浸种

水浸泡种子可软化种皮，除去发芽抑制物，促进种子萌发。水浸种时的水温和浸泡时间是重要条件，有凉水（25 ～30℃）浸种、温水（55℃）浸种、热水（70 ～75℃）浸种和变温（90 ～100℃，20℃以下）浸种等。后两种适宜有厚硬壳的种子，如核桃、山桃、山杏、山楂、油松等，可将种子在开水中浸泡数秒钟，再在流水中浸泡 2 ～3d，待种壳一半裂口时播种，但切勿烫伤种胚。

4. 种子消毒

种子消毒可杀死种子所带病菌，并保护种子在土壤中不受病虫为害。方法有药剂浸种和药粉拌种。药剂浸种用福尔马林 100 倍水溶液 15 ～20min、1% 硫酸铜 5 min、10% 磷酸三钠或 2% 氢氧化钠 15 min。药粉拌种用 70% 敌克松、50% 退菌特、90% 敌百虫，用量占种子重量的 0. 3% 。

（二）种子催芽

临播种前保证种子吸足水分，一般先用水浸泡种子 5 ～24 h，促使种子中养分迅速分解运转，以供给幼胚生长所需称催芽。催芽过程的技术关键是保持充足的氧气和饱和空气相对湿度，以及为各类种子的发芽提供适宜温度。保水可采用多层潮湿的纱布、麻袋布、毛巾等包裹种子。可用火炕、地热线和电热毯等维持所需的温度，一般要求 18 ～25℃。

1. 低温层积处理

将种子与潮湿的介质（通常为湿沙）一起贮放在低温条件下（0 ～5℃），以保证其顺利通过后熟作用叫层积，也称沙藏处理。

（1）低温层积的原理、技术要素：温度、水分、通气条件

低温层积催芽的原理：第一，种子在层积过程中解除休眠。通过层积软化了种皮，增加了透性，特别对于渗透性弱的种子，萌动时氧气不足，不能发芽。低温条件下，氧气溶解度增大，可保证种胚在开始呼吸活动时所必需的氧气，从而解除休眠。第二，低温层积过程中可使内含物发生变化，消除导致种子休眠物质，同时，可

增加内源生长刺激物质，利于发芽。第三，一些生理后熟的种子，如银杏、七叶树、在低温层积过程中，胚明显长大，经过一定时间，胚即长到应有的长度完成其后熟过程。第四，低温层积过程中，新陈代谢的方向与发芽方向一致。研究资料表明；山楂种子积层中，种子内的酸度和吸胀能力都得到提高，同时，通过低温层积，提高了水解酶和氧化酶的活性能力，并使复杂的化合物转变为简单的化合物。

（2）低温层积催芽的条件

第一是一定的低温条件。低温积层催芽首先要求有一定的低温条件，不同树种要求的低温条件有所差异，多数树种为 0 ～5℃，及少数树种可达 6 ～10℃。因为在这样的温度条件下，利于消除种子休眠，同时种子呼吸弱，消耗氧分少。层积中若温度过高，使种子处于高温、高湿的环境中，种子呼吸的强度大，消耗养分多，又容易腐烂。若温度过低，种子内部的自由水就会结冰，种子就会受冻害，因而层积中，温度一般应略高于 0℃为宜。

第二应保持一定的湿度。经过干藏的种子水分不足，催牙前应进行浸种，浸种的时间因树种不同而异。一般为 1 ～3d，种皮坚硬的种子如核桃为 4 ～7d。为保证在催芽过程中所必需的水分，其介质必须湿润。适宜的介质湿度，以沙子为例，含水量60%为宜。若用湿泥炭，含水量可达饱和程度。

第三应考虑通气条件。种子在催芽过程中，由于内部进行这一系列的物质转化活动，呼吸作用较旺盛，需要一定量的氧气，同时呼吸作用会放出一定量的二氧化碳，需要及时排除，因而低温层积中必须有通气设备。

第四应考虑催芽天数。要取得满意的催芽效果，低温层积催芽应有一定的时间（天数），催芽时间太短达不到目的。以元宝枫种子为例，用低温层积催芽 30d、15d 和对照，发芽率分别为 95%、72%和 13.5%。低温层积催芽所需的时间因树种不同而差异很大。

现有资料表明：强迫休眠的种子一般为 1 ～2 个月，非强迫休眠的种子约需 2 ～7 个月。

2. 低温层积的具体操作方法

低温层积催芽一半多在室外进行，故又叫露天埋藏。其具体方法是：选择地势高燥，排水良好、背风向阳的地方挖坑，坑的深度应依据当地的土壤冻结深度而定，原则上要在地下水位以上，而且应保证种子在催芽期间所需要的温度范围。山西省北部一般为 60 ～80 cm，山西省南部一般为 50 ～60 cm 。坑的宽度一般为 0. 8 ～1. 0 m，坑的长度依所需催芽的种子数量而定。坑底铺 10 ～15cm 的湿沙层或河卵石或做专门的木支架，在其上仍要铺 10 ～15cm 的湿沙层。

如果是干种子，在催芽前先用温水浸种，并进行种子消毒，然后将种子和沙子 按 1:3 的比例（容积）混合，把种沙混合物放入坑内，其厚度一般为 40 ～50cm 为宜，过厚上下温度不均匀。当种沙混合物放到据坑沿 10 ～20cm 为止，其上覆沙，最后用土培成屋脊形，坑的周围挖小排水沟。

催芽期间要定期检查，如果发现温度和湿度不符合条件时，应及时调节。如果在播种前种子发芽强度未达到要求时，可于播种前 1 ～2 周取出种子进行高温催芽，即把种子置于 15 ～20℃湿润环境下催芽。当露胚根和咧嘴种子之和达到种子总数的 20% ～40% 时，即可播种。

层积前待种子充分吸水后，取出晾干，再与洁净河沙混匀，沙的用量是：中小粒种子一般为种子容积的 3 ～5 倍，大粒种子为 5 ～10倍。沙的湿度以手捏成团不滴水即可，约为沙最大持水量的 50% 。种子量大时用沟藏法，选择背阴高燥不积水处，挖深 50 ～100 cm，宽 40 ～50 cm，长度视种子多少而定，沟底先铺 5 cm 厚的湿沙，然后将已拌好的种子放入沟内，到距地面 10 cm 处，用河沙覆盖，一般要高出地面呈屋脊状，上面再用草或草垫盖好。种子量小时可用花盆或木箱层积。层积日数因不同种类而异，如八棱海棠 40 ～60 d，毛桃 80 ～100d，山楂 200 ～300 d。层积期间要注意检查温、湿度，特别是春节以后更要注意防霉烂、过干或过早发芽，春季大部分种子露白时及时播种。

（三）播种及田间管理

常规育苗在我国北方常规育苗需要 2 年出圃，砧木种子大多采用西伯利亚杏（1 300 粒/kg 左右）或山杏（1 100 粒/kg 左右），于冬季经 100 d，0 ～5 ℃的低温沙藏后，于春季清明前后播种，每 666.7m^2 播种 25 ～30 kg。一般采用大垅单行种植，垅距 55 cm，株距 5 cm。播种后 5 ～7d 苗木出土，加强田间除草、灌水等管理，至 7 月中、下旬，苗木基部 5 cm 处粗度达 0.4 ～0.6 cm 时，即可进行带木质部芽接，可嫁接到 8 月底，塑料条暂不解除。

（四）苗木嫁接

嫁接方法

（1）芽接法

芽接，一般是从枝上削取一个芽，略带或不带木质部，插入砧木上的切口中，绑扎使之紧密愈合。芽接宜在植株生长缓慢期进行，因为，此时形成层细胞还很活跃，接芽组织也已充实。分为“T”形芽接法、倒“T”形芽接法、片状芽接法等，其中，“T”形芽接法应用最多。

（2）剪砧

芽接成活后，将接芽以上的砧木枝干剪除即为剪砧。夏秋季芽接的，应在翌年春萌芽前剪砧。春夏季早期芽接的可在嫁接时或在接芽成活后立即剪砧。

（五）仁用杏嫁接技术

第二年春分至清明期间进行剪砧，凡接活的均解除塑料条并在接芽上方1 cm处剪砧。没有接活的可于此时进行补接，补接的方法一般采用繁接或插接。此后，要多次抹除砧木本身的萌芽，只保留接芽的中心芽直立生长，加强田间管理，至9月停止生长时，苗高均可达到1.2 ～1.5 m，基径1 cm以上，成为合格的一级苗。每666.7 m^2产苗量为8 000 ～12 000株。

（六）苗木管理

当育苗即当年播种、当年嫁接和当年出圃。这种方法可提前一年出圃，但要求在无霜期230 d以上，年平均气温>12 ℃的地区进行。种子可在头年上冻前播在田间，也可经冬季层积后于3月初播种。精心管理。于6月20日至7月5日进行嫩枝带木质部芽接，芽接高度在地表以上20 ～30 cm处，接后1周于接口上1 cm处剪砧，保留接芽下部砧木的叶片，加强砧木的除萌和肥水管理，至10月苗木停止生长时，667.7m^2高可达80 ～100 cm，多数为二级苗，666.7 m^2出苗量为6 000 ～10 000株。

（七）苗木定植

定植一般选2年生壮苗。仁用杏是长寿果树，一般一二百年大树还能丰产。规划的株行距要大些，但考虑到早期丰产的需要可在建园时设置临时株，随着树龄的增大逐渐间伐或移植。永久行的株行距可按4 m×6 m设计，临时加密园为2 m×3 m，到10年生左右要及时处理临时株。规划时还要考虑土壤和肥水情况，如果土质肥沃、土层深厚、水源充足，株行距要加大1 m左右。反之，如土质瘠薄并干旱，株行距可减少0.5 m左右。

第三节　仁用杏的修剪技术

仁用杏为多年生、多分枝、多器官的长期性栽培植物，一经栽植便几十年甚至一二百年多次反复生长、分枝、开花、结果。在自然生长条件下，树冠高大，冠内枝条密生、郁闭，会造成光照、通风不良，容易滋生病虫为害，营养生长与生殖生长之间的不平衡，出现结果的大小年现象，果品品质和产量都会较差。

在长期的生产实践中为了使杏树提早结果，延长结果年限；提高仁用杏产量，克服生产中的大小年现象；为了促进树体的前期促进长，扩大叶面积指数；调节结果枝与营养枝之间的比例等；为了增加杏树冠层内通风透光性，减少病虫等的为害，提高果实品质；为了提高生产效率，降低生产成本，增强适应不良气候，抗逆性等；为了推广仁用杏规范化、集约化栽培。通过多年的科学探讨和实践经验，我们总结出了仁用杏的几种丰产树形。

一、树形类型

（一）自然开心多主枝形

其形态指标为：树干高 40 ～50 cm，全树保持 5 ～8 个主枝，交错排列。幼树期对骨干枝延长头每年进行适度短截，以利抽枝扩冠。在盛果期防止上强下弱及结果部位外移，修剪中应采取抑上促下，抑强扶弱的方法，保证树体旺盛生长，提高结实能力；同时注意培养新结果枝组，复壮原有的结果枝组，使新、老枝组不断交替结果。对多年生衰弱、冗长、伸展角度过大的枝组及时重回缩，防止内膛光秃，刺激产生新的结果部位。在仁用杏生长季节中，对幼树新梢进行扭梢或摘心，疏除徒长枝和过密枝等措施为主的夏季修剪可改善光照条件，促进花芽形成，也有利于枝条充实健壮，花芽饱满，提高抗寒性（图 2 -1）。

（二）自由纺锤形或细长纺锤形

其形态指标：树干高 50 ～60 cm，树高在 3 ～3.5 m 左右，

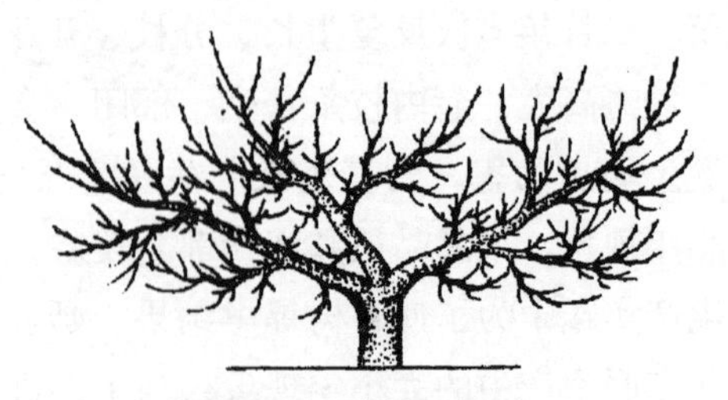

图2-1　自然开心形

10～15个小主枝，围绕中心领导干呈螺旋排列，其上着生小型结果枝在70～80°。

1. 纺锤形又名纺锤灌木形、自由纺锤形

由主干树形发展而来，但无明显的主、侧枝之分。各类大小枝组直接着生于中心主干上。树高2～3 m，冠径3 m左右。在中心干四周培养多数短于1.5 m的水平主枝，主枝不分层，上短下长。适于发枝较多，树冠开张，生长不旺的杏树类型。其特点是修剪较轻，结果早。但要支柱架线，缚枝费工。欧洲广泛应用。有的树形较矮小，树高在2～2.5 m，冠径1.5～2m，称为矮纺锤形。树形更高密度条件下，采用细长纺锤形树形（图2-2）。

图2-2　纺锤形

2. 细长纺锤形

中心干上分生的侧枝生长势相近、上下伸展幅度相差不大，分枝角度呈水平状，树形瘦长。广泛用于矮化和易结果的仁用杏品种（图2-3）。

图2-3 细纺锤形

（三）自然圆头形

自然圆头形又叫自然半圆形。常用于仁用杏等仁果类果树。主干高40～60 cm高度剪截后，任其自然分枝，疏除过多的主枝，留3～4个均匀排列的主枝，每主枝上再留2～3个侧枝构成树体骨架，自然形成圆头。

有中心干，分直立和弯曲两种类型。在中心干上直接培养大、中、小枝组。一般用于树高2.5 m左右，冠径2 m左右。整形时，为了保证中心主干上能均匀分布枝组，树体在到达固定高度以前，每年必须短剪中心干，以便能及时促使分枝增长。修剪轻、树冠形成快、造型容易。需要注意的是内部光照较差，冠内有一定的无效体积，及时注意更新结果枝（图2－4）。

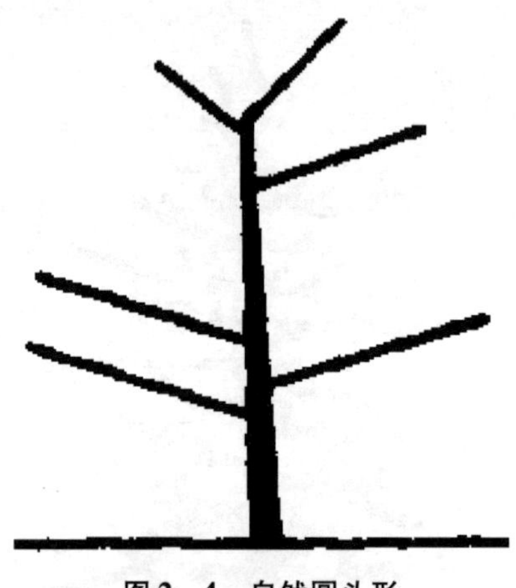

图2－4　自然圆头形

（四）疏散分层形

疏散分层形又名主干疏层形。我国北方仁用杏丰产园多采用此类修剪方式。

杏树主干高在40～60 cm左右，有中心干，其上分层培养主枝。

第一层主枝3～5个，主枝基角60～70°，层内主枝可以邻接，或小于40 cm的距离着生。第二层主枝2～3个，和第一层间距为60～80 cm左右。根据需要，可培养第三层主枝2～3个。在主枝上也可直接培养枝组，也可在第一层主枝上，每个主枝先培养侧枝2个，以后转变成较大的枝组。第二层以上主枝不培养侧枝，直接培养枝组。成形后树高在3 m左右，冠径在4 m左右。

整形时注意前期多留枝条，定植后1～2年内要促进分枝生长，第三年除中心干和主枝剪留延长枝外，其余枝条一律缓放，第四年除中心干留延长枝外，主枝也一律缓放。结合夏季修剪，促进花芽形成，结果后要回缩更新枝组，恢复生长和结果能力，并控制树冠。

为了改善仁用杏光照条件、限制树的高，成年后顶部多落头开心，减少层次，二层五主枝延迟开心形等（图2－5）。

图2－5　疏散分层形

二、整形修剪时期和方式

（一）不同生长时期的修剪

1. 幼树修剪

幼树需要尽快扩大树冠，修剪时要适度短截主枝头，疏除竞争枝、密挤枝和轮生枝，让主枝头向外倾斜单头生长，并保持其生长势，其余枝均缓放，不短截。角度和方向不合适的主枝，可采用拉枝的办法加以调整，不要轻易转头或以大改小。幼树修剪宜轻不宜重，主要目的是加速树冠的扩大，培养树形，减缓树势，早日进入结果期。

2. 初结果期树修剪

此期继续采用轻截多缓放疏除竞争枝的修剪技术，加大主枝角度以及应用摘心等夏剪技术，进一步缓和树势，增加结果量，培育中、小型结果枝组。

3. 盛果期树修剪

此期从大量结果到树体衰老以前，此间修剪除继续短截延长枝头，适当抬高延长枝头和加强长势外，要把注意力转到结果枝组上来，特别是内膛的结果枝组容易枯死，修剪时要打开光路，让阳光能射进内膛。对结果 3 ～5 年的小枝组，要逐年短截更新，保持健壮，疏除膛内的徒长枝，控制大枝上的直立竞争枝，保持树形的完整。对连续结果多年的长缓枝，要及时回缩到有生长势的新带头枝处。要保持全树新梢生长量在 30 cm 左右。对长果枝要在 1/3 处短截，中、短果枝群要适当短截，刺激更新生长，保持健壮。

4. 衰老树修剪

从产量明显下降到死亡之前，称为衰老期，对这类树修剪要适当加重，对小枝要多短截少缓放，衰老的大枝要回缩更新，一般回缩要抬高角度，并短截带头枝。对徒长枝和竞争枝要加以利用，恢复树势和树冠。

（二）整形修剪管理

杏树极其喜阳光，国外常采用主干上两主无侧枝的树形，或者主干上四主无侧的树形，我国通常采用自然圆头形或疏散分层形，少数地区采用自然纺锤形。总之主枝不要多，层间要大，阳光能进入内膛，小核组多，大枝组少，即能丰产。

1. 修剪时机的选择

定植当年在 65 ～70cm 处定干，若定植沟栽植可在 80cm 处定干。幼树修剪要采用轻剪长放多留枝，有利于树冠迅速成形。注重夏季修剪，采用拉枝、摘心、扭梢等方法，促发新梢，增加结果枝，冬季只需对中央领导干短截。成年树修剪主要解决树体的通风透光条件，培养更新结果枝组。修剪仍以夏剪为主，冬剪为辅。夏剪以开张角度为主，疏除直立枝、徒长枝、过密枝、病虫枝，并配合摘心、剪梢、扭梢、环割等促花措施。冬剪以疏为主，疏除轮生枝、重叠枝、竞争枝，适当回缩衰弱的主枝，对连续结果枝组及时回缩更新。

当年定植的苗木，在 70 cm 处定干，整形带内保留 5 至 12 个饱满芽。树形以自然圆头形较好。树高 2.5 ～3 m，有主枝 4 ～5 个，侧枝 8 ～10 个，分别在主侧枝上着生结果枝组，这种树形修剪简单省工，易于成形，通风透光，结果早，是山区普遍采用的树形。定植后 3 年就能开花结果，3 ～5 年为结果初期，这一时期的修剪主要是为了保持必要的树形、不断扩大树冠和培养尽可能多的结果枝组，因此，一是剪截各级主、侧枝，留饱满外芽，继续向外延长，以求得到不小于 50 cm 的长枝；二是疏除骨干枝上直立的竞争枝、密生枝、及膛内影响光照的交叉枝；三是短截部分非骨干枝和中庸的徒长枝，促生分枝成为结果枝组；四是对树冠内部新萌发出的较为旺盛、方向和位置合适的徒长枝进行缓放。

2. 修剪方式

（1）放任树修剪

有的杏树从不修剪，树势早衰，结果部位外移，内膛光秃，产量很低。对这类树进行改造首先要从大枝着眼，根据树的现状，坚持随枝做形的原则，将过多的、交叉的、重叠的大枝和层间的直立枝，逐年去掉，加大层间距离，使阳光射入内膛，诱使内膛发枝，培养结果枝组。同时，回缩衰老枝，多短截发育枝，抬高下垂枝头。对高冠的树头，要采取落头措施，减少层次，打开天窗，多进阳光。这样坚持 2 ～3 年的改造，就会成为丰产的树形。

（2）野生杏树形改造

野生杏多为丛状灌木，没有主干，大枝密集如同毛樱桃，外围结果，产量很低。改造时选择其中1～2个较大的枝做主干，把其余的从根部去掉，并在1～2年中多次根除基部发枝，对保留大枝上的生长枝进行短截，促进生长，随枝做形。由于光照条件的改善，产量会大幅度提高。

第四节　仁用杏的丰产建园及栽培管理

近年来，杏仁在国内外市场上十分畅销。杏仁含多种营养物质、是高营养保健食品，同时还可入药，具有清热解毒、防癌等功能。因此栽培面积不断增加，前景广阔。由于仁用杏开花较早，易遭晚霜危害，加上管理粗放，不能发挥应有的产量水平和经济效益。为提高杏仁产量、质量，增加效益，现将仁用杏高产优质栽培技术要点介绍如下。

一、丰产建园技术

1. 园地选择

仁用杏具有抗寒能力强、抗旱、耐瘠薄土壤，其适应性很强。主要影响生产的问题是花期和幼果期的晚霜冻天气。因此，选择建园时一定要注意小气候条件，应选择选背风向阳，地势较高干燥，地形开阔的坡田、梯田。应避开风口、迎风坡面和阴坡，低洼，排水不良的涝洼地等地势地形建园。除此之外，还应考虑防止春季寒流侵袭和冷空气沉积的山谷地，以免造成冻花冻果现象的发生。

2. 定植后管理

以春季萌芽前定植为宜。适当密植，栽植密度应根据品种、地力、管理水平等来确定，一般鲜食用杏2～3 m×4～5 m的株行距较为合适，667.6 m^2栽40～80株。仁用杏2～3 m×3～4 m株行距为宜，667.6 m^2栽55～110株。加工用杏可取两者之间的密度。定植时应挖深0.8～1 m，宽1.2 m的定植沟或长宽深各1 m的定植穴，沟底施入厩肥或农家肥，每株 30 ～50 kg，过磷酸钙 1.5 kg，回填表土后将苗定植在中间，常规苗接口与地面平，当苗原地表处与地面平，踏实。栽前将苗根置于水中浸泡 24 h，定植后灌水，灌足水，覆盖地膜，保温保湿，提高成活率。定干高 60 ～70 cm，在 60cm 处套上一个地膜筒，至展叶后摘除。定植时要特别注意配植授粉品种和授粉树，一般主栽品种与授粉品种的比例为 4:1 或 5:1，一般应选 2 ～3 个授粉品种为宜。

3. 建园注意事项

为了防止病虫害等灾害的发生，建园时应该注意如下几个环节和关键点。

在种过杏树、桃树、李树和樱桃等核果类果树的地方，不可再建杏园，否则，易发生腐烂病，轻则树体发育不良、品质差，重则死树，导致建园失败。

二、丰产栽培技术

杏树寿命长，华北、西北各地常见百年以上大树，产量仍很高。经济寿命亦很长，在 40 ～50 年。杏对土壤、地势的适应能力强，多种植在山坡梯田和丘陵地上，在 800 ～1 000 m 的高山上也能正常生长。在壤土、黏土、微酸性土、碱性土上甚至在岩缝中都能生长。杏树耐寒力较强，可耐 -30℃或更低的温度；耐高温，如新疆喀什等地，夏季最高气温 43.4 ℃仍能正常生长结果且品质极佳。杏树不耐水涝，地面积水 3d 就会烂根树死。杏品种大多数自花不育或自花结实率很低，故而必须配置授粉树才能获得高而稳定的产量。一般情况下主栽品种与授粉品种的比例为 3 ～4:1。杏树苗木繁殖主要采用嫁接繁殖，常用的砧木有山杏，即西伯利亚杏，广泛分布于华北、东北和西北地区。抗寒、抗旱、与杏的嫁接亲和力强，可以提高苗木的抗旱、抗寒力，而且有矮化作用。用普通杏作砧木，因树体高大，枝干粗壮，开始结果和进入结果期稍晚，但寿命长。有的地区用山桃、李、梅、榆叶梅等作砧木，多数表现亲和力弱，成活率低。

三、栽培品种的选择

仁用杏品种选择，果肉较少而口味较差，但仁大而适合食用（或药用），可选用大扁、白玉扁、一窝蜂、龙王帽、超仁、丰仁等优质优质丰产品种。榛杏（仁用、食用果肉兼用型）的著名品种有红金榛、沂水丰甜榛杏等。授粉树一般选山杏、串枝红等为宜。

四、土肥水管理技术

1. 土壤管理

仁用杏定植后，要加强地下部的管理，保持土壤疏松肥沃，以提高供应养分的能力。在栽培过程中应经常进行中耕，特别应加强定植后的中耕除草，减少养分的消耗，集中养分供给仁用杏苗木的生长所需；秋季及时刨树盘，保持土壤疏松，以利根系生长，提高植株吸收养分的能力。

2. 肥料管理

依据管理水平，在花前、花后，花芽分化，采果后各进行一次追肥，以提高坐果率，促进果实膨大。追肥应以速效性化肥为主。一般春季开花以前及果实膨大期每株追肥 0.3 ～0.5 kg 尿素或复合肥。中期（6 ～7 月）氮、磷、钾配合施用，有利于花芽分化；中期每株施尿素0.2 ～0.3 kg，过磷酸钙 0.5 kg、草木灰 2 kg。后期以氮肥为主，有利于花芽分化，增强树势，充实枝条，提高越冬能力；后期株施尿素 0.1 ～0.2 kg 左右。基肥以有机肥为主，一般于9 ～10 月新梢停止长长时施入，株施量为 50 ～120 kg 左右，并加入适量的磷、钾肥，按树大小而定。

杏树喜钾，对钾肥要求较高，据研究杏树适宜的 N∶P∶K 比例为6.3 ～8.1∶1∶8.7 ～10.2，我国黄土高原及大西北地区土质中均富含钾肥，不必单独增施钾肥，但在东北、华北东部及山东、河南等地土质中缺钾，必须单独增施钾肥，最好施用硫酸钾。

成龄杏园每666.7 m^2于初秋施优质粪肥5 000 kg左右，在花前半月施氮肥，硬核期施氮肥并辅以磷肥，在果实成熟前施钾肥。夏天可进行根外追肥，常用的是尿素0.2%～0.4%，过磷酸钙0.5%～1.0%，磷酸二氢钾0.3%～0.5%，硼砂0.1%～0.3%等。

3. 水分管理

杏树抗旱能力比较强，杏树虽然耐旱，但有水灌溉可以更高产。灌水要依土壤水分状况和物候期而决定。一般在花前、采前及封冻前灌三次水，最好结合施肥灌水。第一次在开花前7～10 d进行花前灌水，可以推迟开花，避免春霜冻造成的危害；第二次即花后20 d左右，在核形成期，即将进入硬核期进行；到采收前要保持足够和稳定的土壤含水量，第三次在果实采收期后，以促进果实第二次膨大，提高产量；秋季酌情，在土壤封冻前灌一次越冬水，可提高花的抗寒力。雨季注意排水防涝。

五、保花保果技术

仁用杏的花有明显的败育现象，加上仁用杏易遭受霜冻，导致结果少，产量低。生产中常采用以下措施保花保果。

1. 开花前灌水

在杏开花前10d左右进行灌水，可以降低地温，增加空气湿度，能推迟开花3～4d，有利于躲避晚霜危害。

2. 花期防霜冻

开花期特别要注意霜冻预报。当预报有霜冻时，要及时采取熏烟的办法防止霜冻，即在霜降前点燃事先准备好的秸秆和落叶等杂物，使烟雾笼罩整个杏园，气温可提高2℃左右。也可使用烟雾剂，其配方是20%的硝酸铵、15%的废柴油、15%的煤面和50%的锯末或谷糠、草末、干马粪等，搅拌均匀装入牛皮纸袋内压实，封口。每袋1.5 kg，可放烟10～15 min，控制面积2 000～2 700 m^2。

3. 人工辅助授粉和放蜂

开花期进行人工点授多个杏品种的混合花粉，在盛花期将采集的花粉混合到糖尿液中，制成糖尿花粉液，用喷雾器喷布。糖尿花粉液的配方为水5 kg＋花粉10 g＋尿素15 g＋硼酸5 g＋白糖100 g＋少许黏着剂混合。或者释放角额壁蜂、蜜蜂等，均可显著的提高坐果率。

4. 推迟花期，避开晚霜

10月中旬喷50～100 mg/L的赤霉素可延迟第二年春季花期4～8 d；或春季花芽膨大初期喷500～2 000 mg/L的青鲜素可推迟花期4～6天；同时，配合早春灌水，枝干涂自，熏烟等综合措施防霜效果更好。

5. 花期喷水或喷硼

北方春天大气干燥，杏花上柱头的黏着性差，不利授粉，花期喷肥水。在盛花期喷水，或喷0.3%～0.5%尿素，或0.3%硼酸，或喷0.3%磷酸二氢钾，或混合喷施均可，有利于花粉黏着和前发，可以提高坐果率。

六、病虫害防治

1. 杏仁蜂

首先要清除树上干缩的僵果和地下落果，集中烧毁，消灭虫源。在杏花刚落时，立刻打20%氯氰菊酯3 000倍液，50%乐斯本乳油1 000～1 500倍液，或50%辛硫磷乳油1 000～1 500倍液。

2. 小木蠹

要及时清除杏园被害死树和死枝，并烧毁，减少虫源。5月底至6月初，7月底至8月上旬，在杏园堆放些枯枝，引诱成虫在其上产卵，然后烧毁；或在主干和主枝上喷布（或涂抹）甲基异柳磷等药液。

3. 杏象甲

落花后立即打药（同杏仁蜂），或于清晨振落捕杀，消灭地上落果。在开花初期地面洒药：0.5 kg/666.7 m^2 50%辛硫磷乳油300倍液；0.5 kg/666.7 m^2 50%地亚农乳油450倍液；0.5 kg/666.7 m^2 2%杀螟硫磷粉剂。

4. 红颈天牛

主干和大枝涂白，在枝杈处要特别加厚；或向虫蛀道口内塞磷化铝颗粒剂，然后用泥团堵住；在6～7月成虫出现期，可用糖酒醋1∶0.5∶1.5的混合液诱集成虫，捕杀。

5. 细菌性穿孔病

清除病枝、叶、果等病源；不与桃、李等核果类混栽；春季发芽前喷波美5度石流合剂；落花后10 d喷布65%代森锌300～500倍液，或喷硫酸锌石灰液（硫酸锌0.5 kg，生石灰2 kg，水120 kg），每10 d左右喷1次，连喷2～3次。

6. 流胶病

改善土壤理化性状，低洼地注意排水；合理施肥，增强树势；防止树体受伤；枝干涂白，预防冻害和日灼伤；春季刮除病部，涂抹波美5度石硫合剂，保护伤口。

此外，对于仁用杏其他主要病虫害的防治：春季萌芽前喷洒3－5波美度石硫合剂；卷叶蛾和桃小食心虫可用灭幼脲Ⅲ号防治；金龟子、桃蚜、红蜘蛛可用阿维菌素、灭扫利或吡虫啉等防治；球坚蚧可用乐斯本、啶虫脒或毒死蜱等防治；杏疔病用多菌灵或甲基托布津等防治。

七、适期采收及采后处理

仁用杏果实必须达到完全成熟后才能采收，一般在夏至后半月采收。制止采青，采收过早，种仁不饱满，出仁率低，产量、品质下降。采收后及时去果肉，晾干杏核。

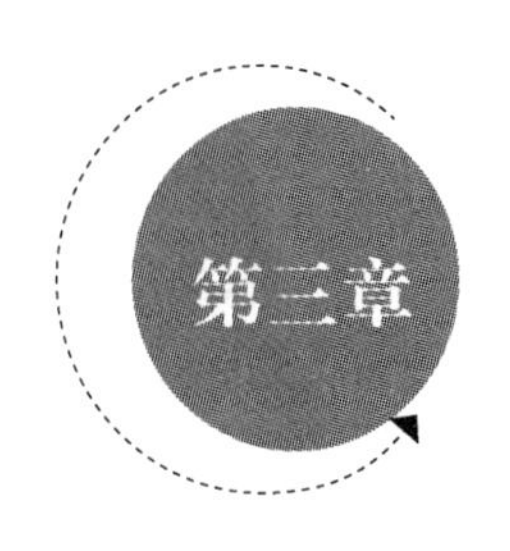

仁用杏的应用研究成果

第一节　经济生态效益

一、发展仁用杏的经济效益和生态学意义

仁用杏是我国主要经济林树种之一，目前，我国是唯一生产和出口仁用杏的国家。20 世纪 80 年代朝鲜曾引进接穗试栽，但尚无产量。近年中东和独联体国家也发现有少量资源，但未开发利用。1997 年我国出口苦杏仁 7 523.8 t，主要销往德国等欧洲国家；出口甜杏仁 937.3t/y（赵峰，2001），主要销往香港特区和中国台湾省，可见杏仁的国际市场十分广阔。国内杏仁消费量逐年增多，除食用、药用之外，还发展了杏仁加工业，如河北承德的露露、山庄、乐野、锥峰、天宝、四海等 7 家重点加工企业，1996 年生产杏仁饮料 540 kt，加工杏仁 3.72 kt（王德生，2001）。杏仁是我国传统的重要出口商品，经济价值高，发展仁用杏，对于充分利用山丘土地资源，改善山地生态环境，提高经济效益有重要意义。我国适宜栽培仁用杏的土地广阔，栽培技术容易掌握，已有了适应性强、丰产、稳产的优良品种，为仁用杏发展提供了良好的物质和技术条件。近年来，“三北”防护林区已开始杏仁生产基地建设，这既可以改善生态环境、防止水土流失和荒漠化，而且还可以在短期内获得巨大的经济效益。河北的张家口地区，内蒙古自治区的赤峰、通

辽地区，辽宁省的阜新、朝阳两市，陕西省的延安、榆林、咸阳地区，甘肃省的陇东地区，新疆维吾尔自治区的和田、昌吉、伊犁等地都作出了发展规划，而且正在组织实施。山西、北京、山东等省市也在发展仁用杏。随着种植结构调整和生态、高效农业的发展，我国将步入一个仁用杏大发展的新时期。

随着中国产业结构重大调整、地区经济合理布局和协调发展，仁用杏因其具有经济效益高，栽培技术比较简单的特点，目前，已成为我国山区人民特别是贫困山区人民脱贫致富的主要经济产业，它作为我国华北地区重要经济林树种之一，同时又被称为防风固沙、绿化荒山的良好树种和石质山区坡地造林的先锋树种。随着近年来城市林业的发展，杏树也成为美化环境的好树种，在城市园林的建设上具有重要的生态学意义。尽管如此，除了树种自身的生物学特性外，外界环境尤其是生态环境中的逆境问题，极大地限制着仁用杏的大范围种植和经营。随着我国经济增长方式由粗放型向集约型的转变，林业也在实现由粗放型经营向集约型经营的转变。

二、制约仁用杏发展的因素

植物正常生长发育需要有适宜自然环境。但在自然界中，植物经常地遇到不适宜环境条件或某种因素的剧烈变化。当亏缺或变化幅度超过植物正常生长要求的范围，即对植物产生伤害作用。植物逆境的形成往往包括：严峻的气候，如干旱、寒冷；地理位置和海拔高度的影响；病虫害等生物因素的影响；某种矿质元素的特殊亏缺等（姚延梼等 1997，2003）。逆境对植物生长的影响是一个多因素综合作用的结果，植物对逆境因素胁迫的响应，也是一个多因素控制的复杂过程。目前，人们对植物的抗逆性研究逐渐深入。

尽管如此，由于受环境条件的限制，生态环境中的逆境问题如高温、干旱、低温、病虫害等是造成仁用杏地域性广泛分布的主要限制因子，仍然不可避免地影响了仁用杏在大范围内的栽培和发展，同时，也成为实现仁用杏集约化经营过程中首要考虑的问题。

果树在近几年来农业产业结构调整及生态农业建设中发挥了重要作用，生产规模日益扩大，但是却常遭受不同程度的低温危害，严重地影响了产量和质量。尤其是对于杏品种而言，一方面，在适生地区的北部，常受到冬季严寒的危害（刘金龙等 2002），导致花芽、枝条的损伤或死亡；另一方面，杏树由于春季开花早，晚霜危害已成为杏树生长和发展的主要限制因素。近年来，我国北方杏栽培春季出现冻花冻果的现象极为严重，大大地限制了杏的产量和质量，已成为目前杏栽培过程中亟待解决的关键问题。以往人们对杏品种抗寒性的研究多来自田间自然调查结果的室外鉴定，或仅限于单指标测定的室内测定，对杏品种的抗寒性研究未见过系统深入的报道。

第二节　仁用杏的营养及食药用价值

一、仁用杏的营养价值

杏仁营养成分丰富，富含脂肪和蛋白质，糖，膳食纤维。杏仁还含有丰富的矿物质，钙、磷、镁、钾、铁、锌，特别是硒含量较丰富，除此之外杏仁中还含有较丰富的维生素 B_1、B_2、B_{17}、E 和胡萝卜素，杏仁中特有的苦杏仁苷等。

1. 可溶性糖含量

可溶性糖含量是杏肉酸甜口感的主要成分。杏肉含糖量一般在 5.00%～14.00%，果实含还原糖 4.89%，蔗糖 7.42%，含酸 0.92%，pH 值 3.69，膳食纤维含量 8.0%。

2. 有机酸含量

有机酸的含量高低决定了杏肉的酸度。一般杏肉中含有机酸在 1%～2.84%。pH 值用来反映杏肉的酸碱度，杏肉的 pH 值一般在 3.32。

3. 糖酸比

糖酸比是反映杏肉甜酸度的一个衡量指标，杏肉的酸甜度由这个比值决定。杏肉的糖酸度一般在2.49～9.23。

4. 维生素和胡萝卜素

维生素是杏肉的主要营养成分，主要是富含维生素B_{17}，在140～190 ug，与人体需要量相吻合。VC，每100g鲜杏肉中维生素C含量在9.00～71.45 mg；此外，还含有维生素E、维生素B_1、维生素B_2、维生素B_5，维生素B_{17}，维生素E及维生素P等维生素族营养物质。

5. 蛋白质

苦杏仁中含蛋白质是25～27 g/100g，约占杏仁总量的23%～27%，含有17种氨基酸，其中，有8种人体必需氨基酸与总氨基酸的比值（EAA/TAA）约为28.37%，接近于国际参考模式（FAO/WHO)，是一种良好的药食兼用植物蛋白，种类齐全，营养丰富。且氨基酸比例平衡，最优氨基酸组合和其他植物蛋白的质量相当；在食品加工领域有着广阔的应用前景。

6. 油脂

粗脂肪50%～60%，即47～56 g/100g及粗纤维12～19g。

7. 矿质元素

杏仁中还富含钙、磷、铁、钾、硒等无机盐类，每100 g杏仁中含钙234 mg、磷504 mg、镁260 mg、钾773 mg、铁4.7 mg、锌3.11 mg，特别是硒含量较丰富，每100 g杏仁中含硒15.65μg，是滋补佳品，具有丰富的营养价值和良好的药用价值。

二、与仁用杏相关的知识

（一）苦杏仁

苦杏仁为蔷薇科落叶小乔木或山杏等味苦的干燥种子，又名杏子、山杏仁、北杏仁、光杏仁、杏核仁、杏梅仁、术落子。夏季果实成熟时采摘，除去果肉及核壳，取种仁，晾干。生用或炒用，用时捣烂。产地溯源主产于我国东北、华北、西北以及长江流域。主产区陕、甘、宁、晋（约占全国杏仁总量的50%以上）等地受灾严重，3月底苦杏仁杏花茂盛期突遭大面积降雪，大部分地区挂果稀疏，减产高达70%～80%，几乎绝产，导致全国总产量减产40%以上。

（二）甜杏仁

干燥种子，呈扁心脏形，长1.6～2.1 cm，宽1.2～1.6 cm，顶端尖，基部圆，左右对称，种脊明显，种皮较苦杏仁为厚，淡黄棕色，自合点处分散出许多深棕色脉纹，形成纵向凹纹，断面白色，又名南杏仁、杏仁核、杏子、木落子、杏梅仁、甜杏仁、白杏仁、光杏仁。子叶接合面常见空隙。气微，味微甜。以颗粒均匀而大、饱满肥厚、不发油者为佳。主产河北、北京、山东等省市；此外，陕西、四川、内蒙古、甘肃、新疆、山西、东北等省、市、区亦产。

（三）怎样区别苦杏仁与甜杏仁

杏仁是常见的一种保健食品，可以分为苦杏仁和甜杏仁两种，它们都有一定的药用价值，对人体健康有益，但是食用过量也会对人体产生危害。苦杏仁的毒性一般比甜杏仁大。大家可以从下面几点来区别苦杏仁和甜杏仁。

1. 感官鉴别

（1）尝味道、看功效

苦杏仁，种子呈扁心形，长×宽×厚约1～1.9cm×0.8～1.5cm×0.5～0.8cm。表面黄棕色至深棕色，一端尖，另一端钝圆，肥厚，左右不对称。尖端一侧有短线形种脐，圆端合点处向上具多数深棕色的脉纹。种皮薄，子叶2枚，富含油性。味道苦、辛，性微温。有小毒。归肺、大肠经。具有止咳平喘，润肠通便的功效。主治咳嗽气喘、胸满痰多、血虚津枯、肠燥便秘、失声、胸痹、水肿血瘀诸证等，特别多用于治疗外感咳嗽。

甜杏仁又名南杏仁，杏仁核、杏子、木落子、杏梅仁、甜杏仁、白杏仁、光杏仁。呈扁心形，长×宽×厚约为1.6～2.1 cm×1.2～1.6 cmm×0.5～0.8 cm。甜杏仁顶端尖，另一端部圆，肥厚，左右对称，尖端一侧有短线形种脐，种脊明显，自合点处向上发散多数深棕色脉纹。种皮棕黄色，断面白色，子叶2枚，子叶接面常见空隙。味道微甜、细腻，气微味微舌压。具有润肺、止咳、滑肠等功效，对干咳无痰、肺虚久咳等症有一定的缓解作用。多用于食用，还可作为原料加入蛋糕、曲奇和菜肴中。

从这一点看来，苦杏仁的药用价值比甜杏仁多一些，如果大家只是想把杏仁当零食吃或者点缀菜肴，当然要选甜杏仁了。

（2）看主要成分、营养价值

苦杏仁中含有苦杏仁苷，可分解为苯甲醛和氢氰酸，是止咳的主要成分，也是主要的毒性成分；还含有多种挥发油、多种蛋白质、氨基酸和脂肪。在使用苦杏仁的过程中，应防止酸性物质，由于在酸性条件下，苦杏仁苷加速水解成氢氰酸，增加中毒的危急，所以苦杏仁要避免与酸性药物同时服用。

甜杏仁中可以及时补充蛋白质、微量元素和维生素，例如铁、锌及维生素E等，所含的脂肪是健康人士所必需的，是一种对心脏有益的高不饱和脂肪。肥胖者选择甜杏仁作为零食，可以达到控制体重的效果。最近的科学研究还表明，甜杏仁能促进皮肤微循环，使皮肤红润光泽，具有美容的功效。

2. 苦杏仁显微鉴别

种子中部横切面：苦杏仁外种皮细胞1列，散有长圆形、卵圆形，偶有贝壳形及顶端平截呈梯形的黄色石细胞高38～95μm，宽30～57μm。埋在薄壁组织部分壁较薄，纹孔及孔沟较多；出部分壁较厚，纹孔较少或无。种皮下方为细胞皱缩的营养层，有细部维管束。内种皮细胞 1 列，含黄色物质。外胚乳为数列废的薄壁细胞。内胚乳为 1 列长方形细胞，内含糊粉粒及脂肪油。

甜杏仁中部横切面：表皮细胞 1 列，散有长圆形、卵圆形、偶有贝壳形及顶端平截而呈梯形的黄色石细胞，上半部凸出于表面，下部部埋在薄壁组织中。

石细胞高 38 ～95μm，宽 30 ～57 μm，底壁较薄。纹孔多，顶壁较厚，纹孔少或无。下方为细胞皱缩的营养层，有细小维管束。外胚乳为数列颓刻的薄壁细胞；内胚乳为 1 列类方形细胞，内含糊粉粒及脂肪油。子叶细胞类圆形，类多角形，内含糊粉粒及簇品。

3. 理化鉴别

①取本品数粒，加水共研，即产生苯甲醛的特殊香气。

②取本品数粒，捣碎，即取约 0. 1 g，置试管中，加水数滴使湿润，试管中悬挂一条三硝基苯酚试纸，用软木塞塞紧，置温水浴中，10 min 后，试纸显砖红色。

③取本品粉末 1 g，加乙醚 50 mL，加热回流 1 h，弃去乙醚液，药渣用乙醚 25 mL 洗涤后挥干，加甲醇 30 mL，加热回流 30 min，放冷，滤过，滤液作为供试品溶液。另取苦杏仁苷对照品，加甲醇制成每 1 mL 含 2 mg 的溶液，作为对照品溶液。照薄层色谱法（附录ⅥB）试验，吸取上述两种溶液各 5μL，分别点于同一硅胶 G 薄层板上，以氯仿:醋酸乙酯:甲醇:水（15:40:22:10）5 ～10 ℃ 放置 12 h 的下层溶液为展开剂，展开，取出，立即喷以磷钼酸硫酸溶液（磷钼酸 2 g，加水 20 mL 使溶解，再缓缓加入硫酸 30 mL，混匀），在 105℃加热约 10 min。供试品色谱中，在与对照品色谱相应的位置上，显相同颜色的斑点。

（四）食用苦杏仁的注意事项

苦杏仁有不错的药用价值，但是食用时要控制好用量，过量服用苦杏仁，可发生中毒。苦杏仁中毒表现为眩晕，忽然晕倒、心悸、头疼、恶心呕吐、惊厥、昏迷、紫绀、瞳孔散大、对光反应消逝、脉搏弱慢、呼吸急促或缓慢而不规则，所以，尽量不要过量服用。在入药时须研碎煎煮，宜后下，以增加药效。

（五）出仁率

出仁率是指杏仁重量占杏果实重量的百分比。

（六）仁用杏的分级及选购

1. 分级

甜杏仁的收购主要是按杏仁的大小划分等级的，杏仁越大价格越高，其标准是单仁干重 > 0.8g 为一级，0.7 ～0.8g 为二级，< 0.7g 为三级。

2. 选购要点

以颗粒均匀、饱满肥厚、味苦、不发油的杏仁为佳。

3. 贮藏方法

贮藏于有盖容器内，防虫蛀，防泛油。

4. 用法用量

煎服，一般先取4.5 ～9 g。宜打碎入煎。苦杏仁炒用，可去小毒。制霜后（去油脂），无滑肠作用，且可破坏酶活性，便于贮存。

三、仁用杏的药理研究应用

（一）传统中医中药的研究应用

1. 杏仁的性味，归经

中医认为：苦杏仁味苦，性微温，有小毒。归肺、大肠经。

①《神农本草经》：味甘，温。

②《别录》：苦，冷利，有毒。

③《本草正》：味苦辛微甘。

归经：入肺、大肠经。

①《汤液本草》：入手太阴经。

②《滇南本草》：入脾、肺二经。

③《雷公炮制药性解》：入肺、大肠二经。

2. 功效主治

本品止咳平喘，润肠通便。主要适用于如下病症。

各种原因引起的咳嗽。

①治风热咳嗽：多与菊花、桑叶同用；治风寒咳嗽，多与麻黄、甘草同用；治肺热咳嗽，多与石膏等同用；治燥热咳嗽，多与贝母、桑叶、沙参同用。

②肠燥便秘：多与柏子仁、郁李仁等同用。

③治疗支气管炎：苦杏仁 10 g，大鸭梨 1 个，冰糖少许。先将苦杏仁去皮尖，打碎。鸭梨去核，切成块，加适量水一同煎煮。待梨熟透后加入冰糖令其溶解，代茶饮用，不拘气候时令。

④治疗受寒所致咳嗽气喘：苦杏仁 9 g，麻黄 3 g，甘草 6 g。水煎服，每日 1 剂，分 2 次服。(中医验方)

⑤治疗脓疱疮：苦杏仁（去皮、去尖）60 g，烧炭后研成末，加入香油调成稀糊状，涂于患处，每日 2 次。(中医验方)

⑥治疗足癣：苦杏仁 100 g，陈醋 300 mL。浓煎至 150 mL。用药之前，将患处用温水洗晾干，再涂药，每日 3 次。(中医验方)

⑦治疗阴部瘙痒：苦杏仁 100 g，香油 450 mL，桑叶 150 g。将杏仁炒干，研成粉末，用香油调成稀糊状。用时先以桑叶加水煎，待凉后用于冲洗外阴，阴道冲洗后用杏仁油涂搽，每日 1 次；或用带线棉球蘸杏仁油塞入阴道内，24 h 后取出，连用 7 日。用药期间切忌食葱、姜、辣椒等辛辣刺激性食物。(中医验方)

3. 生理作用

本品主含苦杏仁苷、脂肪油、多种氨基酸及蛋白质成分。

具有以下几方面的作用。

①苦杏仁在消化道可被胃酸或苦杏仁酶分解，生成少量氢氰酸，能抑制咳嗽中枢而起镇咳作用，但过量可导致死亡。

②苦杏仁油可以抑制蛔虫、钩虫以及伤寒杆菌、副伤寒杆菌。

③润滑通便、止痒等。

④抗肿瘤。

4. 甜杏仁性味、归经

中医中药认为，甜杏仁性平，味甘，无毒。入肺、大肠二经。

①《四川中药志》："入肺、大肠二经。"

②《四川中药志》："能润肺宽胃，祛痰止咳。治虚劳咳嗽气喘，心腹逆闷，尤以治干性、虚性之咳嗽最宜。"润肺，平喘。治虚劳咳喘，肠燥便秘。

③《现代实用中药》："有滋润性，内服具轻泻作用，并有滋补之效。外用常用于表皮剥脱时作敷料，呈保护作用。"

④《本草便读》："甜杏仁，可供果食，主治（与杏仁）亦皆相仿。用于虚劳咳嗽方中，无苦劣之性耳。"

5. 功效主治

润肺，平喘。治虚劳咳喘，肠燥便秘。偏于滋润，治肺虚肺燥的咳嗽。

①治血崩：甜杏仁上黄皮烧灰存性，研末。每服三钱。空心酒下。《奇方类编》清・吴世昌

②狗咬：甜杏仁（去皮尖）嚼烂敷之。又鹅屎敷之。不烂痛。《外治寿世方》清 邹存

③清络保阴：声清高者，是肺络中仍有热，肺阴易于受灼。可用清络饮加甘草、桔梗、甜杏仁、麦冬、知母等。

④千捶膏：夏枯草 250 g 煎汁。入北蓖麻肉（240 粒）甜杏仁（240 个）核桃肉（16 个）捞起为末。

⑤食管癌便秘：可用芝麻杏仁蜜粥进行治疗：芝麻 15 g，甜杏

仁9 g，蜂蜜9 g煮粥食，即可达到润燥通便的效果。

6. 用法与用量

内服：煎汤，10 ～15g；或入丸剂。外用：捣敷。

7. 其他注意事项

①苦杏仁有小毒，内服用量不宜过大，否则，容易引起中毒，成人服60g便可致死。

②婴幼儿慎用。

（二）现代中医药研究应用

1. 苦杏仁苷

苦杏仁苷属芳香族氰甙，在植物界中分布广泛，其中，以蔷薇科植物（杏、桃、李）种子中的含量最高，本身无毒，但其分解后产生的HCN有剧毒，对植物可起到一定的保护作用（Qizhen Dua et al. 2005）。苦杏仁苷是杏仁的有效成分，经证实它具有镇咳平喘、润肠通便、抗肿瘤等作用（李春华等 1994）。

2. 杏仁油

据研究，杏仁中脂肪含量达35% ～50%，并且95%以上为亚油酸、亚麻酸等不饱和脂肪酸。另外，杏仁油具有降血糖、抗炎、镇痛、驱虫杀菌、防癌、防动脉硬化和心血管疾病等功效，是一种很好的保健食用油。

杏仁对高血脂大鼠肝、心、肾组织抗氧化活性的作用（Takafumi Isozak et al. 2001）。可不同程度提高高血脂大鼠肝、心、肾SOD的活性，降低由高血脂引起的组织MDA含量增高效应，从而说明野山杏杏仁油对高血脂大鼠的肝、心、肾具有抗氧化保护作用。

另外，杏仁油还具有一定的清除自由基的能力，孔浩通过建立羟基自由基、超氧阴离子自由基清除体系来测定杏仁油清除自由基的能力并计算相应的IC50值，结果表明，当杏仁油浓度为0. 1mg/mL时清除率可达到60% 以上，而其对应0. 025 mg/mL浓度则表现出很好的对超氧阴离子自由基的清除能力（吕伟峰 2005）。

研究还发现，杏仁油对宫颈糜烂有一定的疗效。

3. 全杏仁的药理作用

全杏仁对降低胰岛素分泌量，降低冠心病发生率有一定的疗效。

四、仁用杏的食药保健研究应用

（一）杏仁的食用营养价值

杏仁是一种健康食品，适量食用不仅可以有效控制人体内胆固醇的含量，还能显著降低心脏病和多种慢性病的发病危险。素食者食用甜杏仁可以及时补充蛋白质、微量元素和维生素，例如铁、锌及维生素 E，甜杏仁中所含的脂肪是健康人士所必需的，是一种对心脏有益的高不饱和脂肪。

杏仁的营养成分，富含蛋白质、脂肪、糖类、胡萝卜素、B 族维生素、维生素 C、维生素 P 以及钙、磷、铁等营养成分。其中，胡萝卜素的含量在果品中仅次于芒果，人们将大扁称为抗癌之果。大扁含有丰富的脂肪油，有降低胆固醇的作用，因此，大扁对防治心血管系统疾病有良好的作用；中医中药理论认为，大扁具有生津止渴、润肺定喘的功效，常用于肺燥喘咳等患者的保健与治疗。美国研究人员的一项最新研究成果显示，胆固醇水平正常或稍高的人，可以用大扁取代其膳食中的低营养密度食品，达到降低血液胆固醇并保持心脏健康的目的。研究者认为，杏仁中所富含的多种营养素，例如，维生素 E，单不饱和脂肪和膳食纤维共同作用能够有效降低心脏病的发病危险。样本中 85 位中老年志愿者（平均年龄 56 岁）的总胆固醇水平降低了 7.6%，低密度脂蛋白胆固醇水平下降了 9%。也未造成体重的增加。

（二）吃甜杏仁有什么好处?

研究发现，每天吃 50 ～100 g 杏仁（大约 40 ～80 粒杏仁），体重不会增加。甜杏仁中不仅蛋白质含量高，其中的大量纤维可以让人减少饥饿感，这就对保持体重有益。纤维有益肠道组织并且可降低肠癌发病率、胆固醇含量和心脏病的危险。所以，肥胖者选择甜杏仁作为零食，可以达到控制体重的效果。最近的科学研究还表明，甜杏仁能促进皮肤微循环，使皮肤红润光泽，具有美容的功效。

（三）食疗附方

1. 双仁糊

甜杏仁、胡桃仁各 15 g。两者倒入锅进行微炒，共捣碎研细，加蜂蜜或白糖适量。分 2 次用开水冲调食。

源于《杨氏家藏方》（杏仁煎）。甜杏仁、胡桃仁具有滋养肺肾、止咳平喘，蜂蜜具有润肺止咳作用。用于久患喘咳，肺、肾两虚，干咳无痰，少气乏力等症。亦可用于阴血虚亏，肠燥便秘或老人大便秘结等症状。

2. 双仁补肾益肺蜜饯

甜杏仁 250 g，核桃仁 250 g，蜂蜜 500 g。先将甜杏仁炒至发黄（切勿焦煳），放在铝锅中加水煮 1 h，然后再下核桃仁，收汁，待锅将干时，加入蜂蜜，搅拌均匀，待沸后即成，每服 3 g，日服 2 次；具有润肺补肾功效，经常食用，可治肺肾两虚性久咳、久喘等症状。

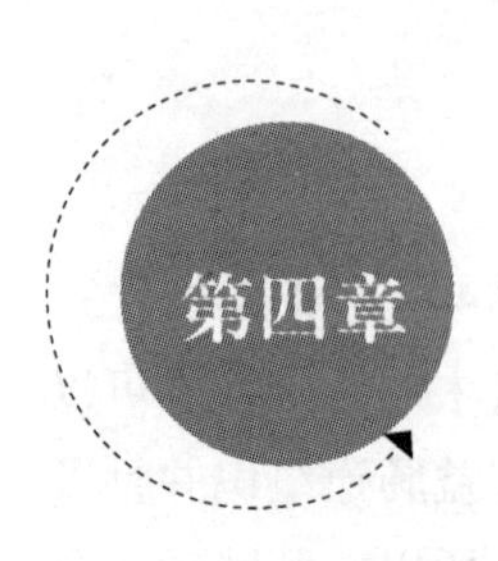

第四章 仁用杏抗逆性研究进展

第一节　植物抗逆性研究进展

一、植物抗逆性研究

早在1778年Bierkander（赵可夫等，1990）就报告了8种植物在1～2℃下死亡的现象。Goppert（1830），Hardy（1844），Molisch（1896，1897）等发现了类似的现象，Molisch第一次提出了“冷害”的概念。之后人们把凡是对植物生存与生长不利的环境因子总称为逆境（stress environment）。继而人们对植物抗逆性的研究逐渐深入。植物抗性生理学的研究表明，植物抗性生理的研究方向重点应放在植物抗逆性机理方面，并从两方面入手，一是研究植物对逆境的适应机理；二是研究逆境对植物的伤害机理，这是植物抗逆性的两个表现方面。只有对植物抗逆性机理彻底了解之后，才可能为提高植物对逆境的抵抗能力提供理论根据和有效的具体措施，解决农林业生产中的实际问题。200多年来，植物对逆境的适应研究积累了浩瀚的资料，早先人们依赖于从各个生理现象间的相关性来揣摩因果关系，认识到了逆境条件下植物代谢失调和毒物积累，热害条件下蛋白变性，冻害引起细胞机械伤害；干旱、高温、低温、辐射、大气污染以及病虫害侵染等逆境胁迫下，可在植物的细胞壁、细胞核、叶绿体、线粒体以及微体等部位产生自由基，引起伤害作用。研究表明，氧对需氧生物除了有利的一面外，它的代谢产物对机体又有着有害一面。一般把生物体内直接或间接由氧转化而成的某些代谢产物及其衍生的含氧物质统称为活性氧或自由基（詹福建等，2003）。这些自由基具有极活泼的化学活性，本身不稳定，只能瞬间存在，但能持续地进行连锁反应，因此，在生命活动中起着重要的作用。Fridovich 等（1969）提出了生物自由基伤害学说（free radical injury theory）。其要点指出：在正常条件下，植物体内自由基的产生与清除处于动态平衡状态，由于自由基的浓度很低，不会造成伤害作用。但是，当植物受到逆境胁迫时，体内自由基的产生与清除之间的平衡状态被破坏，产生速率高于清除速率，当自由基的浓度超过伤害“阈值”时，必将导致多糖、脂质、核酸、蛋白质等生物大分子的氧化与破坏，尤其是膜脂中的不饱和脂肪酸的双键最易受到自由基的攻击，发生脂质的过氧化作用，并引起连锁反应，使膜结构破坏，胞内组分外渗，代谢紊乱；同时，脂质过氧化产生的脂性自由基（如 $ROO^{\cdot}$、$RO^{\cdot}$）可使膜蛋白或膜酶发生聚合反应和交联反应，破坏了蛋白质的结构与功能。最终造成细胞的伤害或死亡。之后，人们做出大量研究也表明（白宝璋等，1996），逆境对植物造成的危害主要是导致细胞生物膜的透性改变，其中，低温对植物细胞生物膜的伤害更为明显（膜脂的相变温度与膜脂成分有关）。脂肪酸链长度增加，膜脂相变温度升高，抗冷性减弱，低温条件下自由基存在会使得膜脂中不饱和脂肪酸的双键受到破坏，从而使得不饱和脂肪酸比例减小，而脂肪酸键比例增大，膜脂的相变温度升高，抗冷性减弱而受到低温的侵害。这种侵害的实质是膜脂中的不饱和脂肪酸的双键受到自由基的攻击，发生脂质过氧化作用，而 MDA 是活性氧启动膜脂过氧化产生伤害的主要产物之一（许明丽等，2000）。

随着有关逆境对植物伤害机理不断深入，植物对逆境适应机理的研究也在逐渐深入。近年来，运用分子生物学研究方法，锻炼温度下的膜脂与生物膜流动性变化，众多逆境蛋白的出现与逆境基因表达等研究，已经将植物对逆境适应的研究推向逆境的信号转导领域（苏维埃等，1999）。研究发现，逆境胁迫下植物体内能诱导合成一类新的蛋白质，特称逆境蛋白，可以提高植物对逆境的适应能力。目前，已发现的这类蛋白有：热击蛋白（heat shock protein，HSP）、厌氧蛋白（Anaerobio protein，ANP）、盐胁迫蛋白（salt stress protein，SSP）、活性氧胁迫蛋白（oxidative stress protein，OSP）、紫外线诱导蛋白（UV-induced protein，UVP）、病原相关蛋白（pathogenesis related protein）等。20 世纪 80 年代初，一个新研究领域兴起，渗透调节的人工诱变和基因工程应用于提高植物抗性的研究工作中。Kuch 等（1981 年）利用羟脯氨酸对大麦幼苗生长的抑制作用能为脯氨酸所解除的原理，将大麦种子用 1mmol · L^{-1} NaN_3（pH 值 3.2）诱变后，将其后代的胚培养在含有 4 mmol · L^{-1} 羟脯氨酸培养基上，从 2 000 个诱变胚中选择到能在羟脯氨酸中正常生长的 4 个突变株。这些突变株具有稳定遗传性，叶片脯氨酸含量均比亲本高 3.7 ～5.5 倍，因此，具有明显抗旱能力。Csonka 等利用铃兰氨酸对某些细菌生长的抑制作用能为脯氨酸所解除的原理，在 1% 浓度的铃兰氨酸培养基中筛选出了高产脯氨酸的鼠伤寒沙门氏菌突变株，并认为高产脯氨酸与脯氨酸合成的 B 基因（谷氨酰激酶合成基因）和 A 基因（谷氨酰磷酸还原酶合成基因）有关。他们从高产脯氨酸突变菌株中纯化出 DNA，将经过内切的 DNA 片断插入到基因载体 P^{BR322} 质粒中，再将杂交质粒导入不产生脯氨酸（缺乏脯氨酸合成的 B、A 基因）的大肠杆菌中，然后将其接种到无脯氨酸而含铃兰氨酸的培养基上。这样，只有具有脯氨酸合成的 B 基因和 A 基因而产生的内源脯氨酸的菌株才能正常生长，从而获得了新的抗铃兰氨酸渗透胁迫的菌株。后来对这些抗渗透胁迫的菌株进行了抗盐实验，证明这些菌株的增殖加倍时间比野生种大大缩短，脯氨酸含量为野生种的 11.8 ～414 倍。Csonka 等还把上述菌株的高产脯氨酸突变基因转入到有固氮能力的肺炎克氏杆菌中，并获得了具有较高固氮能力的抗渗透胁迫（高产脯氨酸）菌株。然后把这种渗透调节基因（即高产脯氨酸基因）导入到大豆固氮菌，以提高其抗性。

Spomer（1978 年）曾指出，植物对逆境的适应过程是受植物本身的遗传特性（基因控制）和体内的激素水平所制约的，两种因素相互作用的结果可以改变膜功能和酶活性，因而使植物抗性发生相应的变化。这种观点明确指出了内源激素在植物抗性中的重要意义。同时，也点出了酶活性与植物抗逆性的相关关系，从而使酶的研究领域继续拓展。McCord（1969 年）和 Fridovich（1969 年）发现超氧化物歧化酶（SOD）是好气性生物在氧代谢过程中极为重要的酶，以后越来越多的研究表明，生物体的衰老、病变等与氧自由基的形成有关，SOD 是已知唯一能清除氧自由基的细胞保护酶，因此它在提高植物抗逆性、保护生物机体、防止机体衰老等方面起着重要作用。Uritani（1971 年）提出植物受病菌侵染后过氧化物酶、多酚氧化酶活性的变化。他在马铃薯的切片上接种病原生物，24h 后，蛋白质增加 10%～30%，与此相伴随的有过氧化物酶、多酚氧化酶以及糖酵解、磷酸戊糖途径中所包括的各种酶的活性都明显增加。

近年来，微量元素与酶活性关系的研究成为热点，最新的研究（姚延梼等，1997；梁小娟，2001）表明，一些微量元素的变化可以提高或抑制某些酶的活性，从而促进或抑制植物生长部位的活动能力，并因此来影响植物的抗逆性。植物营养元素及其酶活性与抗逆性关系的研究，作为新的研究领域正在不断深入。

二、酶工程研究进展

酶是生物细胞内最高效的有机催化剂，是活细胞产生的具有催化活性的蛋白质。酶具有蛋白质的一切典型性质。随着现代生物科学的发展特别是分子生物学的发展，酶学成了细胞学、病理学、毒理学、生态学等领域中不可缺少的基础。由于生产、生活、医药、和农业科学研究的发展和需要，酶研究和应用日趋广泛。因此，酶开发和利用是当代新技术革命中的一个重要课题，现已逐步形成一个专门学科——酶工程（王金胜，1998）。

现代酶学研究具有以下特点：第一，1926 年以来许多酶相继被制成结晶状态（邹承鲁，1962），为进一步研究酶化学结构和作用机制创造了有利条件；第二，从结构化学和物理化学角度研究酶，以阐明酶催化过程的本质，近几十年来，尽管在这方面对酶反应动力学、酶活性基因团性质及底物基因转换等进行了富有成就的研究，但还有些问题有待解决；第三，有关酶生物学性质的研究在不断扩展和深入，酶不仅是化学物质，更重要的是生命物质。酶在有机体内产生、分布、运转、与其他酶的协作关系（多酶体系）以及在新陈代谢（包括酶本身的新陈代谢）方面和生理机能方面的作用等，都是酶学工作者需要深入研究的重要课题；第四，与酶有关的研究有待继续拓展和深入，其中，包括对于酶底物、抑制剂及活化剂的特异或专一功能，酶活性与植物生长、植物抗逆性生理及植物抗性机理等；第五，微量元素与酶活性关系的研究在拓起，一些微量元素的变化可以提高或抑制某些酶的活性，从而促进或抑制植物生长部位的活动能力（姚延梼等，1998）；第六，研究方法和实验技术在不断地得到改进、创造和完善，这将会有力地推动酶学的发展；第七，源于生活、生产实践中的酶学，正在逐步地、在生活和生产实践的各个方面得到实际应用和扩展。随着人们对酶认识的日益加深，有关科学技术的不断发展和日益进步，酶制剂在生产、生活各方面的应用越来越广泛。近年来酶在医疗诊断和制药工业上发展较快，在有机分析化学方面的应用也有类似趋势。相信在不远的将来，酶在林学方面的应用也将会有一个长足的发展。

多酚氧化酶（PPO）的研究起步较晚，近几十年来的研究有拓展和加深的趋势。我国多酚氧化酶的研究仅限于农学方面，近年来林学上的研究有所发展，对美洲黑杨Ⅰ－69树皮中多酚氧化酶同工酶研究（季孔庶等，1991）表明，杨树皮内存在的酚类化合物主要是邻苯二酚和少量焦性没食子酸及其他酚类物质，这些酚类化合物是“69”杨 PPO_A 和 PPO_B 的很好的底物。因此，“69”杨树皮 PPO_A 和 PPO_B 可以把树皮内的酚类化合物催化成对病菌和昆虫有更大毒性的醌类化合物，这可能是“69”杨具有抗病虫能力的重要原因之一；对棉花中PPO试验研究（宋凤鸣等，1997）表明：棉花抗病品种被枯萎病菌侵染后PPO活性显著高于感病品种，而且前者发病后酶活性上升快，后者仅在后期才有增加，这说明早期棉苗内PPO活性与抗病性相关；还有不少其他植物如荔枝、烟草、蘑菇体内的研究表明：用诱发物处理的植物中多酚氧化酶活性的升高与诱导抗性的表现有关。

超氧化物歧化酶（SOD）的研究也已取得了一定成果，其广泛存在于动物、植物、微生物中。现已知，该酶共有3种，即Cu，Zn－SOD、Fe－SOD、Mn－SOD。其中，Cu，Zn－SOD存在于真核细胞中，Mn－SOD存在于线粒体和原核细胞中，Fe－SOD存在于原核细胞中。目前研究最清楚的是Cu，Zn－SOD，由于超氧化物歧化酶可以清除超氧化物阴离子，因此，它在提高植物抗逆性、保护生物机体、防止机体衰老等方面起着重要作用。植物SOD基因工程研究成为当今的一个热点。是在1987年已从玉米中克隆到编码细胞质中Cu·Zn－SOD基因，1988年又先后从菠菜、马铃薯和矮牵牛克隆到Cu·Zn－SOD基因。至今，通过基因转移技术，已获得了一些转SOD基因植物。Gupta（1993）得到一种超表达叶绿体Cu·Zn－SOD基因的转基因烟草植株，它的SOD活性提高3倍，对光介导的甲基紫精伤害的抗性有明显提高。

关于同工酶的研究要追溯到40年代，Beadle和Tatum最初提出“一个基因一种酶的观点”，这为同工酶产生奠定了遗传学基础。

但由于当时酶学家受“酶纯化只应产生一种分子”这一思想限制使他们不能认识到同工酶的存在。Markert 涉足于遗传、发育和生物化学这几个研究领域，因此，才认识到同工酶存在，而成为“同工酶学之父”。目前，研究同工酶的方法有多种：电泳、层析、等电聚焦、凝胶过滤、沉降作用、免疫化学及抑制剂技术等（L M Shannon，1968）。其中，应用最广泛的是聚丙烯酰胺凝胶电泳法。近年来，又有关于薄层等电聚焦技术（李士鹏，1984；郭尧君，1983）、微型超薄等电聚焦技术（罗玉坤等，1984）、酶电泳谱的复印技术（周树根等，1984）以及两种酶在同一凝胶板上显色的报道（Mary Ann Fields et al，1984）。同工酶的研究技术正在朝着精细、经济的方向发展，这些发展将使同工酶的研究更加深入和广泛。

第二节　植物低温胁迫研究进展

温度是植物赖以生存的必要条件，然而低温不仅严重影响了农作物及园艺植物等的产量，而且极大地限制了这些植物的分布。低温对植物的危害按照低温的程度及植物对低温反应的类型可分为冷害（Chining injury：零度以上的低温对植物所造成的伤害）和冻害（Freezing injury：零度以下的低温对植物所造成的伤害）两大类。多数植物在与低温的相互作用过程中，逐渐形成一套低温适应机制，以增强抗寒力。研究者认为，低温胁迫主要发生于以下 3 种情况。

①许多喜温植物，即冷敏感植物，在零上低温时便容易造成寒害。

②由于生态因子的阶段性，处于特定阶段，如种子阶段、幼苗阶段、发芽和繁殖分阶段的植物遇到自然极低温或突然低温时，也容易造成生理生态上的伤害。

③自然极低的温度下，即零下低温容易引起许多植物发生冻

害，特别是对引种或迁地保护的植物，在还未获得生态适应时，尤其明显。

一、活性氧代谢

1. 膜脂相变

细胞膜系统是低温冷害作用的首要部位，温度逆境不可逆伤害的原初反应发生在生物膜系统类脂分子的相变上。膜脂脂肪酸的不饱和度或膜流动性与植物抗寒性密切相关。增加膜脂中的不饱和类脂或脂肪酸含量能降低膜脂的相变温度，且膜脂上的不饱和脂肪酸成分比例越大，植物的相变温度越低，抗寒性也越强。植物对低温反应的一种重要表现就是增加不饱和度较高的脂肪酸，如增加油酸、亚油酸、亚麻酸在总脂肪酸中的比例；增加磷脂酰胆碱、磷脂酰丝氨酸、磷脂酰甘油在总磷脂中的比重（韩富根等，谭兴杰等，1995，1996）。王洪春等对 206 个水稻品种种子干胚膜脂脂肪酸组成所做的分析表明，抗冷品种（粳稻）的膜总类脂脂肪酸组成中，含有较多的亚油酸 C18:2 和较少的油酸 C18:1，其脂肪酸的不饱和指数高于不抗冷品种（籼稻）。类似的报道在香蕉、柑橘、番茄等中也得到证实。一般认为膜的流动性在很大程度上是由膜上的脂，特别是膜磷脂的脂肪酸所决定。膜磷脂的脂肪酸组成能控制膜流动性，因而成为临界冷冻决定因素，高比例的磷脂合成可能有利于植物免受冻害。近年来的研究表明，磷脂酰甘油（PG）因具有较多的饱和脂肪，而成为决定膜脂相变一重要因素，PG 的脂肪酸组成及，其相变温度与植物抗寒性密切相关。具有相同脂肪酸链的不同磷脂的热致相变中，不同极性端的磷脂，其相变温度的顺序为磷脂甘油（PG）>磷脂酰胆碱（PE）>磷脂酰乙醇胺（PC）（L M Shannon 1968）。

2. 膜脂过氧化

植物在低温胁迫下细胞膜系统的损伤，可能与自由基和活性氧引起的膜脂过氧化和蛋白质破坏有关。植物体内的自由基与活性氧具有很强的氧化能力，对许多生物功能分子有破坏作用。植物体内也同时存在一些清除自由基和活性氧的酶类和非酶类物质。自由基、活性氧和清除它们的酶类和非酶类物质在正常条件下维持平衡状态，在一定的低温范围内，保护酶系的含量或活性上升，有利于保持植物体内自由基的产生和清除之间的平衡，不致造成膜脂过氧化；但当温度继续下降或低温持续时间延长，则活性氧、自由基产生就会明显增加，而清除量下降，导致自由基积累，造成膜脂过氧化。王华等研究表明，杏花 SOD 活性达到半致死温度前有一个上升峰，但随着温度继续降低，SOD 活性急剧下降，抗寒性强的品种其 SOD 活性下降的速率较抗寒性弱的品种缓慢。此外，曾韶西等研究发现，低温会降低黄瓜子叶抗坏血酸过氧化物酶活性（ASA-POD）和 GSH 含量，且温度越低 ASAPOD 活性和 GSH 含量越低。

低温胁迫下，植物膜脂过氧化产物丙二醛（MDA）大量积累，会造成膜透性上升，电解质外渗，使电导率值变大，导致细胞膜系统的严重损伤。金戈等的研究表明，小麦叶片 0℃处理 1h 的叶片组织电阻值较对照略有下降，当处理温度为 -4℃及更低时，叶片的电阻比对照下降了 20%～30%。而测定叶片灌流流出液时，经 0℃处理 1h 后，流出液电导率比对照略有上升；5～10℃处理 1h 叶片灌流流出液的电导率比对照增加了 3 倍。细胞质膜透性变化的实质是低温下细胞收缩和质膜物态变化改变了膜的选择透性。

二、光合作用

低温胁迫导致植物光合作用强度的下降。香蕉在低温胁迫下光合速率迅速下降，10℃处理后第二天、第五天、第八天分别只有对照的 27%、16.2% 和 13.4%。已有研究表明，低温胁迫对植物光合色素含量、叶绿体亚显微结构、光合能量代谢及 PSⅡ活性等一系列重要的生理生化过程都有明显影响。曾乃燕等的研究发现，水稻幼苗叶片的叶绿素和类胡萝卜素（Car）含量都随低温处理时间的延长而下降，其中，叶绿素含量的降低最为明显，经4℃、3d和11℃、10d低温胁迫处理后，叶绿素含量分别降低30%和68%。低温处理的初期（4℃、1d和11℃、2d），类胡萝卜素含量明显下降（分别较对照降低26.8%和34.4%）；但在以后的胁迫期间内其含量变化不大。低温胁迫下黄瓜叶绿体双层膜完整性丧失，基质和基质片层变得松散，一些片层内腔膨大；在郭延平等的试验中，低温处理使饱和CO_2浓度下温州蜜柑叶片净光合速率明显降低，暗示叶片中的RuBP再生速度受到了影响；而CO_2浓度与净光合速率曲线的初始斜率的降低意味着RuBPCase活性的降低。叶绿素荧光参数FvFm可表示PSⅡ原初光能转化效率，低温胁迫下，温州蜜柑FvFm明显降低。

三、呼吸作用

在低温胁迫下，植物的呼吸作用在一定温度范围内随着温度的下降而下降，在冷害的初期有所加强，以后又下降。林梅馨等对橡胶的研究表明，在4℃ ±1℃的低温下，呼吸强度随低温处理时间的延长而持续下降。在低温期间，不同抗性品系皆出现一个高峰，然后下降。我们知道，线粒体是植物体内的动力工厂，又是呼吸作用的重要场所。张毅等对低温胁迫下玉米线粒体进行显微观察发现，玉米线粒体内外双层膜损伤破坏，嵴结构模糊不清，拟核消失，整个线粒体剖面呈现紊乱状态，细胞质膜断裂或双层膜结构模糊不清，胞间连丝膨大变形，甚至与质膜的连接断裂，粗糙内质网卷曲成空心圆状，淀粉粒破裂，变形或相互融合。许多研究发现，低温胁迫下植物体内呼吸作用的底物——可溶性糖的含量显著增加。可溶性糖作为渗透保护物质，可提高细胞液的浓度，增加细胞持水组织中的非结冰水，从而降低细胞质的冰点，还可缓冲细胞质过度脱水，保护细胞质胶体不致遇冷凝固，它的含量与植物的抗寒性之间呈正相关。在王孝宣的研究中，随处理温度的下降，可溶性糖的含量逐渐上升，耐寒品种的上升幅度大于不耐寒品种；苗期在处理条件下，耐寒品种 UC82B 的可溶性糖含量最高（0.56%），不耐寒品种 Upright 最低（0.22%），耐寒品种的可溶性糖含量均高于不耐寒品种。此外，可溶性糖又是预防蛋白质低温凝固的保护物质，如果在含有蛋白质的植物溶液中加入少量的糖，经过结冰和解冻后，仍能恢复原状变为溶胶状态，原生质的胶体性也不会受到破坏；而未加糖的就会看到有凝固的蛋白质絮状沉淀，从而可看出可溶性糖提高了植物的抗冷能力。

四、氮代谢

1. 可溶性蛋白质

可溶性蛋白的含量与植物的抗冷性之间存在密切关系，多数研究者认为：低温胁迫下，植物可溶性蛋白含量增加。可溶性蛋白的亲水胶体性质强，它能明显增强细胞的持水力，而可溶性蛋白质的增加可以束缚更多的水分，同时可以减少原生质因结冰而伤害致死的机会。芸香可溶性蛋白质含量随着温度的降低有所增加，-20℃达到积累高峰。曾乃燕等对水稻类囊体膜蛋白组分进行的分析表明，在4℃低温处理条件下，大多数类囊体膜蛋白组分的稳态水平随低温处理时间的延长逐渐降低，其中以 PSⅡ功能组分中的 LHCⅡ，D1D2 和 33KD 蛋白下降较为明显；在11℃处理第六天，膜蛋白组分中出现了一条 55KD 的新带；在4℃低温处理的第三天，也有一条 32.5KD 的新的多肽出现，这表明低温下可溶性蛋白含量的增加，可能是由于降解速率下降或合成的加强。

2. 氨基酸

在正常条件下，植物体内游离氨基酸含量很低，而低温胁迫条件下，游离氨基酸的含量迅速上升。游离氨基酸的存在，增加了细胞液的浓度，对细胞起依数性保护作用。此外，游离氨基酸具有很强的亲和性，对原生质的保水能力及胶体稳定性有一定的作用。曾韶西等的研究表明，低温明显地降低了黄瓜子叶谷胱甘肽（GSH）含量，而低温对 GSH 含量的影响与低温胁迫程度有关。在游离氨基酸中，脯氨酸（Pro）与植物抗寒性的关系受到广泛的关注，Pro 含有亚氨基，它的疏水吡咯烷环能与蛋白质分子的疏水区结合，而亲水基团分布于表面，增加了蛋白质的亲水表面，提高了蛋白质的溶解度，从而能提高可溶性蛋白质的含量，维持低温状态时酶的构象。陈杰中等的研究表明，无论是抗冷性较强的大蕉，还是抗冷性较弱的香蕉，其叶，片中 Pro 的含量均随着温度的下降而上升。香蕉以干质量计其游离脯氨酸从 13℃ 下的 194. 26Lg/g 上升到 1℃ 的 354. 85Lg/g。可见，Pro 是重要的抗寒保护性物质，其含量的增加有利于提高抗寒性。

3. 抗寒蛋白

抗寒蛋白是一类抑制冰晶生长的蛋白，能以非依数性形式降低水溶液中的冰点，但对熔点影响甚低，从而导致水溶液的熔点和冰点之间出现差值。抗寒蛋白最早发现于极地鱼类中，它可改变有机体内冰晶的形成状态，提高生物体的抗寒性。最早发现的植物低温诱导蛋白是 Briggs 和 Siminovitch 在越冬期黑槐树皮中发现的 2 ～3 条新蛋白谱带，而目前已在拟南芥、菠菜、冬小麦、冬黑麦等多种植物的抗寒力诱导中观察到抗寒蛋白的合成，新合成的抗寒蛋白有 47KD 拟南芥抗寒蛋白、39KD 小麦抗寒蛋白、85KD 菠菜冷驯化蛋白等，它们的共同性质是：热稳定性，富含甘氨酸、低芳香族氨基酸和高亲水性氨基酸，可使蛋白质保持高度的可伸缩性以保护细胞由于低温引起的脱水作用。如 Kurkela 等对拟南芥的研究发现，诱导形成的 6. 5KD 多肽有不同寻常的氨基酸组成：富含丙氨酸、甘氨酸、赖氨酸，而 Griffith 等从冬黑麦叶片细胞间隙中抽提出的抗寒蛋白富含 AspAsn、GluGln、Ser、Thr、Gly、Ala，无 His，但 Cys 残基量占 5% 以上，从而认为它们有类似于北极鱼类的抗寒蛋白的吸附机制和抗冻作用机制，通过降低冰点与减少冰晶形成速度，达到抵御低温逆境、保护生物体的生存与繁育的目的，因此抗寒蛋白基因工程成为植物抗寒改良的一种新途径。

第三节　果树抗寒性研究进展

一、果树抗寒性鉴定方法的研究

1. 外渗电导率法

外渗电导率法现在已是果树抗寒研究的一种常用的方法。根据1970年Lyons和Raison提出的低温伤害来自“质膜相变”假说，组织受冻时首先细胞膜体系受破坏，细胞膜透性增大，电解质渗出增加，品种抗寒性减小。因此，电导率大抗寒性弱，反之电导率小则抗寒性强。外渗电导率法可用于多种果树不同器官组织，如杏花器官、杏一年生枝条、花、幼果、葡萄根系、苹果矮砧、柑橘、梨、苹果一年生枝条等（梁小娟 2001）。

2. 组织变褐法

果树的花、枝条、根等器官受冻害后发生褐变，褐变的程度与所受的冻害呈正相关，因此，通过观察不同温度下其组织如花器官（花瓣、雄蕊、雌蕊）、枝条或根（木质部、皮层、形成层、髓部）的褐变程度，研究了解抗寒性。

3. 恢复生长法

生长法是鉴定植物抗寒性的传统方法。在果树上是将离体枝条在人工冷冻后统计萌芽生长状况，从而进行抗寒性大小的评价。该方法可靠，同时，可作为其他方法的对照，因而在抗寒研究中广泛应用。具体方法：经过低温处理枝条，在组培室（温度20℃、光照800lx）内水培，观察其发芽情况，确定致死临界温度。

4. 膜脂脂肪酸法

采用膜脂脂肪酸成分分析方法，对样品膜脂脂肪酸组分中不饱和脂肪酸（主要包括油酸、亚油酸、亚麻酸、γ－亚麻酸）与饱和脂肪酸（软脂酸＋硬脂酸）的比值或不饱和度与抗寒性呈正相关。在苹果、柑橘、香蕉、葡萄、菠萝等树种都有应用的报道。宋宏伟等（2000）将其应用于小浆果资源的抗寒研究，结果表明，在悬钩子属、猕猴桃属、醋栗属等小浆果资源中，膜脂不饱和脂肪酸及饱和脂肪酸的比值与抗寒性呈正相关。

5. 活体电阻法

马子华等（1996）以山梨、杜梨、南果梨、早酥梨以及黄海棠、怀来海棠、新疆野苹果为试材，以树干为样本，在自然条件下用QTZ型便携式电桥测定活体电阻值。结果表明：电阻值与测距呈直线正相关；电阻值与温度呈极显著负相关；无论多年生枝还是一年生枝，电阻值休眠期较生长期大而稳定；多年生枝较一年生枝电阻值小而稳定；多年生枝粗度与电阻值呈负相关；电阻值与生长势有负相关的趋势；电阻值与植物品种的抗寒性呈负相关。可以初步认为，活体电阻法可以作为苹果树和梨树树体抗寒性的鉴定方法。

6. 根据嫩枝皮层的花青素的含量鉴定抗寒性

北方落叶果树花青素由9～10月开始到严冬时积累最多，可为8～9月的两倍。苹果、桃、海棠、山定子、野生梨都有这种变化。抗寒强的品种如黄海棠、黄太平，枝条皮层内含花青素细胞百分率为抗寒力弱的黄太平的2.4～3倍。综上可知，在抗寒研究中，花青素含量也可作为一种有效的鉴定方法。

7. 膜保护酶SOD活性的变化测定

Mccord和Fridorich提出自由基伤害学说以来，人们发现生物处于逆境条件时，细胞自由基产生和清除的平衡遭到破坏而出现活性氧的积累。SOD酶在好氧生物体内对防御活性氧伤害起重要作用。可专一清除超氧物阴离子自由基（$O_2^{\bar{\cdot}}$），植物组织在低温胁迫下，SOD 酶活性先升高后下降。说明低温诱导 SOD 酶活性增强，但在一定低温条件下 SOD 酶活性受抑制，使大量自由基不能有效清除，导致膜脂过氧化，最终使组织器官变褐乃至死亡。所以可以用 SOD 值下降时的温度高低作为抗寒性鉴定的一项依据（Mayer M，王德生 1987，2001）。

8. MDA（丙二醛）的测定

植物器官衰老或在逆境条件下往往发生膜脂过氧化作用，其产生物丙二醛会严重损伤生物膜。通常利用它作膜脂过氧化指标，表示细胞膜脂过氧化程度及对逆境反映的强弱，因此，在研究果树作物寒害及抗寒性时，测定 MDA 含量的变化也可作为一项生理鉴定指标（Keith 1983）。

9. ABA 含量的测定

在研究激素中认为 ABA 是抗寒基因的启动因素。抗寒锻炼的开始是环境因素改变了植物体内激素平衡关系，从而导致生长停止代谢途径的变化，激素平衡关系的改变可能是植物抗寒性锻炼的推动力之一。抗寒锻炼以 ABA 表现最为显著，ABA 对抗寒力的调控有重要作用。有学者在对柑橘的研究表明：低温锻炼过程中 ABA 的含量呈上升趋势，其含量表现为抗寒性强的品种高于抗寒性弱的品种。因此，可以 ABA 含量作为抗寒性鉴定的一项指标。

10. 同工酶技术测定抗寒性

应用同工酶技术也是分析鉴定果树资源抗寒性的常用方法。吴经柔等（1990）通过对 38 个不同抗寒性的苹果品种过氧化物酶同工酶谱分析，发现各抗寒品种均有两条明显的抗寒酶带，抗寒性的强弱与该酶带的强弱一致；不抗寒的品种有一条明显的不抗寒酶带。这种特性在枝条皮部、叶柄及芽的酶谱分析中都是一致的，稳定性强。据此，可利用同工酶技术鉴别苹果育种材料的抗寒性。

二、细胞形态方面的研究

细胞特性与抗寒性有很大关系。柚叶片细胞结构紧密度（CTR）与柚品种的耐寒性呈正相关（马翠兰等 1998）。抗寒的核桃实生苗叶片 CTR 与不抗寒品种间 CTR 存在极显著差异（吴国良等 1998）。果树叶片细胞空隙度大小与品种的抗寒性关系密切，叶片空隙度小的品种，抗寒性较强，反之较弱（郑家基 1996）。张海保发现香蕉、荔枝叶片细胞的栅栏组织厚度、紧密组织厚度、角质层厚度与品种抗寒性呈正相关。葡萄叶片中栅栏组织排列紧密且厚，海绵组织排列松弛且薄，枝条木栓层厚，木栓化程度高的品种，抗寒性越强（王雪丽，李荣富，1994，1997）。

细胞膜透性与果树抗寒性负相关。1973 年，Lyons 认为植物受低温影响后，细胞膜透性增大，电解质大量外渗，胞间物质浓度增大，从而导致电导率值变大。抗寒性较强的植物，在冻害较轻的情况下，膜透性的变化小、可逆，易恢复正常。吴经柔在苹果，万清林（1990）在草莓研究中也验证了这一点。以后，在柑橘、葡萄、香蕉、荔枝、核桃等果树上也有类似报道。

生物膜是植物细胞及细胞器与周围环境间的一个界面结构，其膜脂脂肪酸种类、链长及其饱和度等直接影响到膜脂的性质。20 世纪 50 年代和 70 年代，外国学者分别提出“超氧化物学说”（Bassi D et al. 1995）和“生物氧毒害理论”（Ishikawa W et al 1995），都认为低温使植物体内产生活体氧和自由基，致使植物体内正常代谢平衡被破坏；而活体氧和自由基的积累又启动了膜脂过氧化，使生物膜中的结构蛋白和酶聚合交联而空间构型改变，从而导致了它们的结构功能和催化功能的改变。各种亚细胞器膜（如线粒体膜、叶绿体膜）也受到控制，其生理功能出现紊乱，膜被破坏，最终导致细胞死亡（潘晓云 2002）。

果树叶片膜脂脂肪酸组分与果树抗寒性密切关系，其不饱和度越高，则果树越抗寒。柑橘膜脂中的亚油酸、亚麻酸和棕榈酸含量与抗寒性呈显著正相关；冬季低温下叶片、茎、韧皮部、叶绿体中膜脂脂肪酸不饱和度以及种子中亚麻酸/亚油酸都与抗寒性呈正相关。这是由于膜脂脂肪酸不饱和度增加，膜脂相变温度降低，从而使膜在低温下保持流动性和液晶相，有利于在低温下进行正常生理功能和避免膜脂凝固而造成膜伤害（孙忠海 1990）。以后，在香蕉、龙眼、荔枝、苹果、葡萄、菠萝等的抗寒性研究上都得出类似的结论（黄义江，刘星辉等，佘文琴等 1982，1996，1995）。

三、组织器官方面的研究

果树抗寒性在组织、器官上的表现常常可作为低温锻炼下的直接形态指标。主要包括果树的枝条、花芽、形成层、韧皮部和皮孔大小等。低温能使苹果枝条皮层细胞出现质壁分离现象，且不抗寒的品种出现得早，速度快，胞间连丝中断（黄义江 1982）。刘天明等发现桃枝条组织的抗寒性强弱顺序为：韧皮部 > 木质部 > 形成层 > 髓。王丽雪等（1994）发现抗寒性强的葡萄品种的枝条木栓层厚，细胞层数多，木栓化程度高。不同仁用杏品种的不同器官抗寒性强弱为：枝条 > 花芽，花蕾 > 花瓣。同品种杏的花的不同时期的抗寒性强弱为：蕾期 > 盛花期 > 幼果期；不同部位的抗寒性强弱为：花瓣 > 雄蕊 > 雌蕊（王飞 1995）。杏品种的 1 年生休眠枝、花、幼果的抗寒性强弱顺序为：枝 > 花 > 幼果（黄义江 1982）。桃 1 年生休眠枝、叶芽、花芽三者的抗寒性强弱的顺序为：枝 > 叶芽 > 花芽（刘天明 1998）。总之，果树各个器官之间抗寒性一般为：枝条 > 叶芽 > 花芽 > 蕾期 > 盛花期 > 幼果期。

四、生理代谢方面的研究

低温锻炼过程中，植物光合强度、呼吸强度、水势、酶的构成以及许多内含物都会发生变化。低温下植物光合作用仍保持一定水平，这是提高植物抗寒性所必需的。抗寒性强的草莓品种低温下的光合强度高于抗寒性差的品种；抗寒植物的呼吸强度与秋季维持细胞结构功能的消耗是一致的（万清林 1990）。葡萄的组织水势、呼吸速率变化与抗寒性呈线性相关，同时，气孔开闭度也与抗寒性有关，气孔开放者不抗寒，闭合者则抗寒性强（刘祖祺 1994）。

在代谢过程中，酶与抗寒性的关系研究得比较深入。葡萄枝条中过氧化物酶（POD）活性随着秋冬光温的降低而逐渐提高，抗寒的葡萄种类提高幅度大，韧皮部酶活性高于木质部且稳定性强。柚品种的超氧化物歧化酶（SOD）活性和线粒体膜 Na + K + ATP 酶活性与柚品种的抗寒性呈正相关（马翠兰 1998）。仁用杏品种中抗寒性强的品种 SOD 酶活性明显高于抗寒性弱的品种（刘天明等 1998）。林定波等（1999）发现抗氧化酶活性的提高及渗透调节能力的加强与细胞抗寒性的增强有关。总的来看，果树抗寒性强的品种，其光合强度和呼吸强度都比不抗寒品种大；过氧化氢酶、过氧化物酶、超氧化物歧化酶、抗坏血酸氧化酶等酶的活性高，且抗寒锻炼中随着温度的降低，酶活性下降，以抗寒性强的品种下降幅度小。

许多内含物的含量变化也常常作为抗寒性研究的生理指标。

不同低温下葡萄枝条中淀粉、还原糖及脂类物质的含量和变化动态与其抗寒性密切相关。主要表现为抗寒品种的淀粉积累得早且数量多，水解得晚但速度快、彻底；还原糖一直保持较高水平且韧皮部多于木质部；脂肪及拟脂类物质含量高。三者含量与其抗寒性呈正相关（王丽雪等 1994）。不同低温下杏盛花期膜脂过氧化最主要的产物丙二醛（MDA）的含量与杏树的抗寒性呈负相关；如果某一品种的 MDA 含量在低温时剧增出现得早，则说明抗寒性较差；反之，则说明其抗寒性较强（王飞 1995）。葡萄品种在抗寒锻炼期间枝条、叶片内可溶性糖含量随着温度的下降呈递增趋势（尹立荣 1990）。

总之，抗寒性强的品种的淀粉、还原糖、脂肪等内含物含量高，并随着温度的下降增加的幅度大；抗寒性差的品种其含量低，且随着温度的下降增加的幅度小。丙二醛则恰好相反。

五、果树种质资源方面的研究

宋洪伟等对114个苹果品种资源的抗寒性进行了研究，发现田间枝条的自然冻害主要不是发生在极端低温出现的1月份，而是在气温回升的2月份以后；各品种随休眠的解除和气温的逐渐升高，抗寒性逐渐降低。刘威生等（1999）发现36个李品种的抗寒性表现出丰富的多样性，且多数李品种对低温的适应能力较强，起源地的生态条件与品种的抗寒性密切相关。同样，杏品种资源、葡萄野生种质资源等树种的抗寒性也有人研究（贺普超 1982）。因此，对果树种质资源抗寒性的研究，可以为优良品种的区域化栽培和抗寒育种提供理论依据。

六、抗寒性的分子生物学研究进展

1. 细胞膜系统

近年来，生物技术的应用使植物抗寒性与膜脂脂肪酸饱和度关系的研究取得了重大进展。对叶绿体膜上磷脂酰甘油（PG）的相变研究发现，叶绿体中存在着两种酰基酯化酶，即甘油-3-磷酸酰基转移酶和单酰基甘油-3-磷酸转酰酶，前者只负责甘油C-1位上的酯化，后者只负责C-2位上的酯化；叶片PG分子种合成过程中，其C-1、C-2位上的转酰基酶分别对脂肪酸具有选择性，而决定冷敏感植物与抗冷植物叶片PG分子种差异的关键是甘油-3-磷酸转酰酶在C-1位上对酰基载体蛋白的选择性。在抗冷植物中，C-1位转酰酶对C16:0和C18:1具有同样的选择性；在冷敏感植物中，则主要选择C16:0，而对于C-2位转酰酶，在抗冷和不抗冷植物中没有选择性差异，都较易选择C16:0。另Wada等人已从一种抗冷的蓝绿藻 Synechocystis 克隆了一个与膜脂肪酸不饱和度有关的基因 desA，并导入另一不耐冷的蓝绿藻 Ana-cystisnidulans，改变了后者的膜脂组成，从而使其光合作用在 5℃下可不受明显抑制。而 Murata 通过向烟草导入拟南芥叶绿体的甘油 -3 -磷酸乙酰转移酶基因，以调节叶绿体膜脂的不饱和度，使获得的转基因烟草的抗冷性增加（王毅等 1994）。这些研究表明，膜脂脂肪酸的去饱和作用是调节植物抗寒性的一个重要机制，为改良植物，增强植物抗寒性提供了研究的方向。

2. 酶系统

多年来对植物细胞酶系统的研究表明，低温胁迫下，酶复合体解聚，由多聚体变成亚基单位，如 C4 植物光合作用过程中一关键性酶——丙酮酸磷酸双激酶，在低温条件下由四聚体变为二聚体；另外，酶的构象也发生变化，如核酮糖 -1，5 -二磷酸羧化酶，在低温下发生构象的可逆变化，使其内部疏水基和疏水链外露，导致酶功能丧失。应用遗传工程技术转抗氧化酶基因或提高抗氧化剂的含量，使之能直接研究抗氧化酶、抗氧化剂与植物抗冷力表达调控的关系。脱毒性活性氧的方法之一是使抗氧化酶或抗氧化剂在自由基形成的部位超表达，及时清除活性氧自由基。在抗氧化酶基因上接上某一酶的转运肽序列，如接上编码核酮糖 -1，5 -二磷酸羧化酶加氧酶小亚基的叶绿体转运肽序列，引导抗氧化酶在叶绿体中表达，叶绿体是细胞产生活性氧的重要部位。Gupta 等报道，使外源 CuZnSOD 在烟草叶绿体中表达，从而增加了烟草抵抗低温引发光抑制的能力。但 VanCamp 等发现，外源 FeSOD 在叶绿体中超表达，对低温引发的光抑制无抗性。可见，尽管利用基因工程技术转抗氧化酶来提高植物抗寒力已取得可喜的效果，但通过转抗氧化酶定向操纵植物抗寒性的目标，还有相当多的问题需要解答（李美茹 2000）。

3. 抗寒基因的表达与调控

抗寒基因是一种诱发基因，只有在特定条件（主要是低温和短日照）的作用下，启动抗寒基因的表达，进而发展为抗寒力（沈漫 1998）。要想通过改进遗传组成来培育抗冷、耐冻新品种，就必须了解低温对基因表达的影响。从 20 世纪 90 年代起，cDNA 文库构建、DNA 序列测定和同源性分析、体外转录及翻译技术、核 run-on 转录、扣除杂交法、定位突变及基因转化等分子生物学手段被广泛应用于这方面的研究。迄今为止，已建立了大麦、小麦、拟南芥等多种植物低温诱导基因的 cDNA 文库，从中分离到的一些低温诱导基因作了测序，而且对它们的基因结构，启动子内是否存在可能的低温应答元件都给予了比较细致的研究（王艇 1997）。如拟南芥的 LTI140 基因对低温的应答无需 ABA 介导，而 RAB18 基因的表达调控需要 ABA 参与。RD29A 和 RD29B 是拟南芥中 1 对抗脱水响应基因，RD29A5′上游存在 1 个 ABRE 和 2 个 DRE，DRE 长 9bp，TACCGACTA，RD29B 只有 1 个 ABRE，表明植物对低温信号的感知及疏导的途径是复杂多样的，脱水、盐分、ABA、低温对植物抗寒性的传导效应，也因不同植物、同一植物不同基因而有所差异（林定波 1997）。

第四节　杏树花期霜冻研究进展

一、不同品种的花期耐寒力

杏不同品种虽然具有不同的抗寒基因，但因其开花的差异，使遭受冻害的程度有所不同。一般开花早的品种遭受冻害严重，而开花晚的品种能躲过冻害或在冻害来临时仅有部分开花，故受冻程度明显减轻。在生育期相同条件下，有些品种在特定的花器发育阶段抗冻性较强。研究表明，花器耐霜冻品种为金太阳、意大利一号、黄金杏梅（王少敏等 2002）、红荷包（陈学森等 2001）等，花器不耐霜冻品种有凯特杏、德州大果杏、玛瑙杏、红玉杏、巴旦水杏等。彭伟秀等研究认为我国主栽仁用杏花器抗寒性由强到弱为优白玉扁、一窝蜂、龙王冒。张军科等以杏一年生休眠枝为试材，应用主成分分析法，用 11 个生态代谢及生理生化指标对 36 个杏品种的抗寒性进行了综合评价，排出了抗寒性大小顺序，其中，龙王冒、河北银香百、串枝红最抗寒，早红、崂山红抗寒性最差（张学军等 1999）。应用 Fuzzy 综合分析法，对杏树良种进行耐寒性生理测试证明，耐寒性极强品种是兰州大接杏、耐寒性强的品种有梅杏、安宁 18 号，耐寒性较强的品种有华县大接杏、金妈妈杏、猪皮水杏、唐王川桃杏、大扁头杏，耐寒性中等的是曹杏（冯军仁 1994）。

不同品种的抗寒性，一方面不仅与它们的起源地生态条件相关；另一方面与其生长的生态环境及植株发育状况关系密切。通过对不同生态群品种的花期晚霜冻害田间调查研究表明，抗寒性的强弱顺序是华北生态群特早熟试管品种群 > 华北生态群老品种 > 欧洲生态群（石荫坪，2001）。晚霜对杏树的危害程度受树势、树龄及管理水平等因素的影响，受晚霜危害程度由重到轻的顺序为：树势弱、树势过强旺长树、树势中庸树，晚霜危害程度幼龄树 > 衰老树 > 盛果期树，树体营养不良落叶早的树则霜害严重（张秀国 2004）。

二、低温对花器官及组织的危害

近年来，通过人工模拟霜害试验，结合田间调查研究了杏花抗寒性与花器官组织结构关系。冻害率统计结果表明，同一品种不同时期的抗寒性强弱顺序为花芽膨大期 > 花蕾期 > 始花期 > 盛花期 > 幼果期，在同一朵花中，抗寒性强弱顺序为花瓣 > 雄蕊 > 雌蕊（张秀国 2004），在同一低温条件下柱头的积累冻害率高于子房（李疆等 2001），子房上部的冻害比下部重。通过测定 25 个杏品种花蕾和盛开花的电解质渗出率，配以 Logistic 方程，确定杏花蕾抗低温温度为 -7 ～ -11℃，盛开花抗低温温度为 -3 ～ -6℃（王飞等 1999）。以上研究结果说明，杏花器官抗寒性与其本身所处的发育时期和发育迟早密切相关。

三、组织结构与品种耐寒力的关系

解剖学研究表明，杏根无髓，枝条髓部和射线组织也极小（吕增仁 1996），具有明显的抗寒解剖学特征；不同品种的枝条木质部比率与抗寒性（相对电导率）呈正相关，相关系数为 0.9542 *，木质部中的导管密度大，管壁厚，且多为螺纹和网纹型，次生木质部的木质纤维细而短，皮层比率与抗寒性呈负相关，相关系数为 -0.8221 *，是杏抗寒性的形态结构鉴定指标之一（刘和 彭伟秀等 1996，2002），杏品种抗寒性与叶片组织紧密度（CTR 值）呈正相关，与疏松海绵组织厚度的指数（SR 值）呈负相关（彭伟秀等 2001）。在对葡萄（李晓燕等 1995）、苹果（李荣富等 2003）、柑橘（简令成等　1986）的叶片解剖结构研究中发现，单一的栅栏组织或海绵组织的厚度，在同一品种的不同样品间会出现一定的差异，这说明单一组织的厚度可能随着所处的生态条件和生理状态不同而发生变化，而叶片 CTR 值体现了叶片厚度、栅栏组织、海绵组织之间存在着遗传上的相互制约关系，因此，在比值上保持相对稳定，与杏树的抗寒性有密切的关系。

四、低温对杏花生理代谢的影响

低温引起的霜冻对杏花的生理代谢过程产生明显的影响。在不同的低温处理条件下，随着温度的降低，杏花的 MDA 含量和相对电导率逐渐升高，耐寒能力弱的品种 MDA 含量和相对电导率更高且剧增高峰出现较早；在低温处理下，POD、SOD 酶活性先升后降，酶活性在半致死温度前出现高峰，但随着温度的持续降低，酶活性急剧下降，抗寒的品种酶活性下降缓慢；杏品种的需寒量与耐寒性密切相关，花蕾需寒量越高，其抗寒性越强，可溶性糖、蛋白质、游离氨基酸、脯氨酸随着需寒量的积累，低温锻炼的提高而逐渐增加（王飞等 2001）。

五、冰核细菌种类及其冰核活性与霜冻的关系

冰核活性细菌是指在 -5℃条件下具有冰晶核作用的细菌。近年来，国内外的研究证明，植物体上广泛存在的具有冰核活性的细菌即 INA（Ice nucleation active bacteria），是植物发生霜冻的关键因素之一（杨建民等 2000）。在我国河北省仁用杏树上采集的 60 个样本中，从中分离到 19 株冰核活性菌株，经鉴定属于 2 个属、2 个种，Pseudomonas syringaepv. Syringae Van Hall 1920，有 9 株，占 47.3%；Erwinia uredovora（Ponet al.）Dye 1963，有 10 株，占 52.6%，前者冰核活性高于后者；19 株冰核活性菌株中，强菌株占 21.1%，中等菌株占 15.8%，弱菌株占 63.1%；在低温胁迫下，INA 细菌能大幅度提高花器官相对电导率值，增大细胞原生质膜渗透性，提高过冷点 2～3℃，在 -3～-4℃引起花器官结冰而发生霜冻，比未接种 INA 细菌的对照提高结冰温度 2℃左右，从而验证了 INA 细菌是诱发和加重杏花期霜冻的重要原因（孙福在等 2000）。

六、杏树抗寒性研究趋势

杏树抗寒性研究已取得了一定进展，但植物的生理过程是错综复杂的，影响抗寒性的因素较多，仅靠生理生化指标很难揭示植物抗寒生理的实质。随着分子生物学及基因工程技术在生物领域的应用，对抗寒性研究将会在以下几个方面得到加强。

①对抗寒性鉴定指标的优化。

②加大植物激素对抗寒基因表达的调控机理研究的力度，应用化控技术在生产上提高抗寒力，以提高产量和品质。

③应用基因工程和有效的化学调控来改造抗寒能力，获得抗寒转基因植株，是今后抗寒性研究的目标。

④加强抗冻保护剂的研究。

⑤植物第二信使在低温下作用机制研究。

第五节　营养元素研究进展

植物生长所需的大量和微量矿质元素被称为营养元素。在已知的109种元素中，约有70多种存在于植物体内。通过大量实验，人们发现碳、氢、氧、氮、钾、钙、镁、硫、磷及铁、锰、硼、锌、铜、钼、氯这16种元素为植物生长所必需。其中，含量占植物干物质重量的0.1%以上的前9种称为大量元素，含量占植物干物质重量的0.01%以下的后7种元素称为微量元素。营养元素对植物生命作用的认识是从以生活的植物为对象的研究开始的。溶液培养和沙基培养是研究植物矿物质营养的重要手段。大量研究表明，必需元素在植物体内的生理作用，一类是细胞结构物质的组成成分；另一类是对生命的代谢活动起调节作用。它们对植物生长和发育有极其重要的意义。目前，国内外对大多数落叶果树和常绿果树、蔬菜、水稻、小麦等矿质营养进行了大量研究表明（王夔等，余叔文1989，1999），土壤中含有植物必需的大量和微量元素，如果其中某种或某些元素缺乏，则会影响植物生长发育。如果某种或某些矿质元素过多，会产生盐分胁迫或离子胁迫，抑制植物生长和发育。盐害原因如下。

①盐分过多使土壤水势降低，植物吸水困难或根本不能吸收，甚至排出水分。

②进入植物体盐分增多，产生离子毒害作用。

③造成营养亏缺。

酶的研究表明，知大多数酶是蛋白质，从化学组成上看，它们可分为两类，单纯酶和结合酶。单纯酶是简单蛋白质，结合酶是结合蛋白质，它由酶蛋白（或称脱辅基酶蛋白，对热不稳定）+辅因子（对热稳定的非蛋白质小分子物质）。酶蛋白和辅因子单独存在时无活性或活性很低，只有两者结合成全酶时才有活性。而且构成酶辅因子的这些对热稳定的非蛋白小分子物质可以是作为某些营养元素的金属离子，它们可以作为酶活性部位的组成部分或是作为连接底物和酶的桥梁或稳定酶蛋白的活性构象或传递电子、氢原子、某些基团等在酶催化反应中起重要作用。微量金属元素参与了生物体50%～70%酶组分。现已知铜是植物体内一个重要微量营养元素，是某些氧化酶（多酚氧化酶、酪氨酸酶、抗坏血酸氧化酶、超氧化物歧化酶等）组成成分，是叶绿体中质体菁的组成成分，是光合电子传递中有关酶及呼吸链中细胞色素氧化酶的组成成分，它还参与亚硝酸的还原反应，因此，它可以提高植株的光合和呼吸速率，加快植株体内光合产物的运转及体内营养物质的循环，对植物生长发育具有不可替代的作用。锌是羧肽酶（AEC）、吲哚乙酸合成必需的色氨酸酶和碳酸酐酶等酶的组成成分，是超氧化物歧化酶的组成成分，又是氨酸脱氢酶、乙酸脱氢酶等酶的活化剂，锌无论与酶以结合态形式存在或作内酶的活化剂，对酶活性的表现都起重要作用。

仁用杏营养元素及酶活性与抗逆性研究方法

第一节　研究区概况及材料处理

一、研究区概况

试验地位于37.23°N，112.32°E，地处黄土高原丘陵区的山西省农业科学院果树研究所杏种质资源圃，果树研究所位于山西省晋中市太谷县城南2km左右，海拔820 ～900m。本试验区属暖温带大陆性气候，四季分明，春季多风，夏季雨量较集中，秋季天晴气爽，冬季少雪。

研究区年均温度9.8℃，最高温度达38.2℃，极端低温为-25.3℃，全年最冷月为1月，平均气温为-6.2℃，全年最热月为7月，平均气温为23.7℃。全年日照时数为2 300h。全年降水量仅为456mm，而年蒸发量高达1 740.5mm，年蒸发量远大于年降水量。该地区早霜期为10月6日，晚霜期为4月3日，无霜期为176 ～180 d，苗木在每年4月进入生长初期，10月苗木逐渐向木质化过渡，这两个时期要做好防霜冻工作。地温及土壤水分变化情况，2月中旬到3月中旬土壤与水分冻融交替，表土中午解冻，夜晚回冻，此时，土壤水分蒸发较微弱；3月中旬到4月初随着气温逐渐回升土壤表层满冻融层加厚，但下部仍有冻土层；5 月以后气温回升加快，土壤水分的蒸发与渗透逐渐趋于平衡直至达到扩散蒸发期。所以，整个过程必须注意及时地抗旱保墒和防冻工作。

该地区土壤属川地褐土，土层较厚，质地中壤偏黏性，pH 值为 7 左右，土壤中含锌量约为 60mg/kg，有效态锌含量为 1.5mg/kg；土壤中含铜量约为 30mg/kg。腐殖质含量较少，肥力中等水平，土壤结构不良，有较多害虫，地上害虫包括介壳虫、杨大透翅蛾等，地下害虫有蝼蛄、蛴螬、地老虎等，苗木自身病害包括锈病、立枯病、灰斑病等。地下水位一般在 150m 左右，水质 pH 值为 7.8 ～8.0。

二、试验材料

试验研究材料为 5 年生发育良好的龙王冒仁用杏苗木和 8 ～12 年生发育良好的杏树，见下表。

表　试验材料和试材原产地

代号	名称	Cultivars	原产地	Original area
1	鸡蛋杏	Jidanxing	河南	Henan
2	意大利 21 号	Italy 21	意大利	Italy
3	兰州大接杏	Lanzhoudajiexing	甘肃兰州	Gansulanzhou
4	串枝红	Chuanzhihong	河北巨鹿	Hebeijulu
5	软条京	Ruantiaojing	山西雁北	Shanxiyanbei
6	银香白	Yinxiangbai	陕西西安	Shanxixi'an
7	麻真核	Mazhenhe	辽宁	Liaoning
8	猪皮水杏	Zhupishuixing	甘肃兰州	Gansulanzhou
9	大杏梅	Daxingmei	陕西	Shanxi
10	华县大接杏	Huaxiandajiexing	陕西华县	Shanxihuaxian
11	山黄杏	Shanhuangxing	北京昌平	Beijingchangping
12	红荷包	Honghebao	山东历城	Shandonglicheng
13	金荷包	Jinhebao	辽宁	Liaoning
14	苹果杏	Pinguoxing	山东烟台	Shandongyantai
15	沙金红	Shajinhong	山西清徐	Shanxiqingxu

三、试验设计与处理

（一）试验设计

采用随机区组设计，区组（重复）数为3，小区数为4，各处理与小区随机对应。4 个处理分别为：①水处理【Cu（0）Zn（0）】作为对照；②$ZnSO_4 \cdot 7H_2O$ 的处理【Cu（0）Zn（3）】；③$CuSO_4 \cdot 5H_2O$ 的处理【Cu（3）Zn（0）】；④$CuSO_4 \cdot 5H_2O$ 与 $ZnSO_4 \cdot 7H_2O$ 的混合处理【Cu（3）Zn（3）】。其中，$CuSO_4 \cdot 5H_2O$ 的浓度为 1.9×10^3 mg/kg铜含量为 484.5 mg/kg；$ZnSO_4 \cdot 7H_2O$ 的浓度为 2.2×10^3 mg/kg，锌含量为 501.6 mg/kg。缓苗期结束后，按不同处理对苗木进行土壤施肥。

（二）样品处理

1. 枝条样品处理

于 2006 年 1 月 9 日随机采取每个杏品种树冠外围中上部东、西、南、北 4 个方向生长健壮的 1 年生休眠枝条，于室内用自来水冲洗、蒸馏水浸洗，按品种分装与小塑料袋中，置于程控低温冰箱中。梯度降温设 -20℃、-25℃、-30℃、-35℃、-40℃ 5 个温度作低温处理。降温的速度为 5 ℃/h，降到所需温度后，维持 24h 再升温到 0℃（升温速度同降温速度），取枝条备用。杏枝条的对照温度（CK）为常温，即取样后直接测定。各处理做 3 次重复。

2. 花器官样品处理

于 2006 年 4 月 2 日随机采取每个杏品种树冠外围中上部东、西、南、北 4 个方向 5 ～10cm 的大蕾期花枝，每个方向各取 5 枝，每株树共取 20 朵花。试验采用单株小区，将采集的大蕾期花枝带回实验室进行人工冷冻处理，设 0℃、-1℃、-2℃、-3℃、

-4℃、-5℃等6个低温处理（以20℃室温为对照），每一处理温度首先以19℃/h的速度降温，降至4℃左右，再以2℃/h的速度降温，当达到所要求的冷冻温度后，维持30 min后，于1～2℃条件下缓慢解冻后进行观察，测定。

第二节 研究方法

一、林分生物量与根系分布测定

林分生物量测定采用平均标准木法。标准木的要求，误差不大于树高的5%，胸径的2吼树冠发育正常。在各林分内选取平均标准木后，进行树干解析，同时测高、叶、枝、干、骨骼根（>10 mm），并分别取样、称重，于室内80℃条件下烘至恒重，按标准木生物量及林分密度计算每公顷林木生物量。<10 mm根系生物量测定用土柱法求得。土柱法规格为50 cm ×100 cm，土柱在林分中均匀分布，能够充分代表林分根系分布状况。

根系生物量测定采用土柱法

各部分之和为林分生物量。林木干生物生长量依标准木的材积生长率求得，枝生物量用标准技法求得。骨骼根及细根生物量按下列公式求得：

枝生长量/枝生物量=细根生长量/细根生物量；

干生长量/干生物量=骨骼根生长量/骨骼根生物量，各生长量之和为林分生物生长量。

二、矿质元素含量测定

氮元素含量测定采用凯氏定氮法，磷元素含量测定采用钒钼黄比色法测定，金属元素铜和锌采用原子吸收分光光度法测定。

①样品的预处理：缓苗期结束后，不同生育期从试验地挖取苗木立即带回实验室，按不同处理各重复分别取叶、枝、干、粗根（>2mm）、细根（<2mm），先用流动水将所取样品表面冲洗干净后，再用无离子水冲洗2～3次。用吸水纸吸干样品表面水分，称取10克左右入烘箱80℃条件下烘干至恒重，粉碎。

②分别取烘干粉碎样（叶、枝、干、粗根、细根）各2 g于瓷坩埚内先在低温电炉上碳化1～2 h。将瓷坩埚转入马福炉，升温至200℃继续碳化30 min，（至无烟外溢）。然后采用每升温100℃停0.5 h，逐步升温至500℃条件下高温灰化，约4～5 h即可灰化完毕。待样品冷却至室温后用1∶1盐酸溶解，去离子水定容至50 mL容量瓶内，用日本产AA—6200原子吸收分光光度计测定吸光值，测定时铜元素波长为324.7 nm；锌元素波长为213.9 nm。

③试验数据结果进行生物统计分析

三、保护酶系统活力测定

（一）超氧化物歧化酶（SOD）活性测定

超氧化物歧化酶（SOD）活性测定采用氮蓝四唑NBT还原法（李合生1999）

1. 酶液提取

样品预处理后分别称取各待测鲜样0.5000g，加聚乙烯吡咯烷酮（PVP）0.1 g及少许石英砂和5 mL磷酸缓冲液（pH =6），冰浴条件下充分研磨成匀浆，放入离心管，在10 000 r/min条件下冷冻离心10 min，取上清液为酶提取液。

2. 活性测定

取4mL NBT（50mmol/L，pH值=7.8）的磷酸缓冲液，内含77.12μmol硝基四唑蓝，0.1mmol/L EDTA，13.37mol/L蛋氨酸的

反应液和0.01mL酶提取液充分混合均匀，再加入0.1mL80.2μmol/L核黄素溶液，摇匀后将试管放在荧光灯下，光强3 000Lux光照10min后，取出试管在722型分光光度计560nm波长处测其吸光度。以未加酶液的反应介质NBT和核黄素溶液作为对照。依下式计算超氧化物歧化酶活性。

3. 结果计算

$$\text{SOD活性}(\mu/g) = \Delta A \times N / (0.01W \times A_0 \times 50\%)$$

式中，ΔA——在560了nm处对照溶液与加入酶液的反应液之吸光度差

N——酶液总体积（mL）；

A_0——对照溶液在560nm处的吸光度；

W——鲜样品质量（g）；

0.01——加入酶液的体积（mL）；

50%——抑制NBT还原为对照的50%为一个活力单位（μ/g）。

（二）多酚氧化物酶（PPO）活性测定

多酚氧化酶活性测定（王向阳1991年）。

1. 酶液提取

酶液提取与超氧化物歧化酶相同。

2. 多酚氧化酶活性测定

取3mL磷酸缓冲液（pH值=6）和0.2 mL上述酶提取液混合均匀，在室温条件下准确反应1 min，立即加入1 mL0.08 mol/L邻苯二酚并摇匀，在722型分光光度计420 nm波长处测其吸光度变化，从加入邻苯二酚开始，每隔60 s读一次吸光度，共读5次，记录吸光度。依下式计算多酚氧化酶活性。

3. 结果计算

$$\text{PPO活性}(\mu/g) = \Delta A \times D / (0.01W \times t)$$

式中，以每分钟吸光度改变 0.01 为一个多酚氧化酶活性单位（μ/g）；

ΔA——反应时间内吸光度的变化；

W——鲜样品质量（g）；

t——反应时间（min）；

D——总酶液为反应系统内酶液的倍数。

酶液的测定做两组重复试验并同时做对照。

（三）过氧化物酶（POD）活性测定

过氧化物酶（POD）活性测定愈创木酚比色法（李合生 1999）。

1. 酶液提取

分别称取各品种低温处理后的器官 0.3 g 加入 3 mL Tris－HCl 缓冲液在冰上研磨成匀浆，装入 5 mL 离心管使用 4000 r /min 的转速离心 15 min。

2. 活性测定

在比色杯中加入 0.04 mL 酶待测液，再加入 3mL 反应介质，立即准确计时并在 470 nm 处测定光密度值，反应 3 min 后，再在 470 nm 处测定光密度值。

3. 结果计算

$$\text{POD 活性（U/gFw} \cdot \text{min）} = \Delta A \times V \times n / W \times V_t \times t$$

式中，ΔA——3 分钟内吸光值的变化量；

V——酶提取液总体积（mL）；

V_t——测定时所用的酶液体积（mL）；

W——样品的鲜重（g）；

t——反应时间（t）；

n——稀释倍数（若酶活性过高，需要稀释酶液）

四、多酚氧化酶同工酶测定

多酚氧化酶同工酶测定采用聚丙烯酰胺凝胶电泳（王金胜1994，杨自湘1989）。

1. 样品提取

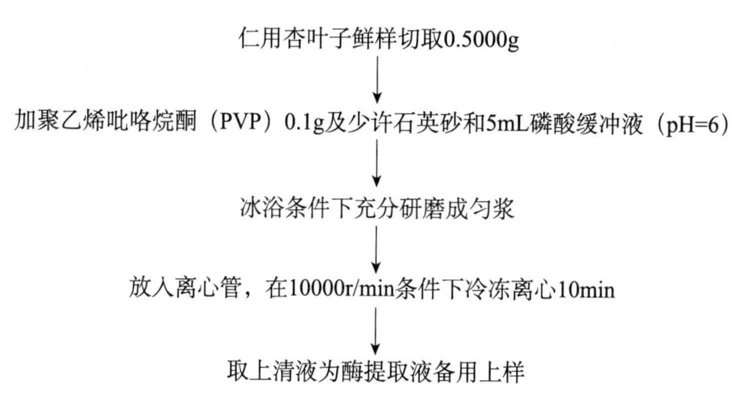

2. 组架

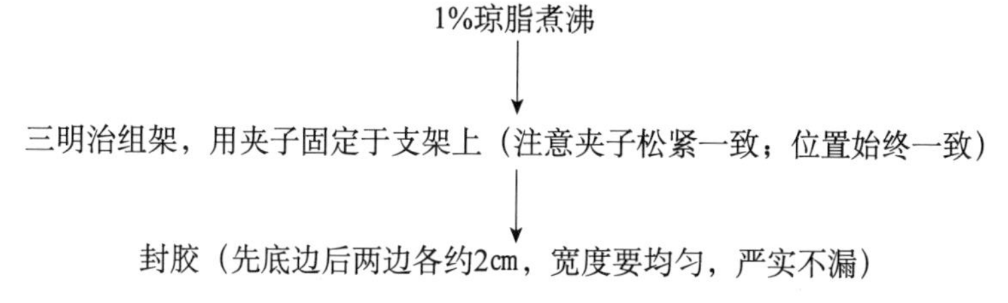

3. 分离胶制备（配量30mL　胶浓度T为10%）

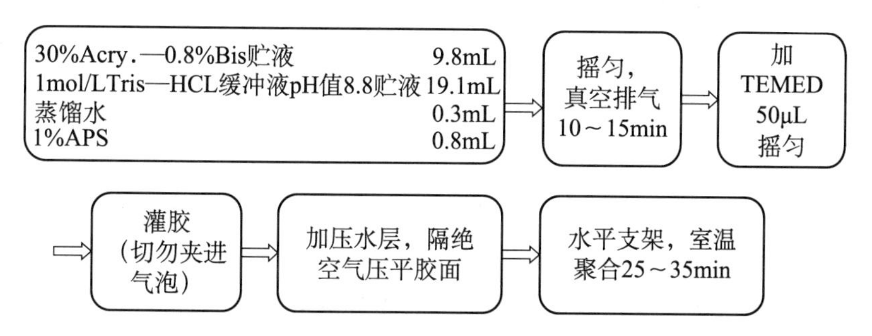

4. 分别制备浓缩胶、上样、电泳（配量 20mL　胶浓度 T 为 4%）

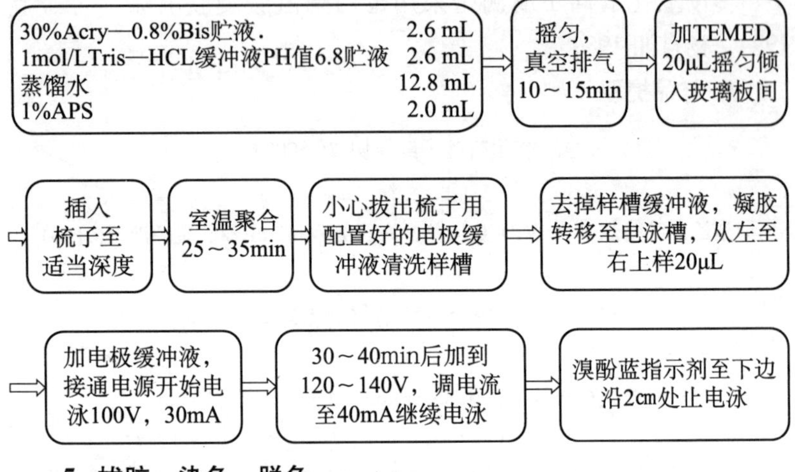

5. 拔胶、染色、脱色

①染液制备：取 60mL1% 邻苯二酚，取 20mL0. 06% 对苯二胺，再加入 20mLpH 值 =6. 80. 05M 磷酸缓冲液即为配制好的染液。

②电泳停止后卸夹子取下玻璃板，置凝胶于染槽中用 PPO 染液进行染色，放入凝胶后，37℃恒温 30min 后，用漂洗液脱色，拍照并记录。同时可置于 7% 冰乙酸溶解保存。

五、超氧化物歧化酶同工酶聚丙烯酰胺凝胶电泳

超氧化物歧化酶同工酶电泳的样品制备及流程同上述多酚氧化酶，其染液制备如下。

①取 1g 氮蓝四唑（NBT）溶于 500mL 蒸馏水中得 2.45×10^{-3} mol/L 氮蓝四唑液。

②取 3892μl TEMED 溶于 1 000mL 水中得 2.8×10^{-2} mol/L TEMED 溶液；取 0.0105g 核黄素溶于 1 000mL 水中得 2.8×10^{-5} mol/L 核黄素溶液；取 180mL 0.2 mol/L 磷酸缓冲液溶于 1 000mL

水中得 3.6×10^{-2} mol/L pH7.8 磷酸缓冲液。

③取 0.0292g EDTA 溶于 1 000mL 水中得 1×10^{-4} mol/L EDTA 液；取 250mL 0.2mol/L 的磷酸缓冲液溶于 1 000mL 水中得 5×10^{-2} mol/LpH 值 7.8 磷酸缓冲液。

染色方法：电泳后将凝胶放置在染色液①中，黑暗下放置 20min，然后再浸泡在染色液②中黑暗下放置 15min，最后将凝胶浸于③中，4 000Lux 荧光照 20 ～40min，SOD 就是出现在紫蓝色背景上的无色透明区带。

第三节 抗逆性指标测定

一、细胞膜透性测定

细胞膜透性测定采用电导仪法（Elster E. F 1982）。

1. 提取液制备

取各品种低温处理后的花器官和剪成 1 ～2cm 长的枝段，分别剪碎称取 2g 放入具塞试管中，加 10mL 蒸馏水，振荡 30min 后再静置 30 min。

2. 电导率测定

用 DDS－11A 型电导率仪测定电导率 E_1；30℃ 水浴 10 min 后冷却，再测电导率 E_2。每处理重复 3 次。

3. 结果计算

质膜相对透性（%）＝［（E_1-E_0）/（E_2-E_0）］×100%

式中，E_0——蒸馏水电导率；

E_1——水浴前电导率值；

E_2——水浴后电导率值。

二、自由水和束缚水的测定

自由水和束缚水的测定采用马林契克法。

1. 样品液制备

采集枝条后放入一称重的称量瓶中，准确称取各瓶重量，求出各瓶样品鲜重 FW。将其中 3 瓶置烘箱中于 105℃下 10min 杀死组织，再于 80℃下烘至恒重 DW，求出组织含水量。将另外 3 个称量瓶中各加入蔗糖溶液 5mL，再准确称量，算出各瓶糖液重量。

2. 样品测定

于暗处放置 4 ～6 h，用折射仪分别测定各瓶糖液浓度 D_2，同时测定原来的糖液浓度 D_1。

3. 结果计算

① 组织含水量（占鲜重%） = （FW - DW）FW ×100

式中，FW——样品鲜重；

DW——样品干重。

② 自由水量（%） =G × （D_1 - D_2） / D_2/W ×100

式中，G——糖液量（g）；

D_1——糖液原来浓度（%）；

D_2——浸叶后糖液浓度（%）；

W——植物组织鲜重（g）。

③ 束缚水含量（%） =组织含水量（%） - 自由水量（%）

三、膜脂过氧化作用测定

丙二醛（MDA）含量测定采用硫代巴比妥酸（TBA）法（Heath and parker 1968）测定。

1. 提取液制备

分别称取各待测鲜样 0.3000 g 左右剪碎放入研钵中加适量石英砂，加 2 mL 0.1% 的三氯乙酸（TCA）研磨成匀浆，转入试管内标号，再用 2 mL、1 mL 冲洗研钵两次，一并转入试管内（总量 5 mL）。向每支试管内加 0.5% 的硫代巴比妥酸（TBA）溶液 5 mL 沿壁加下去（总量 10 mL）摇匀，沸水浴 10 min，从试管内冒出气泡计时。取出试管后冰浴，摇匀转入离心管，电子天平上调平，3000 r/min 条件下离心 15 min 后取出量上清液，记录。

2. 样品测定

在 722 型分光光度计分别在 532 nm，600 nm 波长处比色。

3. 结果计算

依以下公式计算 MDA 含量：

MDA 含量（mmol/g·FW） $=\Delta A\times N/155\times W$

式中，ΔA——A532 和 A600 的差；

N——上清液总体积；

155——1mmol 三甲川在 532nm 的吸光系数；

W——称取植物材料的鲜重（g）。

四、渗透调节物质测定

（一）可溶性蛋白质测定

可溶性蛋白质测定采用考马斯亮蓝法（王金胜 1984）。

1. 酶液制备

酶液制备参本章第二节（三）。

2. 蛋白质测定

取 POD 测定试验中得到的酶液 0.1mL 加入 5 mL 考马斯亮蓝 G－250充分混合，放置 2 min 后在 722 型分光光度计 595 nm 波长下比色，测定吸光度。查标准曲线（以牛血清蛋白标准液绘制）计算样品可溶性蛋白含量。

3. 结果计算

$$样品中蛋白质含量（mg/gFw）=\frac{C\cdot V_1}{W\cdot V_2\cdot 1000}$$

式中，C——查标准曲线值；

V_1——提取液总体积；

V_2——加样量；

W——样品鲜重。

（二）游离脯氨酸测定

采用茚三酮比色法（王金胜 1994）。

1. 样品液制备

分别称取各品种低温处理后的器官 0.1g 加入 5 mL 磺基水杨酸研磨成匀浆，沸水浴浸提 10 min，冷却后装入 5 mL 离心管使用 3000 r/min 的转速离心 10 min。取 2 mL 上清液加入 2 mL 冰醋酸和 3 mL 酸性茚三酮显色液，摇匀，沸水浴 40 min，冷却至室温；加入 4 mL 甲苯，充分摇匀，以萃取红色产物。萃取后避光静置。完全分层后，吸管吸取甲苯层。

2. 吸光值测定

用 722 型分光光度计于 520nm 波长下测定吸光度。

3. 结果计算

游离脯氨酸含量（μg/gFw） = （C × V）/（W × A × 100）

式中，C——从标准曲线上查得脯氨酸微克数；

V——提取液总体积（mL）；

A——测定时加样量（mL）；

W——样品干重（g）

五、组织褐变情况

结果计算采用（王飞等　1995）方法。

随机取 30 朵花，将不同低温处理的杏花器官以花器官呈水渍状为受冻统计冻害率，计算公式如下：

褐变百分率 = （褐变花朵数/总观察花朵数） ×100%

六、低温需求量测定

采用自动温度仪记录的温度曲线，统计 7.2℃以下和 0℃～7.2℃低温累积数，若室内萌芽率达 50%则采样时的低温累积量就为该品种的低温需求量。方法采用王飞等 1997 年的计算方法，LT50 测定方法。

七、LT50 测定

将所测得的电解质渗出率与处理温度配合 Logistic 方程：

$$(Y = K/(1 + ae^{-bx})),\ K = \{y_2^2(y_1 + y_2) - 2y_1y_2y_3\}/(y_2^2 - y_1y_3)$$

y_1、y_2、y_3 分别是 3 个等距处理温度下的电解质渗出率。对此求二阶导数，并令其等于 0，解出方程的 X（$X = Ln\ a/b$）。其中，a、b 为直线回归方程中的参数。

八、数据处理及统计分析方法

对各项生理生化指标采用 SAS8.0 软件进行主成分分析、方差分析及多元相关分析，并借助 Excel2003 绘制出相关图表。

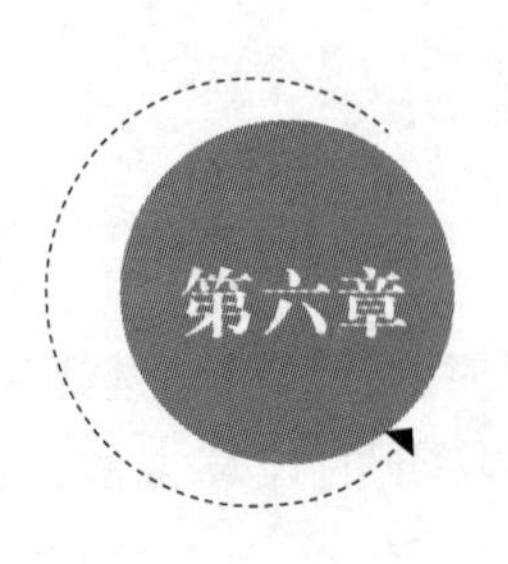

仁用杏的矿质元素变化规律研究结果与讨论

第一节　仁用杏林分生物量及营养元素循环

一、仁用杏林分生物量

仁用杏林分生物量测定结果，见表6-1。

表6-1　仁用杏林分生物量

器官	干	枝	叶	>10mm	2～5mm	<2 mm	合计
含水率（%）	36.8	46.8	71.4	56.2	52.5	41.7	
生物量（t/hm^2）	1.3536	1.5652	0.5928	1.4206	0.7403	0.1124	5.7849

由表6-1可以看出，各器官林分生物量排序为：枝>骨骼根>干>粗根>叶>吸收根，不同器官含水率则为：叶>骨骼根>粗根>枝>吸收根>干。与一般用材林树种相比，仁用杏枝生物量占总生物量的比重较大（27.06%），干生物量占总生物量的比重较小（23.40%）。

二、仁用杏铜锌元素贮存量

不同元素的贮存量，见表6-2。

表 6-2 仁用杏铜锌元素的贮存量

器官	叶	枝	干	<2mm	2～10mm	>10mm	合计
N(kg/hm^2)	19.0882	8.0608	4.9704	1.8434	11.4747	12.2569	57.6944
P(kg/hm^2)	1.9974	1.0690	2.0856	0.2203	1.4510	0.8307	7.6600
K(kg/hm^2)	9.6626	3.0365	3.4517	0.1866	1.2289	1.3451	18.9244
Ca(kg/hm^2)	6.7105	16.1216	6.4919	0.7565	0.7699	5.6102	36.4606
Mg(kg/hm^2)	1.7073	1.1285	1.3019	0.1259	0.4827	0.4833	4.6210
Fe(g/hm^2)	10.31	621.54	85.76	3.0091	1 059.00	159.33	2 236.85
Cu(g/hm^2)	3.62	64.17	43.78	5.20	16.43	30.80	164.00
Zn(g/hm^2)	10.85	142.75	119.09	65.27	50.41	70.79	459.16
Mn(g/hm^2)	2.69	10.97	26.19	18.56	70.55	14.17	143.13

仁用杏不同营养元素总贮存量排序为 N > Ca > K > P > Mg > Fe > Zn > Cu > Mn。仁用杏不同营养元素贮存量差异很大，叶中 N 的贮存量高达 19.0882 kg/hm^2，Mn 的贮存量仅为 2.69 g/hm^2。Ca 的总贮存量也高达 34.460 kg/hm^2，居第二位，表明仁用杏具有较强的喜 Ca 性。从微量元素来看，Fe 远高于 Zn、Cu、Mn，表明仁用杏亦具有较强的喜 Fe 性。

三、仁用杏铜锌元素损失率

试验地条件下，仁用杏林分一年之内落叶基本上完全分解，林地贮存落叶较少，故以不同林分的叶量为基础来说明仁用杏林分各营养元素的损失率。仁用杏营养元素的年损失率以 N 最高，达 19.0882kg/hm^2，Mn 最低仅有 2.69g/hm^2。Ca 总贮存量为 36.4606kg/hm^2，年损失率 6.1705kg/hm^2；K 总贮存量为 18.924kg/hm^2，年损失率 9.6626kg/hm^2；表明仁用杏对 Ca 的需求量较大，而 K 参与元素循环的比例较大。Fe 总贮存量为 2 236.85kg/hm^2，年损失率为 10.31 g/hm^2；Cu 元素总贮存量为 164.00g/hm^2，年损失率为 3.62g/hm^2，Zn 元素的总贮存为 459.16g/hm^2，年损失率为

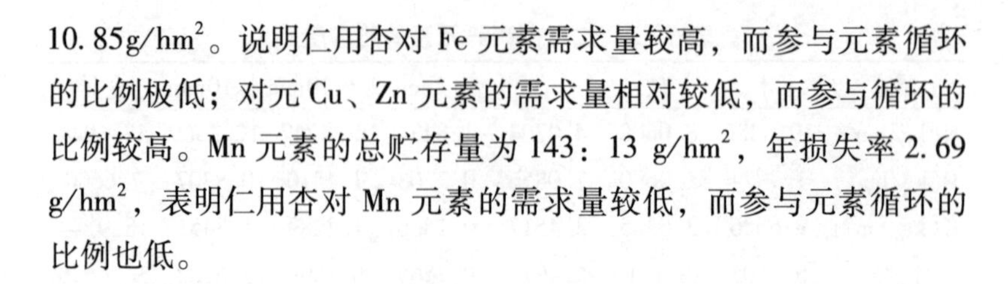

10. 85g/hm^2。说明仁用杏对 Fe 元素需求量较高，而参与元素循环的比例极低；对元 Cu、Zn 元素的需求量相对较低，而参与循环的比例较高。Mn 元素的总贮存量为 143：13 g/hm^2，年损失率 2. 69 g/hm^2，表明仁用杏对 Mn 元素的需求量较低，而参与元素循环的比例也低。

四、仁用杏营养元素生物循环

仁用杏在结果前不进行施肥的条件下，其营养元素的循环属生物闭合循环（表 6－3）。

表 6－3　仁用杏铜锌元素循环　（单位：kg/hm^2. a）

元素	吸收	存留	归还	年利用量（kg/t）
N	23. 7398	9. 6516	19. 0882	15. 0998
P	3. 4131	1. 4157	1. 9974	1. 8051
K	11. 9781	2. 3155	9. 6626	6. 3349
Ca	14. 1480	7. 4375	6. 7105	7. 4826
Mg	2. 4357	0. 7284	1. 7073	1. 2882
Fe	0. 5670	0. 5567	0. 0103	0. 2999
Zn	0. 1330	0. 1121	0. 0109	0. 0650
Cu	0. 0437	0. 0401	0. 0036	0. 0231
Mn	0. 0378	0. 0351	0. 0027	0. 0200

注：吸收及归还不包括植物根系的生长于凋萎，元素年利用率指吸收/年生长量，用来反映年生产 1t 干物质需消耗的养分

第二节　仁用杏不同生长期各部位 Cu 含量

表 6－4　仁用杏苗木生长初期各部位 Cu 含量（单位：mg/kg）

叶	枝	干	粗根	细根
6. 2813	8. 8432	8. 7187	7. 4423	5. 7618
7. 7867	7. 1371	6. 2224	14. 9754	3. 5044
5. 8782	57. 1960	28. 1009	20. 0258	112. 0960

表 6 -5 仁用杏苗木速生期各部位 Cu 含量 （单位：mg/kg）

叶	枝	干	粗根	细根
10. 1721	7. 9542	7. 2508	8. 3070	8. 4054
1. 8964	1. 1217	3. 8077	3. 0828	2. 5909
9. 2538	9. 3057	7. 7024	5. 2588	7. 1307

表 6 -6 仁用杏苗木打官腔化期各部位 Cu 含量

（单位：mg/kg）

叶	枝	干	粗根	细根
10. 6279	6. 6208	5. 3451	7. 2182	8. 0741
12. 4073	8. 4720	13. 5813	8. 8238	13. 2020
8. 7772	8. 8257	8. 8988	10. 6968	14. 9486

从表6 -4 至表6 -6 可知：不同生长期相比较，各部位 Cu 含量存在着较大起伏，这表明仁用杏整个生长季内 Cu 含量有一定的循环规律：在生长初期，地上部分生长缓慢，根系生长较快，Cu 的吸收主要来自于土壤，而且较多地积累于根中，特别是细根中。植物一般以 2 价的铜离子吸收，但 Cu-EDTA 络合物也可以被吸收。从 Cu 含量变化曲线可看出，Cu 是比较难以运转的元素，尤其是在生长初期与速生期相比，营养元素的吸收与运转都比较缓慢。当苗木生长进入速生期时，地上部分的含 Cu 量明显增加，主要集中于叶，特别是叶绿体中，这表明 Cu 可能与叶绿素的生成有关，而且已有实验证明给植物施 Cu 时叶绿素含量增加，其分解受到阻碍，所以，初步认为 Cu 与叶绿素的前身—卟啉的合成有关。

总之，Cu 是植物光合作用不可缺少的元素，尤其在速生期植物体内的铜素大量集中于叶片用于光合作用，在电子传递过程中起重要作用。而且 Cu 也是呼吸作用不可缺少的元素，因为 Cu 在植物体内的主要作用是作为许多种酶的构成成分，发挥着酶学功能。当苗木生长进入硬化期后，地上地下部分逐渐停止生长，完全达到木质化。但此时直径和根系还存在一个较短的生长高峰期。

从表6－4至表6－6中可以看出，干和根特别是细根中的Cu含量相对较高，这说明Cu作为多种酶的辅助因子对植物生长发育起作用。苗木硬化期仁用杏苗木对低温和干旱的抗性逐渐提高，各种抗逆性均达到最佳状态，这种抗逆性的存在与铜素的酶学功能有密切的相关性。

第三节　仁用杏各器官不同处理铜元素含量年变化规律

表6－7　仁用杏各器官不同处理铜元素含量年变化测定结果

（单位：mg/kg）

生育期	处理	叶	枝	干	主根	侧根
树液流动期	①	0	24.724	14.347	16.000	23.800
	②	0	15.500	7.100	15.248	8.430
	③	0	30.600	16.000	19.600	26.700
	④	0	26.000	13.400	21.904	20.400
生长初期	①	20.235	12.451	9.215	13.550	12.589
	②	20.970	12.261	10.451	11.765	10.000
	③	30.485	14.266	11.734	14.000	18.300
	④	23.568	14.024	13.181	13.053	15.927
速生期	①	13.000	8.400	4.000	5.550	6.042
	②	12.470	5.292	3.400	5.400	6.000
	③	16.800	7.497	5.929	8.300	12.000
	④	15.500	8.235	5.955	6.512	11.000
苗木硬化期	①	29.671	19.254	15.853	24.795	17.500
	②	12.651	10.053	7.836	9.876	15.000
	③	50.700	36.434	18.825	38.296	30.062
	④	41.613	31.385	14.522	22.000	29.126

注：①Cu（0）Zn（0）②Cu（0）Zn（3）③Cu（3）Zn（0）④Cu（3）Zn（3）

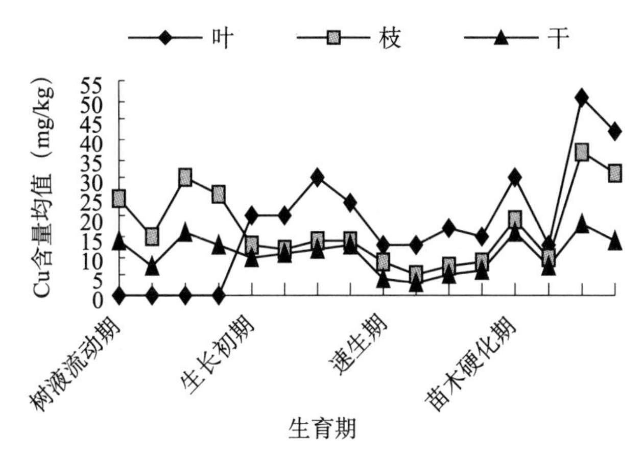

图 6－1 地上部分 Cu 含量年变化

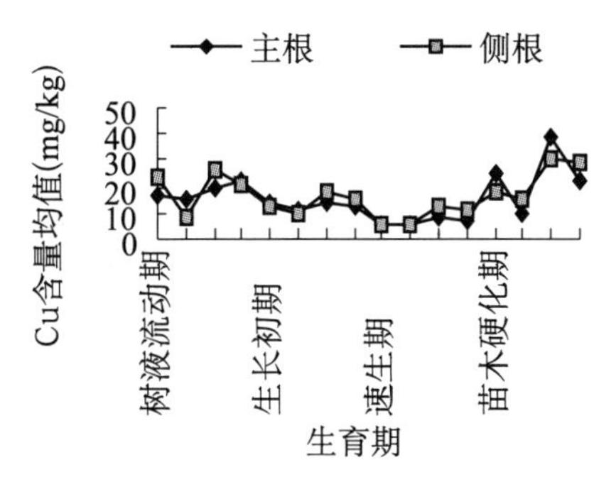

图 6－2 地下部分 Cu 含量年变化

表 6－7 及图 6－1、图 6－2 结果显示了仁用杏苗木经 4 种不同处理后地上和地下部分共 5 个不同器官在各个生育期内的含铜量。反映出 4 个不同处理水平上铜元素在各器官中的年变化情况，表明一年中各个生育期内苗木体内铜含量的自身分布水平。从图 6－1、图 6－2 中可以看出，叶（树液流动期未长叶）、枝、干、主根、侧根在树液流动期有相对较高的含铜量，随着苗木进入生长初期各器官铜含量呈下降趋势直至速生期来临时出现最低含铜量值，而当苗木进入硬化期后各器官铜含量又明显上升几乎达到峰值。各处理水

平上的铜含量都基本遵循此规律。不同处理的结果显示（图6-1、图6-2中各器官在每个生育期内的4个点依次代表①Cu（0）Zn（0）②Cu（0）Zn（3）③Cu（3）Zn（0）④Cu（3）Zn（3）处理），经铜处理的各器官铜含量都达最高，铜、锌混合处理的铜含量次之且高于对照，单独锌处理的铜含量最低且小于对照。这表明在试验地条件下，土壤中的铜含量对苗木生长的需要量未达饱和，土壤中缺乏苗木正常生长所需的含铜量。而且从铜元素在各器官中的年循环来看苗木体内的铜含量随生育期而改变，而且铜元素在不同的生育期内分配到各器官中的含量也不相同，说明铜元素含量的多少与试验地条件下仁用杏苗木各器官的生长发育有关系。对测定结果作处理和生育期间的进一步方差分析，结果见表6-8至表6-14。

表6-8是叶片在不同处理不同生育期方差分析结果。

表6-8　叶片在不同处理不同生育期Cu含量作方差分析结果

变异来源	自由度	平方和	均方	F_1值
区组	2	152.6412	76.3206	1.40
处理	3	729.4067	243.1356	4.46*
生育期	2	722.8649	361.4325	6.63**
处理×生育期	6	997.6190	166.2698	3.05*
误差	22	1 199.3223	54.5147	
总变异	35	3 801.8541		

**差异极显著　*差异显著　-差异较显著

表6-9是LSD法的多重比较结果。

表6-9　用LSD法分别对不同处理和不同生育期间的Cu含量作均数间的多重比较

处理	Cu含量（α=0.05）	Cu含量（α=0.01）	生育期	Cu含量（α=0.05）	Cu含量（α=0.01）
Cu(3)Zn(0)	32.66a	32.66A	硬化期	33.66a	33.66A
Cu(3)Zn(3)	20.07b	20.07A	生长初期	23.90ab	23.90AB
Cu(0)Zn(0)	20.17b	20.17A	速生期	14.44b	14.44B
Cu(0)Zn(3)	16.36b	16.36A			

表6－10是枝、干、主根、侧根的方差分析结果。

表6－10 枝、干、主根、侧根在不同处理不同生育期Cu含量作方差分析

变异来源	自由度	F_2值	F_3值	F_4值	F_5值
区组	2	3.52*	1.83	<1	1.77
处理	3	3.82*	3.17*	3.32*	4.08*
生育期	3	6.13**	2.97*	4.59**	4.52**
处理×生育期	9	1.52	<1	<1	<1
误差	30				
总变异	47				

** 差异极显著　* 差异显著　－差异较显著；F_2、F_3、F_4、F_5分别代表枝、干、主根、侧根的F值

表6－11是枝的多重比较分析结果。

表6－11 （枝）用LSD法分别对不同处理和生育期作均数间多重比较（标记字母法）

处理	Cu含量（α＝0.05）	Cu含量（α＝0.01）	生育期	Cu含量（α＝0.05）	Cu含量（α＝0.01）
Cu(3)Zn(0)	22.20a	22.20A	硬化期	24.28a	24.28A
Cu(3)Zn(3)	19.91a	19.91A	树液流动期	24.21a	24.21A
Cu(0)Zn(0)	16.21ab	16.21A	生长初期	13.25b	13.25B
Cu(0)Zn(3)	11.78b	11.78A	速生期	7.36b	7.36B

表6－12是干的多重比较分析结果。

表6－12 （干）用LSD法分别对不同处理和不同生育期间Cu含量作均数间多重比较

处理	Cu含量（α＝0.05）	Cu含量（α＝0.01）	生育期	Cu含量（α＝0.05）	Cu含量（α＝0.01）
Cu(3)Zn(0)	13.82a	13.82A	硬化期	14.26a	14.26A
Cu(3)Zn(3)	11.76ab	11.76A	树液流动期	12.71a	12.71A
Cu(0)Zn(0)	10.85ab	10.85A	生长初期	11.15ab	11.15A
Cu(0)Zn(3)	6.20b	6.20A	速生期	4.82b	4.82A

表6－13是主根的多重比较分析结果。

表 6－13 （主根）用 LSD 法对不同处理和不同生育期间 Cu 含量作均数间多重比较

处理	Cu 含量（α＝0.05）	Cu 含量（α＝0.01）	生育期	Cu 含量（α＝0.05）	Cu 含量（α＝0.01）
Cu(3)Zn(0)	20.05a	20.05A	硬化期	23.74a	23.74A
Cu(3)Zn(3)	15.87ab	15.87A	树液流动期	18.19ab	18.19AB
Cu(0)Zn(0)	14.97ab	14.97A	生长初期	13.09bc	13.09B
Cu(0)Zn(3)	10.57b	10.57A	速生期	6.44bc	6.44B

表 6－14 是侧根的多重比较分析结果。

表 6－14 （侧根）用 LSD 法对不同处理和不同生育期间 Cu 含量作均数间的多重比较

处理	Cu 含量（α＝0.05）	Cu 含量（α＝0.01）	生育期	Cu 含量（α＝0.05）	Cu 含量（α＝0.01）
Cu(3)Zn(0)	21.77a	21.77A	硬化期	22.92a	22.92A
Cu(3)Zn(3)	19.01ab	19.01A	树液流动期	19.83a	19.83A
Cu(0)Zn(0)	14.98ab	14.98A	生长初期	14.20ab	14.20A
Cu(0)Zn(3)	9.86bc	9.86A	速生期	8.76b	8.76B

通过对表 6－8 至表 6－14 的分析结果表明，就生育期而言，叶、枝、主根、侧根内的铜含量在不同生育期间均以 α＝0.01 水平上差异显著；干在不同生育期内的铜含量以 α＝0.05 水平上差异显著；多重比较结果表明除干以外的其他器官铜含量在硬化期和速生期之间均达极显著差异；在树液流动期和速生期之间均达显著差异；且铜含量由高到低依次顺序为硬化期、树液流动期、生长初期、速生期。这主要是由于仁用杏在不同生育期各部位的生长发育对铜元素的不同需求而形成自身分配水平上的不同，为正常生长的生理所需。从 3 月份树液流动期开始到 5 月份苗木进入生长初期，树体中各种营养物质由地下部分开始向上运转，一方面主要用于地上部分的正常生长；另一方面这些营养物质的积累与早春低温等不良环境对苗木地上部分生长的不良影响的缓解作用有关（李云峰，

2003)；到7月份苗木转入速生期后，树体地上部分各器官及生长根均处于旺盛生长发育期，各种生长条件达到最佳水平，但此时各器官对养分的需求量增加，对营养元素的竞争和消耗也最多，铜元素营养也受到限制，所以，此时各器官中铜含量相对较低。但是就单个速生期来讲，仁用杏不同器官内的 Cu 含量差异也十分明显。从2001 年苗木速生期不同器官铜含量的测定结果来看（由图6－1、图6－2 可以看出)，以3 处理水平上的 Cu 含量为例，叶子中最高，达16.800 mg/kg，侧根次之，达12.000mg/kg，主根中达8.300 mg/kg，枝中含量测定值为7.494mg/kg，干中为5.929 mg/kg。从 Cu 元素在不同器官中的含量分布状况来看，叶子在速生期光合作用最强，苗木体内的 Cu^{2+} 集中运输于叶片参与光合作用中叶绿素的合成和光合电子传递过程，在这个时期铜主要用于光合作用。生长初期的测定结果显示（以3 处理水平上的 Cu 含量为例)，叶子中最高，达30.485 mg/kg，侧根次之，达18.300mg/kg，枝中含量测定值为14.266mg/kg，主根中达14.000 mg/kg，干中为11.734 mg/kg。表明 Cu 元素和生长部位的活动能力很有关系，能促进生长部位的活动能力，如促进长叶和新生枝条的延长生长。侧根中的 Cu 元素含量也相对高，表明 Cu 元素与吸收根的吸收能力也有关系。速生期过后，各器官中铜含量又继续增加至苗木硬化期达到峰值，这可能是由于苗木尚未达到完全木质化，而气温的下降易对苗木地上部分产生冻害，此时，树体需要在气温较低的环境中通过自身生物调节来提高树体本身对环境的适应性，以此来抵抗和维持其在低温条件下的过渡性生长，属逆境生理型活动。此时，苗木体内较高的铜含量说明 Cu 是树体自身抗寒性的基础条件之一。而且从2001 年苗木硬化期不同器官铜含量的测定结果来看（由图6－1、图6－2 可以看出)，以3 处理水平上的 Cu 含量为例，叶子中最高，达50.700 mg/kg，枝中达36.434mg/kg，因为从硬化期开始铜元素开始由上而下完成回流，这与铜元素从叶中向枝中大量回流有关，同时，也大大提高了枝条的抗寒性能；主根次之，达 38.296mg/kg，侧根中含量测定值为 30.062mg/kg，而干中仅为 18.825 mg/kg。体现了铜元素与根系的抗寒性能有关。由此可以得出：Cu 元素不仅与仁用杏的生长发育有关，还与其抗寒性密切相关。

从不同处理的结果来看，各器官的铜含量分别在 $\alpha=0.05$ 水平上差异显著，且经 Cu（3）Zn（0）处理的结果最好，Cu（3）Zn（3）次之，Cu（0）Zn（3）处理的效果最差且小于对照。

第四节　仁用杏不同生长时期各部位 Zn 含量

表 6－15　仁用杏苗木不同生长期各部位 Zn 含量

（单位：mg/kg）

	叶	枝	干	粗根	细根
生长初期	20.5362	59.6616	47.5486	46.1715	88.3158
速生期	27.1142	23.8534	12.8659	12.8839	10.2040
苗木硬化期	37.1911	14.1288	19.1918	13.2293	13.7413

表 6－15 表明，杏苗木生长初期各部位 Zn 含量均较高，而且锌主要积累于根系组织，这可能与其刚刚结束休眠期 Zn 在植株中的活动性还不是很大有关。可以看出此时的高 Zn 含量可能与其在休眠期时一些具有抗逆性的酶类（如 SOD）的存在有关，但此时植株内向较幼嫩组织转移 Zn 的速率还很低，尤其叶片中 Zn 含量相对较低。当苗木进入速生期后各部位间 Zn 含量相对趋于平衡，叶中含量相对偏高。可以认为是 Zn 作为碳化脱水酶（CA）组分参与了光合作用。由于碳化脱水酶的催化如下反应：$CO^2 + H_2O \rightarrow H^+ + HCO^{3-}$。因此，认为锌离子的功能是通过细胞中的液相将 CO_2 转移至叶绿体表面。而且叶组织的锌浓度与 CA 之间存在密切关系，缺锌会造成 CA 活性的下降从而影响植物的光合作用。在苗木硬化期阶段叶片中 Zn 含量依然较高，因为 Zn 为可重复利用元素，它可由老组织不断转移至少较幼嫩组织保持其高浓度。但缺 Zn 会阻止叶

绿素的正常发育，叶片发展受阻，芽孢形成也较少，同时，抑制核糖核酸的形成，致使产量减少。所以，适量 Zn 的施用（包括叶面喷施或土壤施用）会有效地维持土壤有效力。

第五节 各器官不同处理锌元素含量年变化规律

表 6－16，图 6－3、图 6－4 结果显示了仁用杏苗木经四种不同处理后地上和地下部分共五个不同器官在各个生育期内的含锌量。

表 6－16 仁用杏各器官不同处理锌元素含量年变化测定结果

（单位：mg/kg）

生育期	处理	叶	枝	干	主根	侧根
树液流动期	①	0	49.926	34.006	29.416	45.952
	②	0	64.000	46.000	37.111	55.000
	③	0	24.152	29.821	27.000	47.088
	④	0	54.000	47.000	33.300	52.000
生长初期	①	60.893	30.469	18.287	25.102	42.769
	②	80.906	36.796	24.259	26.000	48.600
	③	55.917	32.000	18.822	20.000	30.031
	④	59.622	32.275	22.535	27.600	41.820
速生期	①	28.327	18.676	18.844	14.330	15.537
	②	35.000	24.000	21.000	18.900	25.968
	③	30.211	20.114	11.067	15.223	12.000
	④	36.000	18.912	19.000	20.000	27.000
苗木硬化期	①	85.238	28.120	40.000	28.063	26.552
	②	112.000	60.537	55.000	38.000	49.066
	③	71.503	43.000	21.583	25.050	40.200
	④	107.000	61.000	44.000	76.600	52.000

注：①Cu（0）Zn（0）②Cu（0）Zn（3）③Cu（3）Zn（0）④Cu（3）Zn（3）

表 6－16 反映出 4 个不同处理水平上锌元素在各器官中的年变化情况，表明一年中各个生育期内苗木体内锌含量的自身分布

水平。

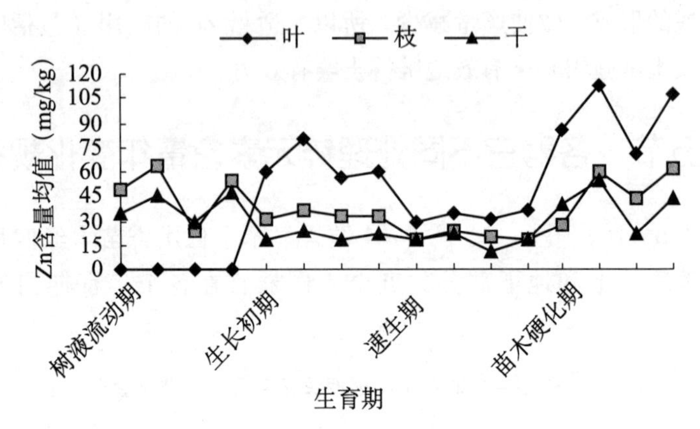

图 6-3　地上部分 Zn 含量年变化

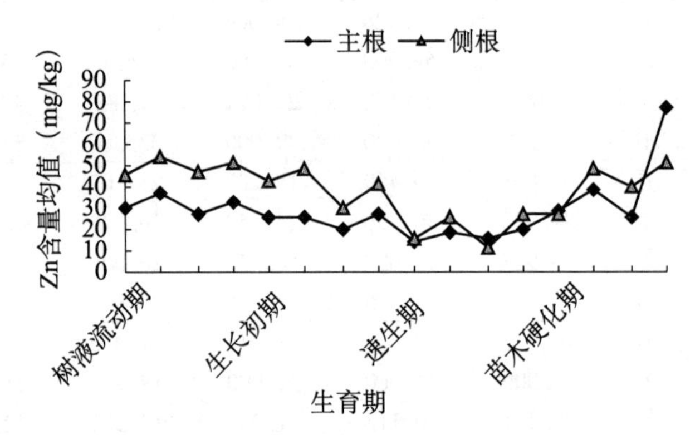

图 6-4　地下部分 Zn 含量年变化

从图 6-3、图 6-4 中可以看出，叶（树液流动期未长叶）、枝、干、主根、侧根在树液流动期有相对较高的含锌量，随着苗木进入生长初期各器官锌含量呈下降趋势直至速生期来临时出现最低含锌量值，而当苗木进入硬化期后各器官锌含量又明显上升几乎达到峰值。各处理水平上的锌含量都基本遵循此规律。此结果与图 6-1、图 6-2 显示的 4 种不同处理后铜元素在地上和地下部分共 5 个不同器官在各个生育期内的循环规律基本一致。不同处理的结果显示（图6－3、图6－4中各器官在每个生育期内的4个点依次代表①Cu（0）Zn（0）②Cu（0）Zn（3）③Cu（3）Zn（0）④Cu（3）Zn（3）处理），经锌处理的各器官锌含量都达最高，铜、锌混合处理的锌含量次之且高于对照，单独铜处理的锌含量最低且小于对照。这表明在实验地条件下，土壤中的锌含量对苗木生长的需要量未达饱和，土壤中中缺乏苗木正常生长所需的含锌量。而且从锌元素在各器官中的年循环和铜元素在不同的生育期内分配到各器官中的含量差异来看，锌对实验地条件下仁用杏苗木的生长发育有影响。对测定结果作处理和生育期间的进一步方差分析，见表6－17至表6－23。

表6－17叶片在不同处理不同生育期方差分析结果。

表6－17　叶片在不同处理不同生育期Zn含量作方差分析结果

变异来源	自由度	平方和	均方	F_1值
区组	2	370.2437	185.1218	1.70
处理	3	1 133.5990	377.8663	3.47*
生育期	2	3 521.6708	1 760.8353	16.17**
处理×生育期	6	1 261.0064	210.1677	1.93
误差	22	2 395.6946	108.8952	
总变异	35	8 682.2145		

** 差异极显著　* 差异显著　－差异较显著

表6－18　LSD法的多重比较结果。

表6－18　用LSD法分别对不同处理和不同生育期间的Zn含量作均数间的多重比较

处理	Zn含量（α=0.05）	Zn含量（α=0.01）	生育期	Zn含量（α=0.05）	Zn含量（α=0.01）
Cu(0)Zn(3)	75.97a	75.97A	硬化期	93.94a	93.94A
Cu(3)Zn(3)	67.54ab	67.54A	生长初期	64.33b	64.33B
Cu(0)Zn(0)	58.13b	58.13A	速生期	32.38c	32.38C
Cu(3)Zn(0)	52.54b	52.54A			

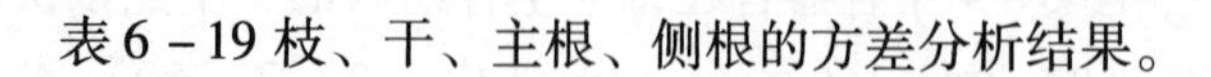

表6－19 枝、干、主根、侧根的方差分析结果。

表6－19　枝、干、主根、侧根在不同处理不同生育期 Zn 含量作方差分析

变异来源	自由度	F_2值	F_3值	F_4值	F_5值
区组	2	<1	1.37	1.65	<1
处理	3	3.72^{*}	3.08^{*}	3.41^{*}	2.98^{*}
生育期	3	9.89^{**}	7.61^{**}	3.08^{*}	4.62^{**}
处理×生育期	9	1.37	1.36	1.33	1.46
误差	30				
总变异	47				

** 差异极显著　* 差异显著　－差异较显著；F_2、F_3、F_4、F_5分别代表枝、干、主根、侧根的 F 值

表6－20 的多重比较分析结果。

表6－20　（枝）用 LSD 法对不同处理和不同生育期间 Zn 含量作均数间的多重比较

处理	Zn 含量（α＝0.05）	Zn 含量（α＝0.01）	生育期	Zn 含量（α＝0.05）	Zn 含量（α＝0.01）
Cu(0)Zn(3)	46.33a	46.33A	硬化期	48.16a	48.16A
Cu(3)Zn(3)	41.55a	41.55A	树液流动期	48.02a	48.02A
Cu(0)Zn(0)	31.80ab	31.80A	生长初期	29.49bc	29.49AB
Cu(3)Zn(0)	22.57b	22.57A	速生期	20.43c	20.43B

表6－21 的多重比较分析结果。

表6－21　（干）用 LSD 法对不同处理和不同生育期间作均数间 Zn 含量作多重比较

处理	Zn 含量（α＝0.05）	Zn 含量（α＝0.01）	生育期	Zn 含量（α＝0.05）	Zn 含量（α＝0.01）
Cu(0)Zn(3)	36.56a	36.56A	树液流动期	40.15a	40.15A
Cu(3)Zn(3)	33.13ab	33.13A	硬化期	39.21a	39.21A
Cu(0)Zn(0)	27.78ab	27.78A	生长初期	20.99b	20.99B
Cu(3)Zn(0)	20.32b	20.32A	速生期	17.48b	17.48B

表6－22 根的多重比较分析结果。

表6-22 （主根）用LSD法对不同处理和不同生育期间Zn含量作均数间的多重比较

处理	Zn含量（α=0.05）	Zn含量（α=0.01）	生育期	Zn含量（α=0.05）	Zn含量（α=0.01）
Cu(0)Zn(3)	39.30a	39.30A	硬化期	41.93a	41.93A
Cu(3)Zn(3)	30.00ab	30.00A	树液流动期	31.71ab	31.71A
Cu(0)Zn(0)	24.23ab	24.23A	生长初期	24.68ab	24.68A
Cu(3)Zn(0)	21.82b	21.82A	速生期	17.48b	17.48A

表6-23根的多重比较分析结果。

表6-23 （侧根）用LSD法对不同处理和不同生育期间Zn含量作均数间的多重比较

处理	Zn含量（α=0.05）	Zn含量（α=0.01）	生育期	Zn含量（α=0.05）	Zn含量（α=0.01）
Cu(0)Zn(3)	44.51a	44.51A	硬化期	50.01a	50.01A
Cu(3)Zn(3)	43.21a	43.21A	树液流动期	40.81ab	40.81AB
Cu(0)Zn(0)	32.70b	32.70A	生长初期	36.95b	36.95B
Cu(3)Zn(0)	32.33b	32.33A	速生期	20.13c	20.13C

由表6-17至表6-23结果表明，就生育期而言，各器官在不同生育期内的锌含量分别在α=0.01水平上差异显著（除主根在α=0.05水平上差异显著外）。多重比较结果表明，叶在硬化期、生长初期、速生期的锌含量两两间存在极显著差异；除主根外枝、干、侧根中的锌含量在硬化期、树液流动期分别与速生期差异达极显著；硬化期与生长初期之间有显著差异，且锌含量由高到低依次顺序为硬化期、树液流动期、生长初期、速生期（干中树液流动期与硬化期几乎无差异。）各器官中基本一致。这主要是由于仁用杏在不同生育期各部位的生长发育对锌元素的不同需求而形成自身分配水平上的不同，为正常生长的生理所需。各器官在硬化期锌含量最高，因为所测定数据来自10月，此时苗木尚未全部完成木质化过程，而在实验地条件下早霜期已来临，这个时期正是苗木易受冻

害的时期，因此，苗木体内较高的含锌量说明在仁用杏整体表现出的抗寒性方面，锌元素起到了不容忽视的重要作用。从树液流动期到生长初期这段时间内苗木体内锌含量也相对较高，从苗木的生长发育过程并结合试验地自然条件来看，这个时期土壤水分要经过冻融交替时期（3 月中旬左右）、返浆期（3 月中旬到 4 月初）、煞浆期（4 ~5 月）、扩散蒸发期（5 ~6 月）几个变化时期，而且正遇太谷地区的晚霜期出现在 4 月初，所以，这个时间段的苗木，一方面易受冻；另一方面因气温回升，地表温度增加，地面水分蒸发，造成地表干层加厚，故也是春旱较严重的时期。所以，此时苗木各器官内较高的锌含量在仁用杏的抗寒性和抗旱性方面具有重要意义。另外，就单个速生期来看（表6 –2，图6 –3、图6 –4），以 3 处理水平上的 Zn 含量为例，Zn 元素含量以叶最大，高达 35. 000 mg/kg，侧根次之，高达 25. 968mg/kg，枝中含量为 24. 000 mg/kg，干中为 21. 000 mg/kg。主根中为 18. 900mg/kg，这一试验结果的获得表明，锌可能参与并促进苗木光合作用（以叶为主）的进行，有研究表明 Zn 对叶绿素的稳定作用可能就是通过超氧化物歧化酶实现的。而且 Zn 作为碳化脱水酶（CA）的组分参与了光合作用。由于碳化脱水酶能催化如下反应：$CO_2 + H_2O \rightarrow H^+ + HCO_3^-$。因此，认为 Zn^{2+} 的功能是通过细胞中的液相将 CO_2 转移至叶绿体表面。而且叶组织的 Zn 浓度与 CA 之间存在密切关系，缺 Zn 会造成 CA 活性的下降，从而影响植物的光合作用。故此时叶子中的 Zn 含量也应该较高，这一点正好与样品的测定结果相吻合。另外，时值盛夏树体蒸腾失水（尤其以叶片为主）也很严重，这说明锌元素在这些器官中的累积可能与仁用杏的抗旱性有关，Zn 是 SOD 的组分，参与消除超氧自由基的伤害作用。

从不同处理的结果来看，各器官的锌含量分别在 $\alpha = 0.05$ 水平上差异显著，且经 Cu（0）Zn（3）处理的结果最好，Cu（3）Zn（3）次之，Cu（3）Zn（0）最差且小于对照，叶和侧根中 Cu（0）

Zn（3）处理与对照表现差异显著。

第六节 小 结

①不同器官 Cu 含量的年变化规律表明，Cu 与仁用杏苗木的生长发育有关，可促进生长部位的活动能力如新生枝条的延长生长、吸收根的吸收能力和提高叶片的光合作用；Cu 还是苗木抗寒性的基础条件之一。

②不同器官 Zn 含量的年变化规律表明，仁用杏各器官在苗木硬化期和树液流动期 Zn 含量较高，这与苗木的抗冷性以及苗木避免春旱和早春受冻有关，Zn 的存在与仁用杏的抗寒性和抗旱性有关。速生期各器官以叶中锌含量最大表明 Zn 可能参与叶片的光合作用。

③关于铜和锌在生物化学上的作用。近年来有新的发展，已发现这两个元素存在于过氧化物歧化酶中。所有好气微生物中都有这种过氧化物歧化酶，这个酶的分子量大约 32 000，它含有两个铜原子和两个锌原子，对过氧化物基的歧化作用起催化作用。$O_2^- + O_2^- + 2H^+ \rightarrow O_2 + H_2O_2$很容易产生过氧化物基这种过氧化物基是氧的高度水利化游离基团并对细胞极端有害，过氧化物歧化酶的存在使生物能在有分子氧的条件下得以保持生命。现已证实专性嫌气生物之所以不能忍受分子氧的原因是缺乏过氧化物歧化酶。

Cu^{2+}是多酚氧化酶的辅助因子，近年来发现多酚氧化酶活性和愈伤组织分化密切相关。组织受伤后呼吸作用往往增强。植物受病菌侵染时多酶氧化酶活性也增高，有利于酚类化合物转变为醌，醌对病菌有毒害作用。

抗坏血酸氧化酶也是含 Cu^{2+} 的氧化酶，该酶可使抗坏血酸（AS）脱氢氧化为脱氢抗坏血酸（DAS），电子由 Cu^{2+} 接受还原为 Cu^+，Cu^+可将电子交给分子氧，使其激活，结合质子生成水。脱氢抗坏血酸可在脱氢抗坏血酸还原酶催化下，以谷胱甘肽为供氢体重新还原为抗坏血酸。抗坏血酸无论在光合作用还是在呼吸作用的氧化还原系统中都可能有重要作用。该系统涉及的还有谷胱甘肽。抗坏血酸和谷胱甘肽是生物细胞的保护物质。由此可见，抗坏血酸氧化酶的功能是很重要的。铜在植物体内电子传递过程中的作用主要是：大多数的质体铜都属于在结合态细胞色素 f 和 P700 之间联系电子传递的质体蓝素。每个细胞色素 f 或每 1 000 个叶绿素分子含有 3 ～4 个质体蓝素分子。目前，认为铜对光系统Ⅱ的氧化方面有更多的作用。已分离出含 Cu-Mn 络合物的一种色素，该络合物能用二苯卡巴肼作为供体使二氯酚靛酚光还原，这也许能说明光系统Ⅱ的部分氧化还原反应。

另外，在植物代谢中，铜还参与蛋白质和碳水化合物两者的代谢，在缺铜植株内蛋白质合成被扰乱而形成可溶性氨基氮化合物，这就可以说明在酶的全盛中，Cu 起辅因子作用，以及铜对 DNA 和 RNA 都有影响，正在生长的幼嫩器官内蛋白质全盛最活跃。在缺铜组织内 DNA 的含量低。在某些酶系统中 Zn^{2+} 的作用类似于 Mn^{2+} 和 Mg^{2+}，在酶和基质之间搭桥使之结合，形成特定结构。许多酶包括稀醇化酶或多或少按上述方式被 Mn^{2+}、Mg^{2+} 或 Zn^{2+} 所活化，已被证实 Zn 专性活化的酶仅有碳酸酐酶。这个酶的催化反应为 $H_2O + CO_2 \rightarrow H^+ + HCO_3^-$。这个酶位于叶绿体中，它在调节短暂 pH 值效应时能起缓冲作用，当排出 H^+ 和 CO_2 进入 1，5 - 二磷酸核酮糖引起局部 pH 值的改变时，由于基质中上述酶保持着高浓度，它能保护蛋白质，使之不发生变性作用。

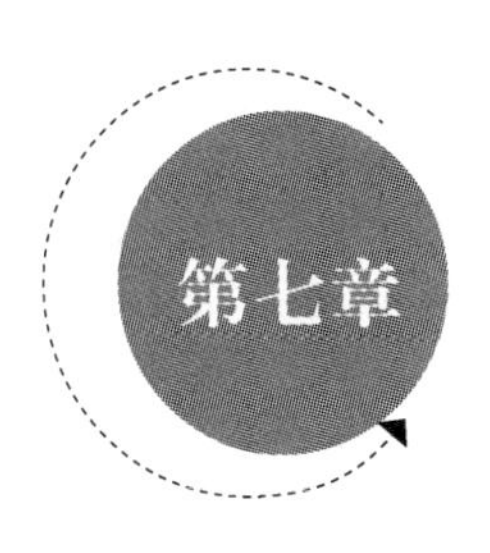

第七章 仁用杏酶活性变化规律研究结果与讨论

第一节　仁用杏各器官多酚氧化酶活性

表7－1及图7－1、图7－2是仁用杏经4种不同处理后地上和地下部分共5种不同器官在各个生育期内的PPO活性测定结果。

表7－1　仁用杏各器官不同处理PPO活性年变化测定结果

（单位：$\times 10^3$ U/g）

生育期	处理	叶	枝	干	主根	侧根
树液流动期	①	0	0.276	0.220	0.093	0.103
	②	0	0.262	0.194	0.143	0.104
	③	0	0.329	0.252	0.170	0.116
	④	0	0.315	0.274	0.155	0.082
生长初期	①	0.184	0.337	0.440	0.108	0.056
	②	0.145	0.334	0.406	0.088	0.052
	③	0.225	0.431	0.494	0.106	0.070
	④	0.189	0.400	0.455	0.091	0.063
速生期	①	0.091	0.189	0.260	0.021	0.040
	②	0.148	0.100	0.237	0.049	0.031
	③	0.169	0.203	0.290	0.057	0.040
	④	0.094	0.175	0.247	0.042	0.033

续表

生育期	处理	叶	枝	干	主根	侧根
苗木硬化期	①	0. 155	0. 276	0. 106	0. 046	0. 036
	②	0. 223	0. 276	0. 058	0. 033	0. 052
	③	0. 473	0. 397	0. 160	0. 052	0. 086
	④	0. 291	0. 329	0. 140	0. 037	0. 080

注：①Cu（0）Zn（0）②Cu（0）Zn（3）③Cu（3）Zn（0）④Cu（3）Zn（3）

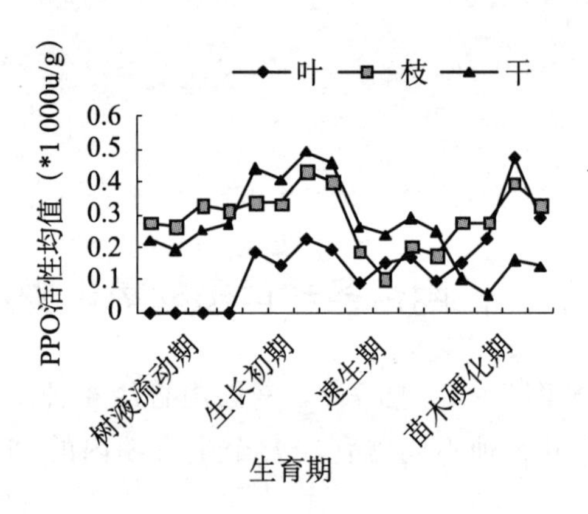

图 7－1　地上部分 PPO 活性年变化

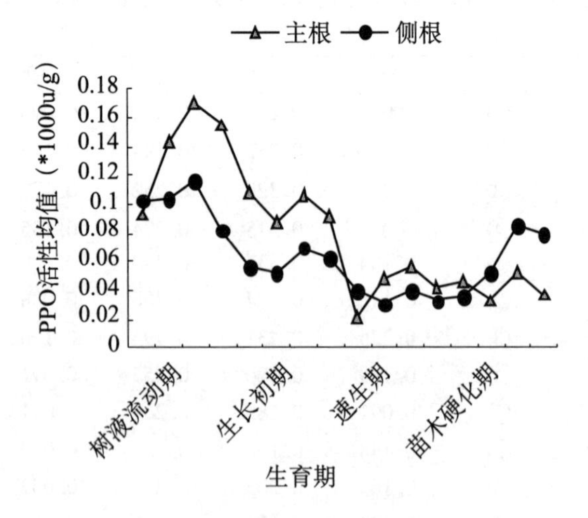

图 7－2　地下部分 PPO 活性年变化

从表7－1及图7－1、图7－2可以看出，4个不同处理水平上PPO活性在各器官中的年变化情况。地上部分（叶、枝、干）从树液流动期到生长初期PPO活性呈上升趋势；速生期PPO活性明显递减；进入硬化期后又上升。地下部分（主根、侧根）PPO活性在树液流动期就达峰值，而后逐渐降低，速生期最低，侧根在硬化期PPO活性又稍有上升。

各处理水平上PPO活性都基本遵循此规律。不同处理结果显示（图7－1、图7－2中各器官在每个生育期内4个点依次代表①Cu（0）Zn（0）②Cu（0）Zn（3）③Cu（3）Zn（0）④Cu（3）Zn（3）处理），经铜处理的各器官PPO活性几乎都达最高，铜、锌混合处理的PPO活性次之且高于对照，单独锌处理的PPO活性最低且小于对照（除主根不完全符合此规律外）。这表明苗木体内的多酚氧化酶随苗木的生长进程在不同生长器官中具有不同的活性水平，这种自身的分配水平与苗木的生长发育之间存在着内在联系。对测定结果作处理和生育期间的进一步方差分析，见表7－2至表7－8。

表7－2是叶片在不同处理不同生育期方差分析结果。

表7－2　叶片在不同处理不同生育期PPO活性作方差分析结果

变异来源	自由度	平方和	均方	F_1值
区组	2	0.0100	0.0050	<1
处理	3	0.0699	0.0233	3.82*
生育期	2	0.0520	0.0260	4.27*
处理×生育期	6	0.0234	0.0039	<1
误差	22	0.1342	0.0061	
总变异	35	0.2895		

**差异极显著　*差异显著　-差异较显著

表7－3是LSD法的多重比较结果。

表 7-3　用 LSD 法分别对不同处理和不同生育期间的 PPO 含量作均数间的多重比较（标记字母法）

处理	PPO (α=0.05)	PPO (α=0.01)	生育期	PPO (α=0.05)	PPO (α=0.01)
Cu(3) Zn(0)	0.29a	0.29A	硬化期	0.29a	0.29A
Cu(3) Zn(3)	0.19ab	0.19A	生长初期	0.19b	0.19A
Cu(0) Zn(0)	0.17ab	0.17A	速生期	0.13b	0.13A
Cu(0) Zn(3)	0.14b	0.14A			

表 7-4 是枝、干、主根、侧根的方差分析结果。

表 7-4　对枝、干、主根、侧根在不同处理不同生育期 PPO 活性作方差分析

变异来源	自由度	F_2值	F_3值	F_4值	F_5值
区组	2	<1	<1	<1	<1
处理	3	4.12*	3.98*	2.83⁻	2.89⁻
生育期	3	48.71**	39.67**	7.88**	3.32*
处理×生育期	9	<1	<1	<1	<1
误差	30				
总变异	47				

**差异极显著　*差异显著　-差异较显著；F_2、F_3、F_4、F_5分别代表枝、干、主根、侧根的 F 值

表 7-5 是枝的多重比较分析结果。

表 7-5　（枝）用 LSD 法分别对处理和生育期 PPO 活性作均数间的多重比较

处理	PPO (α=0.05)	PPO (α=0.01)	生育期	PPO (α=0.05)	PPO (α=0.01)
Cu(3) Zn(0)	0.34a	0.34A	生长初期	0.38a	0.38A
Cu(3) Zn(3)	0.30ab	0.30A	树液流动期	0.32a	0.32A
Cu(0) Zn(0)	0.27ab	0.27A	硬化期	0.30a	0.30AB
Cu(0) Zn(3)	0.24b	0.24A	速生期	0.17b	0.17B

表 7-6 是干的多重比较分析结果。

表7－6　（干）用LSD法对不同处理和不同生育期间PPO活性作均数间的多重比较

处理	PPO（α＝0.05）	PPO（α＝0.01）	生育期	PPO（α＝0.05）	PPO（α＝0.01）
Cu(3)Zn(0)	0.30a	0.30A	生长初期	0.45a	0.45A
Cu(3)Zn(3)	0.28ab	0.28A	树液流动期	0.26b	0.26B
Cu(0)Zn(0)	0.26ab	0.26A	速生期	0.24bc	0.24B
Cu(0)Zn(3)	0.22b	0.22A	硬化期	0.12c	0.12B

表7－7是主根的多重比较分析结果。

表7－7　（主根）用LSD法对不同处理和不同生育期间PPO活性作均数间多重比较

处理	PPO（α＝0.05）	PPO（α＝0.01）	生育期	PPO（α＝0.05）	PPO（α＝0.01）
Cu(3)Zn(0)	0.10a	0.10A	树液流动期	0.14a	0.14A
Cu(3)Zn(3)	0.08a	0.08A	生长初期	0.10a	0.10AB
Cu(0)Zn(0)	0.08a	0.08A	硬化期	0.04b	0.04B
Cu(0)Zn(3)	0.07a	0.07A	速生期	0.04b	0.04B

表7－8是侧根的多重比较分析结果。

表7－8　（侧根）用LSD法分别对处理和生育期PPO活性作均数间多重比较

处理	PPO（α＝0.05）	PPO（α＝0.01）	生育期	PPO（α＝0.05）	PPO（α＝0.01）
Cu(3)Zn(0)	0.08a	0.08A	树液流动期	0.10a	0.10A
Cu(3)Zn(3)	0.06a	0.06A	生长初期	0.06ab	0.06A
Cu(0)Zn(0)	0.06a	0.06A	硬化期	0.06ab	0.06A
Cu(0)Zn(3)	0.06a	0.06A	速生期	0.04b	0.04A

由表7－2至表7－8研究结果表明，就生育期而言，各器官在不同生育期内的PPO活性表现为：叶和侧根在α＝0.05水平上差异显著；枝、干和主根在α＝0.01水平上差异显著。多重比较有以

下结果。

（1）叶在硬化期和速生期 PPO 活性有显著差异

这说明叶子在进入硬化期后多酚氧化酶活性剧增，这种多酚氧化酶活性的跃变可能是叶片在落叶前夕的生理反应，在落叶前的一段时间里，PPO 酶与其他营养物质一样，开始由地上部分向地下部分回流，但叶片中 PPO 酶回流很少，表现出仁用杏叶子短时间内的生理型抗寒反应，只是当落叶后，PPO 酶随落叶进入林地，使得凋落物中 PPO 酶含量提高，活力增强。

（2）各器官树液流动期和生长初期的 PPO 活性显著或极显著地高于速生期

从 3 月份树液流动期到 5 月份生长期这段时间树体刚刚渡过休眠期，仁用杏树各种生长条件还达不到最佳水平，但在这段时间内，气温开始回升，土壤中的微生物开始活动，此时树体自发地提高 PPO 活性来维持体内生命活动的正常进行。因为较高活性的 PPO 可形成一种自我保护机制，将不良环境下树体内的代谢产物——酚类物质氧化形成具有毒性的醌类物质，这种醌类物质可有效地防止微生物的侵入，以此保护植株地上部分的正常生长发育。干中 PPO 活性在生长初期极显著地高于硬化期和速生期，这说明多酚氧化酶与树干的加粗生长以及该酶在体内的运转过程有关（姚延梼，1989）。从生长初期开始多酚氧化酶快速地向地上部分的强生长点回流。而且从仁用杏不同器官间 PPO 活性差异可以看出，仁用杏树地上部分各器官的 PPO 活性明显高于地下部分。其中，叶全年平均 0.209×10^3 μ/g，枝中为 0.290×10^3 μ/g，干中为 0.260×10^3 μ/g，而根中的 PPO 活性均达不到 0.10×10^3 μ/g。这就说明，PPO 不仅与仁用杏的抗寒性有关，还与其地上部分的生长发育有关，主要体现在抗虫性以及受害后恢复生机的能力上。在仁用杏的生长发育过程中，为了适应环境，一些物质代谢循环过程会产生酚类物质，而这些酚类物质与 PPO 活性相关，例如苗木在受到地上害虫（包括介壳虫、杨大透翅蛾等）或地下害虫（蝼蛄、蛴螬、地老虎等）伤害后，PPO 活性能自发提高。

从不同处理结果来看，各器官的 PPO 活性分别在 $\alpha=0.05$ 水平上差异显著，且经 Cu（3）Zn（0）处理的结果最好，Cu（3）Zn（3）次之，Cu（0）Zn（3）处理与对照间差异很小甚至表现出副效应。这说明铜对 PPO 活性有影响，对 PPO 活性的增强起促进作用；锌对 PPO 活性的增强很小甚至表现副作用，而且 Cu（3）Zn（3）处理后 PPO 活性小于 Cu（3）Zn（0）处理的结果表明锌对铜提高 PPO 活性的效应起抑制作用，可能是由于锌抑制了苗木体内铜的吸收。

第二节　仁用杏各器官过氧化物歧化酶活性

一、不同生长期各杏品种枝条 SOD 酶活性的变化

SOD 酶作为清除超氧物阴离子自由基（O_2^-）的重要酶类，其活性的大小可以反应细胞对逆境的适应能力。试验结果，见图7－3。

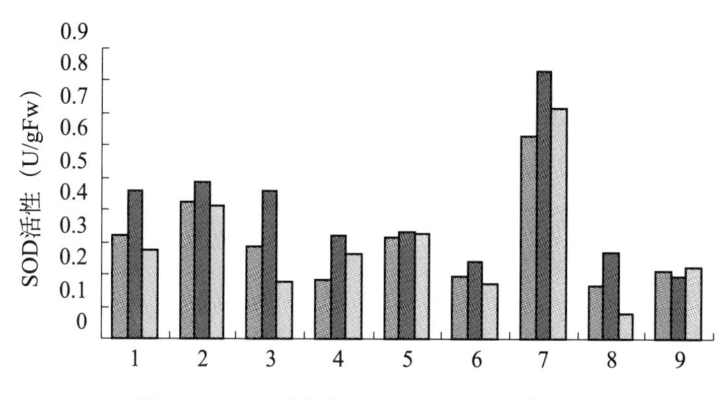

图 7－3　不同生长期各品种 SOD 酶变化规律

由图7－3可以看出，9个杏品种枝条SOD酶活性随温度改变的变化规律是相似的：在温度降低的情况下，SOD酶活性呈上升趋势且保持较高的水平；在温度升高的情况下，酶活性呈下降的趋势。由此可见，低温胁迫下，SOD酶活性与杏枝条的抗寒性呈正相关的关系，即抗寒性强的品种枝条SOD酶活性高，抗寒性弱的品种SOD酶活性较低。

二、不同处理各器官的SOD酶活性变化规律

表7－9及图7－3、图7－4是仁用杏苗木经4种不同处理后地上和地下部分共5个不同器官在各个生育期内的SOD活性。反映出4个不同处理水平上SOD活性在各器官中的年变化情况。

表7－9　仁用杏各器官不同处理SOD活性年变化测定结果

（单位：$\times 10^3$ U/g）

生育期	处理	叶	枝	干	主根	侧根
树液流动期	①	0	0.460	0.300	0.210	0
	②	0	0.557	0.359	0.390	0
	③	0	0.453	0.395	0.377	0
	④	0	0.560	0.329	0.289	0
生长初期	①	1.297	0.980	0.800	0.492	0.261
	②	1.490	1.340	1.140	0.588	0.330
	③	1.460	1.070	1.260	0.500	0.357
	④	1.580	1.030	1.205	0.603	0.90
速生期	①	1.000	1.573	1.420	1.130	1.363
	②	1.328	1.863	1.680	1.330	1.514
	③	1.017	1.652	1.390	1.477	1.350
	④	1.100	1.800	1.526	1.350	1.560
苗木硬化期	①	1.097	1.708	1.580	1.597	1.474
	②	1.161	1.825	1.730	1.720	1.960
	③	0.937	1.422	1.620	1.650	1.860
	④	1.086	1.663	1.880	1.670	1.880

注：①Cu（0）Zn（0）②Cu（0）Zn（3）③Cu（3）Zn（0）④Cu（3）Zn（3）

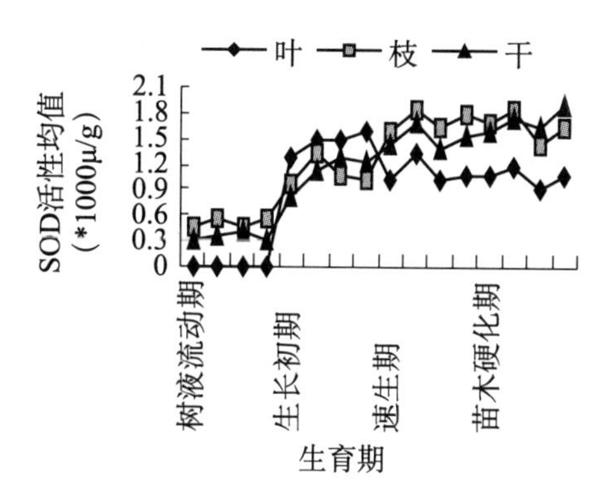

图7－4　地上部分SOD活性年变化

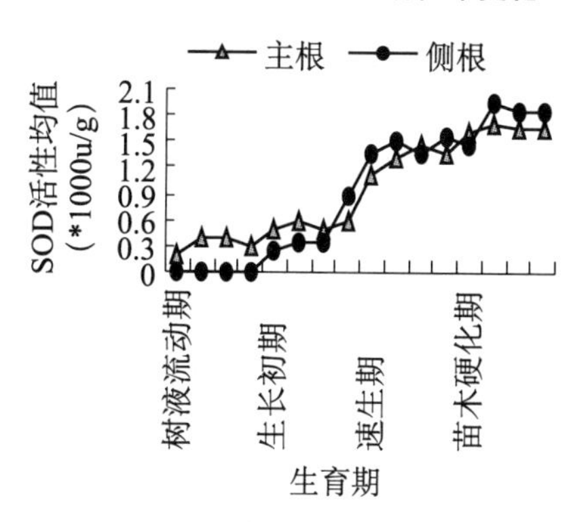

图7－5　地下部分SOD活性年变化

从表7－9，图7－4、图7－5中可以看出，无论是地上部分（叶、枝、干）还是地下部分（主根、侧根）SOD活性从树液流动期开始呈持续上升趋势（除叶子中速生期和硬化期较生长初期稍有下降外）并在整个生长期都保持较高的活性水平。各处理水平上的SOD活性都基本遵循此规律。不同处理的结果显示（图7－4，图7－5中各器官在每个生育期内的4个点依次代表①Cu（0）Zn（0）②Cu（0）Zn（3）③Cu（3）Zn（0）④Cu（3）Zn（3）处理），处理结果就不同器官在各生育期内不完全一致，但图中可以显示经铜、锌3种不同处理后SOD活性较对照均有所增加。其中，

②处理和④处理后活性增加更明显一些。苗木体内的超氧化物歧化酶随苗木的生长进程在不同生长器官中具有不同的活性水平，这种自身的分配水平随苗木生育期而改变，这表明温度是诱导 SOD 活性改变的关键因素，且高温和低温对 SOD 活性的改变都有影响。对测定结果作处理和生育期间的进一步方差分析，见表 7－10 至表 7－17。

表 7－10 是叶片在不同处理不同生育期方差分析结果。

表 7－10　叶片在不同处理不同生育期 SOD 活性作方差分析结果

变异来源	自由度	平方和	均方	F_1值
区组	2	0.0110	0.0055	<1
处理	3	0.1122	0.0374	3.82*
生育期	2	0.0596	0.0298	3.04*
处理×生育期	6	0.0630	0.0105	1.07
误差	22	0.2156	0.0098	
总变异	35	0.4614		

** 差异极显著　* 差异显著　－差异较显著

表 7－11 是 LSD 法的多重比较结果。

表 7－11 用 LSD 法分别对不同处理和不同生育期间的 SOD 活性作均数间的多重比较

处理	SOD（α＝0.05）	SOD（α＝0.01）	生育期	SOD（α＝0.05）	SOD（α＝0.01）
Cu(0) Zn(3)	1.33a	1.33A	生长初期	1.46a	1.46A
Cu(3) Zn(3)	1.26ab	1.26A	硬化期	1.11b	1.11A
Cu(3) Zn(0)	1.14b	1.14A	速生期	1.07b	1.07A
Cu(0) Zn(0)	1.13b	1.13A			

表 7－12 是枝、干、主根、侧根的方差分析结果。

表 7－12 对枝、干、主根在不同处理不同生育期 SOD 活性作方差分析

变异来源	自由度	F_2值	F_3值	F_4值
区组	2	<1	2. 64	<1
处理	3	3. 82*	3. 06*	2. 87⁻
生育期	3	3. 07*	12. 25**	9. 72**
处理×生育期	9	<1	2. 12	2. 12
误差	30			
总变异	47			

** 差异极显著　* 差异显著　－差异较显著；F_2、F_3、F_4分别代表枝、干、主根的 F 值

表 7－13 是枝的多重比较分析结果。

表 7－13（枝）用 LSD 法对不同处理和不同生育期间的 SOD 活性作均数间多重比较

处理	SOD（α＝0. 05）	SOD（α＝0. 01）	生育期	SOD（α＝0. 05）	SOD（α＝0. 01）
Cu(0) Zn(3)	1. 40a	1. 40A	速生期	1. 72a	1. 72A
Cu(3) Zn(3)	1. 26b	1. 26A	硬化期	1. 65a	1. 65A
Cu(3) Zn(0)	1. 18b	1. 18A	生长初期	1. 11b	1. 11A
Cu(0) Zn(0)	1. 15b	1. 15A	树液流动期	0. 51c	0. 51A

表 7－14 是干的多重比较分析结果。

表 7－14 （干）用 LSD 法对不同处理和不同生育期间作均数间 SOD 活性的多重比较

处理	SOD（α＝0. 05）	SOD（α＝0. 01）	生育期	SOD（α＝0. 05）	SOD（α＝0. 01）
Cu(0) Zn(3)	1. 23a	1. 23A	硬化期	1. 70a	1. 70A
Cu(3) Zn(3)	1. 23a	1. 23A	速生期	1. 50b	1. 50B
Cu(3) Zn(0)	1. 17ab	1. 17A	生长初期	1. 10c	1. 10C
Cu(0) Zn(0)	1. 10b	1. 10A	树液流动期	0. 35d	0. 35D

表 7－15 是主根的多重比较分析结果。

表 7-15 （主根）用 LSD 法对不同处理和不同生育期间 SOD 活性作均数间多重比较

处理	SOD （α=0.05）	SOD （α=0.01）	生育期	SOD （α=0.05）	SOD （α=0.01）
Cu(0) Zn(3)	1.01a	1.01A	硬化期	1.66a	1.66A
Cu(3) Zn(0)	1.00a	1.00A	速生期	1.32b	1.32A
Cu(3) Zn(3)	0.98a	0.98A	生长初期	0.55c	0.55B
Cu(0) Zn(0)	0.86a	0.86A	树液流动期	0.32cd	0.32B

表 7-16 是侧根的多重比较分析结果。

表 7-16 侧根在不同处理不同生育期 SOD 活性作方差分析结果

变异来源	自由度	平方和	均方	F_5值
区组	2	0.076 6	0.038 3	<1
处理	3	0.304 6	0.101 5	1.67⁻
生育期	2	1.009 3	0.504 6	8.30**
处理×生育期	6	1.160 1	0.193 3	3.18*
误差	21	1.277 0	0.060 8	
总变异	34	3.8276		

** 差异极显著　* 差异显著　- 差异较显著

表 7-17 是 LSD 法的多重比较结果。

表 7-17 用 LSD 法分别对处理和生育期 SOD 活性作均数间的多重比较

处理	SOD （α=0.05）	SOD （α=0.01）	生育期	SOD （α=0.05）	SOD （α=0.01）
Cu(3) Zn(3)	1.45a	1.45A	硬化期	1.79a	1.79A
Cu(0) Zn(3)	1.27a	1.27A	速生期	1.45a	1.45A
Cu(3) Zn(0)	1.19a	1.19A	生长初期	0.46b	0.46B
Cu(0) Zn(0)	1.03a	1.03A			

由表 7-10 至表 7-17 分析结果表明，就生育期而言，叶和枝在 α=0.05 水平上差异显著；干、主根、侧根在不同生育期内的 SOD 活性分别在 α=0.01 水平上差异显著。多重比较结果表明，

干、主根和侧根的SOD活性硬化期和速生期分别与生长初期和树液流动期差异极显著；在枝中分别表现出显著差异。除叶在生长初期较高外，其余各器官SOD活性由高到低依次顺序为硬化期、速生期、生长初期、树液流动期（枝中速生期高于硬化期）。硬化期来临后，随着气温逐渐降低，树体内各种生理活动随之发生变化，各种组织的细胞膜易受低温侵害，膜的不完整性增加，这种变化将导致组织内活性氧的生成与自动清除动态失衡，从而对仁用杏树体构成氧化胁迫，这一时期内树体自发地提高各器官的SOD活性来消除过剩的活性氧，这也是生物体为了减轻和防止活性氧损伤而形成的应急机制。由此表明，低温诱导SOD活性增加，SOD与仁用杏的生理代谢以及抗寒性相关（刘金龙，2002）。7月仁用杏进入速生期，属仁用杏的旺盛生长季节，也是一年中的最高温季节，此时，树体能自发地提高SOD活性以维持体内生命活动的正常进行。从树木生理的角度来看认为是高活性的SOD主要用于减轻光合放氧过程中，局部高氧环境诱导的氧自由基的增加对叶绿体正常发育的抑制作用所造成的负面影响，提高叶绿体光合固定CO_2的能力。并且由于盛夏高温时节大气旱和土壤干旱很容易导致器官组织缺水，尤其是缺水会造成气孔关闭阻止CO_2进入叶片，导致光合作用下降；而且干旱条件下植物组织的缺水也会导致蒸腾减弱叶温升高，叶绿体结构破坏等。所以此时SOD活性的增强对体内维持正常的生理活动，在组织抗旱性方面具有非常重要的意义。可见SOD是仁用杏的保护蛋白，它不仅与仁用杏的抗寒性相关，而且也是仁用杏在不良环境下维持正常的生理代谢和抗旱性的基础条件之一。

从不同处理结果来看，地上各部分SOD活性分别在$\alpha=0.05$水平上差异显著，地下部分SOD活性在$\alpha=0.10$水平上表现出较显著差异，且铜、锌各处理结果均高于对照，②Cu（0）Zn（3）、③Cu（3）Zn（0）、④Cu（3）Zn（3）处理在各器官中不尽一致，但能说明铜、锌能促进SOD活性的提高。

综合以上分析，从 Cu、Zn 含量和 PPO、SOD 活性的年变化规律得出，铜与仁用杏苗木的生长发育和抗寒性有关，锌是仁用杏生长不可缺少的元素；多酚氧化酶活性的大小与苗木地上的生长发育和苗木受病虫害后机体的恢复有关，超氧化物歧化酶是不良环境下苗木体维持正常生理代谢的基础条件。从铜、锌不同处理下的 PPO、SOD 活性的改变得出，铜、锌通过 PPO 和 SOD 的活性的改变影响仁用杏苗木生长，提高苗木抗逆性。

第三节　仁用杏同工酶研究结果

速生期对经过铜、锌不同处理的仁用杏苗木叶子进行多酚氧化酶和超氧化物歧化酶的同工酶测定。

由于多酚氧化酶为末端氧化酶，电泳效果较差，但从 3 次重复试验中发现用铜处理后出现了一条新的酶带，而且各重复中不同处理下的同工酶带强度有所差异。由不同处理下的同工酶带强度的差异可以看出：锌处理过的酶带强度较对照无明显变化，铜、锌互作处理后酶带强度较对照有所增加，但铜、锌的互作处理没有产生出新的酶带，可能是由于铜、锌互作后元素之间的相互作用所导致。单经锌处理或铜 、锌的互作处理都不及单独铜处理下的 PPO 活性高，这与前面的分析结果一致。说明当树体内的 Cu^{2+} 积累到一定浓度时才会导致新的酶带产生，也说明锌的施用会影响树体对铜的吸收，从而解释了铜、锌互作反而不能诱导产生新的同工酶蛋白的试验结果（图 7 -6）。

同工酶差异是有机体对环境变化和代谢变化的另一调节形式，它作为基因的次级表达，在植物不同发育水平上的变化，说明植物内部分子水平的变化和发育过程密切相关。在速生期杏树各器官生长几乎达到顶峰，但此时也正是各种虫害频繁活动的季节，树体内多酚氧化酶的产生正是仁用杏适应环境，发生自身代谢变化完成其

(3, 0) (0, 3) (3, 3) (0, 0)

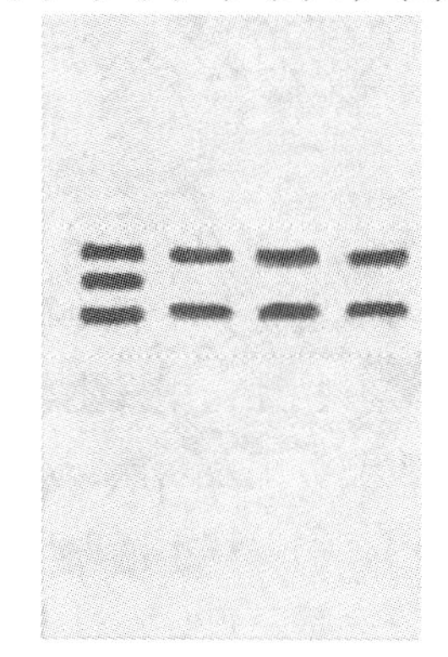

PPO同工酶电泳图谱

(3, 0) (0, 3) (3, 3) (0, 0)

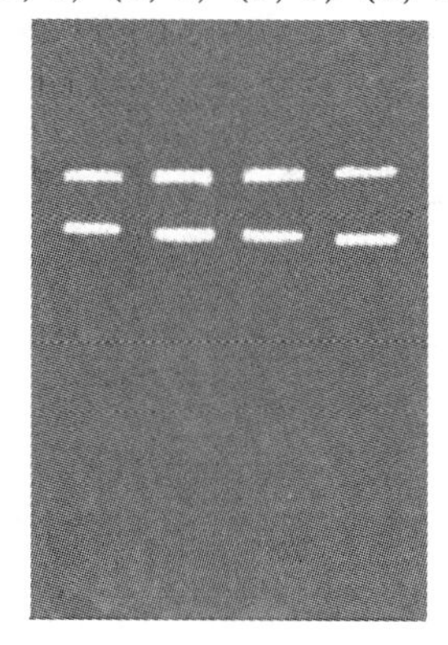

SOD同工酶电泳图谱

图 7－6　同工酶电泳图谱

自身生长发育的手段。测定结果中仁用杏叶子中新出现的酶带由铜处理后而获得。由此可以说明铜、PPO 活性以及仁用杏在自身适应环境方面表现出的抗逆性之间的关系。这条新的酶带的出现有以下两种解释。

①铜元素诱导产生一种同工酶蛋白，且这种酶蛋白的分子量介于已发现的原有两种同工酶蛋白之间。

②Cu^{2+}作为一种激活剂，直接刺激到原有同工酶的一个酶原，产生酶原激活，使原有同工酶活性增强，故能提高苗木的抗逆性。

SOD 同工酶电泳图谱发现 4 种不同处理对同工酶影响不大，试验中没有发现新的同工酶带，说明铜、锌不能诱导产生新的同工酶蛋白，但由前面数据分析结果可以说明这两种元素可以影响原有同工酶的活性。而且由电泳图谱可以看出 4 种不同处理下的酶带强弱有所不同，经过、锌处理的 SOD 谱带强于对照，这说明铜、锌对 SOD 活性的增强起促进作用。

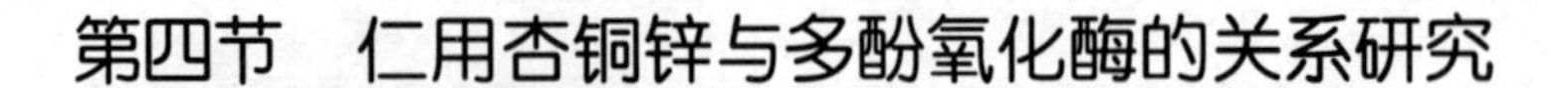

第四节　仁用杏铜锌与多酚氧化酶的关系研究

一、仁用杏年生长周期平均处理效应

植物对土壤或介质中矿质养分的吸收因受植物本身遗传特性的限制会表现出一定的差异，而且养分之间常有相互作用发生，一种养分的施用有可能影响到另一种养分的吸收、分配及功能，进而影响植物的生长发育以及对生境的适应。仁用杏铜、锌不同处理下各器官全年不同生长发育时期平均铜含量、锌含量、PPO 活性测定结果，见表 7－18。

表 7－18　不同处理各器官 Cu、Zn 含量及 PPO 活性

样点序号	测试项目	Cu 含量（mg·kg－1）	Zn 含量（mg·kg－1）	PPO 活性（U·g－1）	样点序号	测试项目	Cu 含量（mg·kg－1）	Zn 含量（mg·kg－1）	PPO 活性（U·g－1）
1	叶处理 1	18.715	47.042	154.111	11	干处理 3	13.122	20.323	299.000
2	叶处理 2	15.331	69.836	174.333	12	干处理 4	11.765	33.134	279.000
3	叶处理 3	31.914	40.418	253.556	13	主根处理 1	14.974	24.228	67.000
4	叶处理 4	26.489	59.690	195.333	14	主根处理 2	10.572	30.003	78.250
5	枝处理 1	16.207	31.798	269.500	15	主根处理 3	20.049	22.818	96.250
6	枝处理 2	10.777	44.647	243.000	16	主根处理 4	15.867	29.375	81.250
7	枝处理 3	22.099	27.046	316.750	17	侧根处理 1	15.767	28.263	58.750
8	枝处理 4	19.910	41.548	304.750	18	侧根处理 2	14.858	36.763	59.750
9	干处理 1	10.854	27.784	256.500	19	侧根处理 3	21.766	26.110	78.500
10	干处理 2	7.197	36.565	223.750	20	侧根处理 4	19.113	33.552	64.500

不同处理对各器官间铜、锌含量及 PPO 活性有明显的影响且处理效应与器官密切相关。铜处理可明显提高各器官铜含量（13.122%～31.941%）和 PPO 活性（78.500%～316.750 %）而使锌含量有不同程度下降（40.418%～20.323%）；锌处理能提高

各器官锌含量（30.003%～69.836%）但铜含量有所降低（15.331%～7.197%），对叶、主根、侧根的PPO活性有一定增强作用（59.750%～174.33%）而对枝、干则有较大抑制（223.750%）；铜+锌处理均可提高各器官的铜含量、锌含量和PPO活性。铜、锌处理的交互作用在各器官元素含量及PPO活性上的表现比较复杂而且影响的性质（模式）和程度也不尽相同，在枝、干、主根元素含量上都表现出正效应（协同作用）而在叶、侧根上都是负效应（拮抗作用）；对叶、主根、侧根PPO活性的影响为负效应而对枝、干则是正效应。由表1可以看出，不同处理下各器官铜、锌含量及PPO活性也表现出一定的规律性，就元素含量而言，各处理均为叶最高、枝次之，其他器官的顺序则随元素或处理得不同而有所变化，说明铜、锌的不同处理已影响到苗体对 Cu^{2+}、Zn^{2+} 的吸收及运转；对器官PPO活性处理效应的顺序均为：枝>干>叶>主根>侧根。总之，就年生长发育周期平均而言，铜、锌不同处理并未明显改变仁用杏诸器官对养分的吸收、转动和利用规律以及多酚氧化酶的分布特征，但处理后器官内铜、锌含量及多酚氧化酶活性与对照相比有了较大变化，而且生长部位比运转、贮存部位的变化明显。

二、年生长发育周期平均处理效应与速生期处理效应

以 x_1、x_2、x_3 分别表示铜含量（$mg \cdot kg^{-1}$）、锌含量（$mg \cdot kg^{-1}$）、PPO活性（$U \cdot g^{-1}$）标准化后的变量值。分别以铜、锌不同处理下各器官年生长发育周期测定结果的平均值及速生期的测定值进行主成分分析（SAS软件处理），两个相关阵的特征值分别为1.477 2，0.982 5，0.540 3；1.711 2，0.906 5，0.382 3。相应的单位化特征向量、因子载荷，见表7－19。

表 7－19　相应的单位化特征向量、因子载荷分析

生育期	第一主成分	第二主成分	第三主成分	因子载荷		
全年平均	0.674 0	－0.257 5	0.684 6	0.819 2	－0.275 1	0.503 2
	0.699 3	－0.058 8	－0.712 4	0.849 9	－0.058 3	－0.523 7
	0.238 0	0.958 9	0.154 4	0.289 3	0.950 5	0.113 5
速生期	0.669 2	0.207 1	－0.713 6	0.875 4	0.197 2	－0.441 7
	0.659 0	0.278 2	－0.698 8	0.862 1	0.264 9	－0.432 6
	－0.343 2	0.937 9	0.049 7	－0.448 9	0.893 0	0.030 8

由表 7－19 可以看出，年生长发育周期平均、速生期的前两个主成分累积贡献率分别达 81.99%、87.26%。故均取前两个主成分：

$$F_1 = 0.674\ 0x_1 + 0.699\ 3x_2 + 0.238\ 0x_3$$

$$F_2 = -0.277\ 5x_1 - 0.058\ 8x_2 + 0.958\ 9x_3$$

$$G_1 = 0.669\ 2x_1 + 0.659\ 0x_2 - 0.343\ 2x_3$$

$$G_2 = 0.207\ 1x_1 + 0.278\ 2x_2 + 0.937\ 9x_3$$

第一主成分 F_1、G_1 中 x_1、x_2 的系数明显大于 x_3 系数，而且大小相当、符号一致，因此，F_1、G_1 主要综合了 x_1、x_2 的变异信息，反映了不同处理下各器官铜、锌元素含量的综合水平，可称为元素因子；第二主成分 F_2、G_2 中 x_3 系数显著大于另外两个，故 F_2、G_2 主要反映了不同处理下各器官 PPO 活性的信息，可称为 PPO 活性因子。由载荷阵可知 F_1、F_2 共同承载了 x_1 方差的 74.68%、x_2 方差的 72.57%、x_3 方差的 98.71%；G_1、G_2 共同承载了 x_1 方差的 80.52%、x_2 方差的 81.34%、x_3 方差的 99.89%，说明用它们简化原观测系统是可行的，都能够反映各器官的处理效应。

各样点第一、第二主成分得分标记图（图 7－7、图 7－8）。

整个生育期平均及速生期的处理效应均明显分为｛枝，干｝、｛叶｝、｛主根，侧根｝三类，这种类间差异是由仁用杏的遗传特性和各器官不同的生理功能所决定。就整个生育期平均来看（图 7－7），铜处理能明显提高枝中元素的综合水平和枝、干的 PPO 活性，

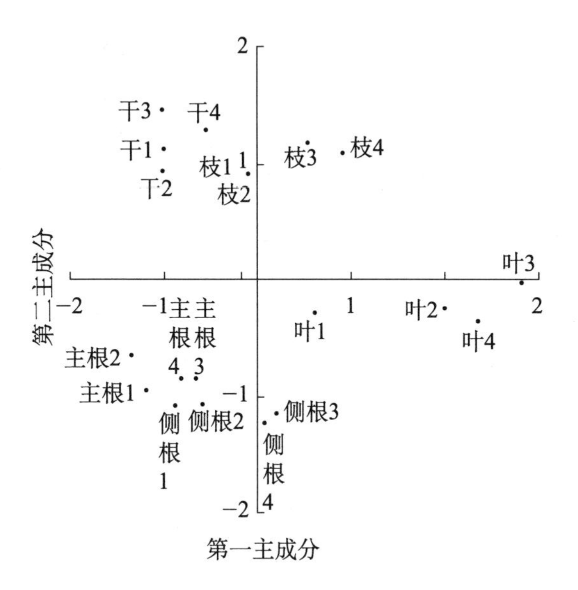

图 7-7　生育期主成分得分标记

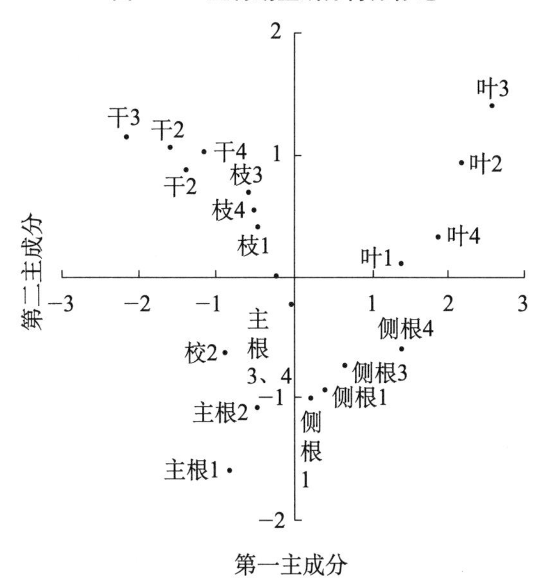

图 7-8　速生期主成分得分标记

锌处理对两者 PPO 活性有不同程度的抑制，铜 + 锌处理对枝中元素水平提高尤其明显。铜处理对叶中元素水平和 PPO 活性的增强作用明显比锌及铜 + 锌的都大。铜处理对主根、侧根元素水平的增强作用较明显。由于各主成分是互不相关的，它们各自反映了仁用杏每个器官彼此不同的、独立的处理效应，因此，可以根据 F_1（或 F_2）的值直接比较处理对元素综合水平（或 PPO 活性）的效应以及不同处理间的差异程度。对照、锌及铜 + 锌 3 个处理对各器官元素综合水平的效应均为：叶 > 枝 > 侧根 > 干 > 主根，铜处理为叶 > 枝 > 侧根 > 主根 > 干；4 个处理对各器官 PPO 活性的效应均为干 > 枝 > 叶 > 主根 > 侧根。

图 7 - 8 显示，速生期不同处理对各器官的效应在整体规律上与全年的既有相似之处又具有鲜明的特点，枝、干的元素含量及 PPO 活性与全年平均相比都有所降低，其中枝中元素含量降幅较大；叶中 PPO 活性较全年平均明显提高。说明该时期苗体地上部分各器官和生长根均处于旺盛生长发育期，各器官对养分的需求增加，对养分的竞争和消耗也最多，致使器官中铜、锌元素含量低于全年平均水平。从处理效应来看，铜、锌处理均能明显提高叶中元素含量及 PPO 活性，尤以铜处理对 PPO 活性的增强作用最为显著；铜处理对主根 PPO 活性、铜 + 锌处理对侧根元素含量都有较大促进作用。由于该时期既是苗木旺盛生长季节同时也是各种病虫害的多发期，因此，适量施用铜、锌可使苗体维持较高的营养水平及 PPO 活性，这将有利于仁用杏苗木的正常生长、增强抗病虫害能力。

三、速生期叶中铜、锌含量对 PPO 活性的影响

1. 影响途径

以 x、y、z 分别表示速生期叶中铜含量（$mg \cdot kg^{-1}$）、锌含量（$mg \cdot kg^{-1}$）、PPO 活性（$U \cdot g^{-1}$）。对测定结果（$n = 12$）进行通径分析，经计算，z 与 x、y 的相关系数分别为 $r_{xz} = 0.8890^{**}$，

$r_{yz}=-0.2121$；x、y 对 z 的直接通径系数分别为 $p_1=0.8777$，$p_2=-0.0691$；x、y 对 z 的间接通径系数分别为 $r_{xy}\times p_2=0.0113$，$r_{xy}\times p_1=-0.1430$。

计算结果表明，速生期仁用杏叶中铜元素含量与 PPO 活性有极显著的正相关，而且其直接通径系数远远大于间接通径系数，占到总作用的 98.73%，说明叶中铜含量增强 PPO 活性主要体现在直接作用上，其通过锌的间接作用较小（1.27%）；叶中锌元素含量与 PPO 活性有一定的负相关，它的直接通径系数（绝对值）明显小于间接通径系数，占到总作用的 32.58%，说明该时期叶中锌含量对 PPO 活性影响的途径与铜含量迥然不同，其影响主要体现在通过铜的间接作用上（67.42%）。

2. 建立模型

以速生期叶中 PPO 活性与铜、锌含量的测定结果（$n=12$）建立回归模型。

$$\hat{z}=-495.6652+12.1795x+34.5359y-0.4950y^2-0.2290xy$$

经比较，该回归模型在显著性（诸项 $p_{max}<0.1128$）、拟合度（$R^2=0.9529$）上均优于线性及其他二次模型，可以作为分析变量间各种关系的依据。

利用坐标平移、旋转

$$x=0.9766\ x_1+0.2150\ y_1-79.1172$$

$$y=-0.2150\ x_1+0.9766\ y_1+53.1856$$

可知该模型为双曲抛物面，其标准形为 $\hat{z}=-59.0629+0.0252x_1{}^2-0.5202y_1{}^2$。

3. 模型分析

在试验测定范围分别取 x、y 的几个代表值代入模型做图 7－9、图 7－10。

由图 7－9 可看出，叶中铜含量增加对 PPO 活性的提高有显著

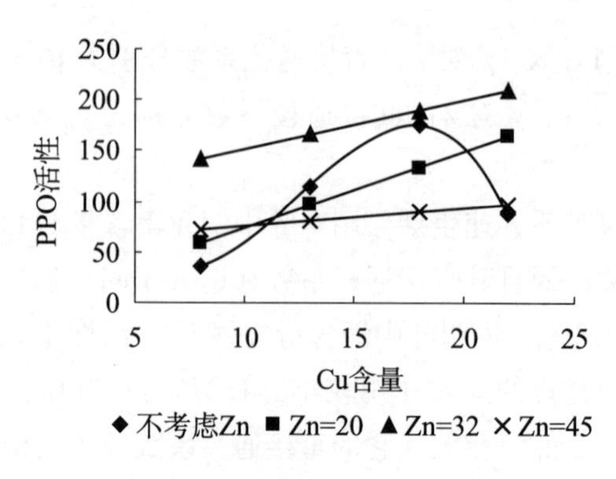

图 7－9　Cu 含量与 PPO 活性模型

的作用，在不同的锌含量下其作用明显不同。Zn＝32 时，PPO 活性比 Zn 小或大于该值或不考虑 Zn 的都大，而当 Zn＝45 时，随着铜含量增加，PPO 活性呈近似平行的变化趋势。表明速生期锌适量条件下，叶中 PPO 活性随铜含量增加而增加，也表明锌含量的间接作用较大，这与上述锌在该时期间接作用大（67.42%）的分析结果一致，而较高的锌含量（Zn＝45）对 PPO 活性表现出强烈的抑制作用，几乎完全抵消了铜对 PPO 活性的增强作用。如果不考虑锌含量而单看铜含量的影响，则随铜含量增加 PPO 活性呈缓增陡降（极大点 17.754，拐点 12.512）的变化趋势，说明速生期在不考虑锌的情况下，铜含量超过 20 就对叶中 PPO 活性有较强的抑制。

图 7－10 显示，锌含量对叶中 PPO 活性也有显著的影响，在不同的铜含量下其作用有较大差异。比较不考虑 Cu、Cu＝10、Cu＝25 三条曲线，不考虑 Cu 的 PPO 活性随锌含量增加而呈陡增缓降（极大点 30.663，拐点 47.039）变化且高于 Cu＝10 而明显低于 Cu＝25 的情形（该两曲线的极值点分别为 32.571、29.102，Cu＝18 的为 30.722），说明锌对 PPO 活性的影响与叶中铜含量密切相关。铜含量在 18～25 条件下，叶中锌含量在 20～31 范围时 PPO 活性随锌含量增加而递增、超过 31 时随锌含量增加而递减。说明速生期无论叶中铜含量高低，锌含量小于 31 左右对叶中 PPO 活性有

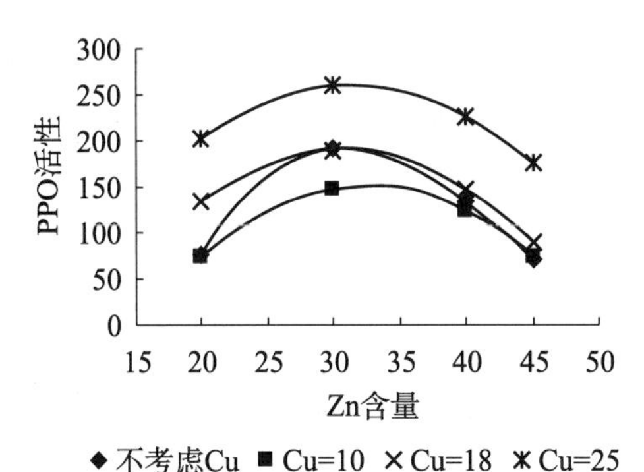

图 7－10　元素含量与 PPO 活性模型

增强作用，超过此限则表现出抑制且超过愈多抑制作用愈强。

4. 铜、锌含量的交互作用

借助于等高线的方法对上述回归模型进行分析。可根据某种特定和实际需要确定 PPO 活性的取值（图 7－11）。

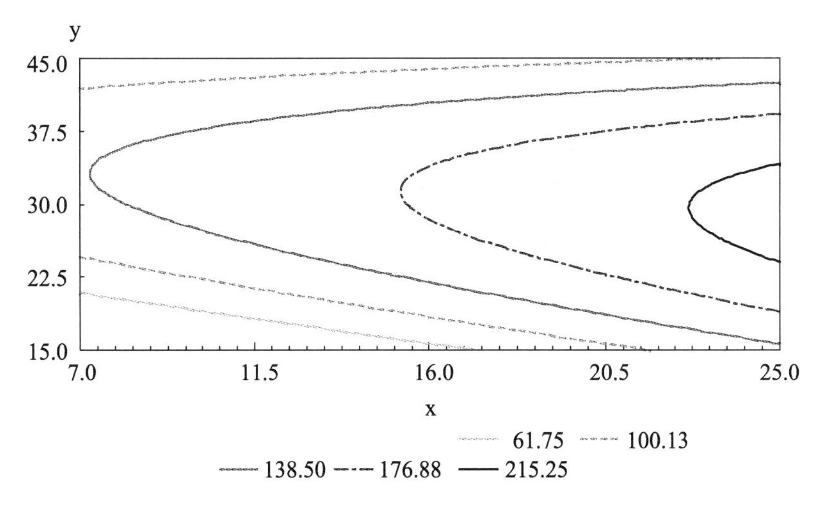

图 7－11　Cu、Zn 元素交互作用对 PPO 活性影响

由图 7－11 可知，速生期叶中铜、锌含量的交互作用对 PPO 活性的影响具有不同的性质，铜含量低于 12 且锌含量低于 32. 5 临界点时随叶中锌含量增加可使 PPO 活性增强，而 Zn > 32.5 时随锌含量增加则 PPO 活性降低且 PPO 活性只能维持在 140 ～160，说明 Cu < 12、Zn < 32.5 条件下，两者互作对 PPO 活性有协同作用，而 Zn > 32.5 时表现拮抗作用；铜含量在 12 ~ 18 时 PPO 活性可提高到 160 ~ 190，此时锌含量的临界点约为 31.5；铜含量 18 ~ 22 时 PPO 活性可超过 190 且锌含量的临界点降为 30.6 左右。总之，速生期叶中基本规律：中浓度 Zn（32） + 中高浓度 Cu（18 ～25） = PPO 具有较高活性；高浓度 Zn（45） + Cu（无论浓度高还是低） = PPO 活性基本不发生变化；高浓度 Zn（45） + 高浓度 Cu 条件下 PPO 活性 > 高浓度 Zn（45） + 低浓度 Cu 条件下 PPO 活性；Cu 和 Zn 两者的交互作用为：锌的临界点（30.6 ～32.5）时，此时铜浓度低于 32.5 时，对 PPO 活性表现为正效应，铜浓度高于 30.6 时，对 PPO 的活性表现为负效应。

5. 铜、锌含量的边际效应

对上述回归模型求一阶偏导数

$$\frac{\partial \hat{z}}{\partial x}=12.1795-0.2290y,\ \frac{\partial \hat{z}}{\partial y}=34.5359-0.9900y-0.2290x$$

铜、锌含量取不同值时，其边际 PPO 活性效应是不相同的。如将两者分别固定在试验测定的中值 15，34，则有

$$\frac{\partial \hat{z}}{\partial x}=4.39,\ \frac{\partial \hat{z}}{\partial y}=26.7499-0.9900y$$

说明叶中单个元素含量对 PPO 活性影响的速率随其大小改变而变化。在锌含量 34 时，测定范围内叶中铜含量的边际活性效应为正，即叶中铜含量每增加 1 则 PPO 活性提高 4.39；铜含量 15 且锌含量小于 27.020 时，锌的边际活性量为正，即锌含量对 PPO 活性有增强作用，但随锌量的增加其增加 PPO 活性量的增长率递减，而当锌含量超过 27.020 时其边际活性量为负，即锌含量对 PPO 活性有抑制作用，而且增加愈多抑制作用

愈强。

四、同工酶测定结果

速生期对经过铜、锌不同处理的仁用杏苗木叶子进行多酚氧化酶同工酶测定（图 7－12）。

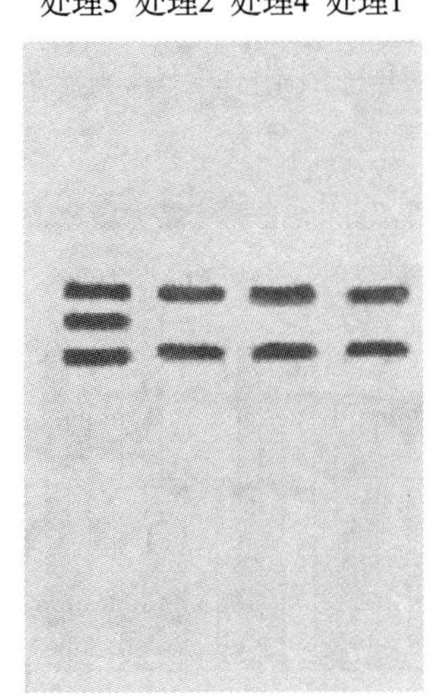

图 7－12 PPO 同工酶电泳图谱

由于多酚氧化酶为末端氧化酶，电泳效果较差，但从 3 次重复试验中发现，铜处理后均出现了一条新的酶带，而且各重复中不同处理的同工酶带强度有所差异。

由图 7－12 可以看出，锌处理的酶带强度较对照无明显变化；铜＋锌处理的酶带强度较对照有所增加，但没有产生出新的酶带，可能是由于铜、锌交互作用所致。同工酶测定结果与上述速生期铜处理可显著增强叶中 PPO 活性的分析结果一致，说明当树体内的 Cu^{2+} 积累到一定浓度时才会导致新的酶带产生。铜＋锌处理没有产生出新酶带的结果表明，锌的施用会影响树体对铜的吸收。

第五节 仁用杏不同器官间丙二醛含量

一、不同生长期各品种枝条 MDA 的变化规律

MDA 是膜脂过氧化的产物，它的含量的增加或减少表明低温抑制或促进杏枝条内 SOD 和 POD 酶活性，使活性氧自由基不能有效的清除，加剧膜脂质过氧化作用影响杏枝条的抗寒性，结果见图 7－13。

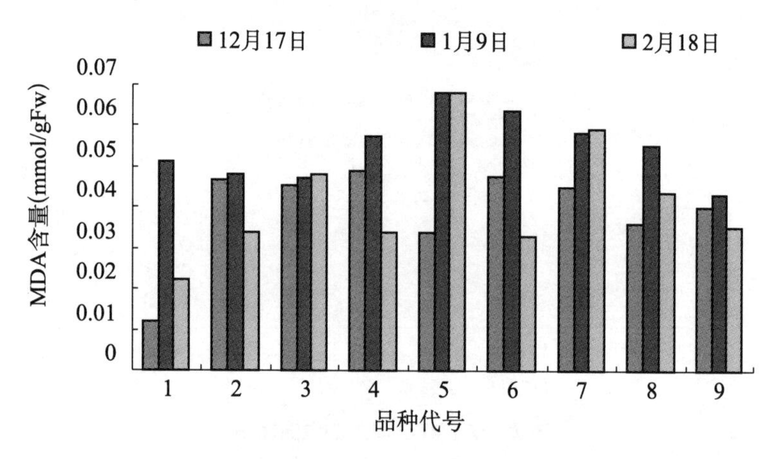

图 7－13　不同时期杏品种枝条 MDA 含量变化

从图 7－13 可以看出，相同的杏品种在不同时期不同温度条件下 MDA 含量不同，不同品种随着温度变化，MDA 含量也呈现出由低到高再到低的变化规律。品种间 MDA 含量变化差异显著。与其他试验对比可以发现，抗寒性差的品种 MDA 含量高，且随温度降低的增加幅度大。

二、不同处理的叶片、枝条、主干及主侧根丙二醛测定结果

表7－20是对不同处理的叶片、枝条、主干及主侧根的丙二醛测定结果。

表7－20 对不同处理的叶片、枝条、主根及主侧根的丙二醛测定结果

处理	叶			枝			干		
	Ⅰ	Ⅱ	Ⅲ	Ⅰ	Ⅱ	Ⅲ	Ⅰ	Ⅱ	Ⅲ
(0，0)	0.107	0.066	0.122	0.067	0.069	0.068	0.077	0.045	0.049
(0，3)	0.067	0.078	0.043	0.030	0.043	0.066	0.025	0.054	0.040
(3，0)	0.068	0.065	0.077	0.052	0.050	0.048	0.062	0.045	0.055
(3，3)	0.066	0.071	0.058	0.066	0.052	0.059	0.047	0.050	0.053

处理	主根			侧根		
	Ⅰ	Ⅱ	Ⅲ	Ⅰ	Ⅱ	Ⅲ
(0，0)	0.052	0.058	0.058	0.030	0.041	0.046
(0，3)	0.056	0.042	0.043	0.027	0.021	0.021
(3，0)	0.039	0.057	0.054	0.039	0.032	0.045
(3，3)	0.060	0.048	0.054	0.034	0.038	0.021

丙二醛是植物细胞膜脂过氧化的产物，丙二醛含量的多少可以代表细胞的脂质过氧化水平和生物膜损伤程度的大小。

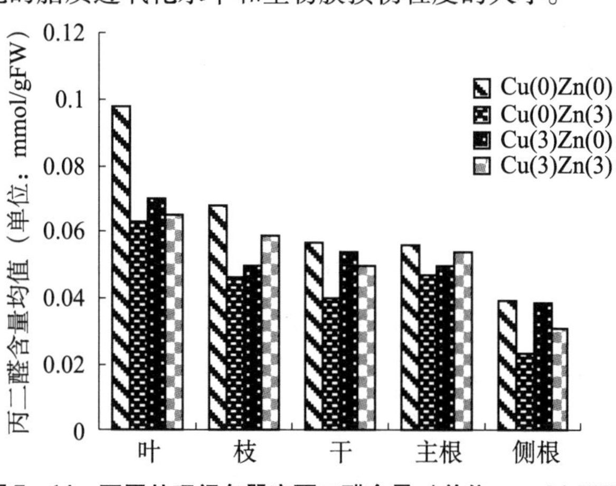

图7－14 不同处理间各器官丙二醛含量（单位 mmol/gFW）

由表7－20和图7－14可以看出，经过Cu（0）Zn（3）处理的仁用杏各部位丙二醛含量较其他处理呈总体下降趋势，其中，与对照相比，叶中下降35.7%，枝中下降32.4%，干中下降29.8%，主根中下降16.1%，侧根中下降41.0%；经过Cu（3）Zn（0）处理的仁用杏各部位丙二醛含量与对照相比，叶中下降28.7%，枝中下降26.3%，干中下降5.0%，主根中下降10.5%，侧根几乎不下降。经过Cu（3）Zn（3）处理的仁用杏各部位丙二醛含量与对照相比，叶中下降33.8%，枝中下降13.8%，干中下降13.0%，主根中几乎无下降，侧根中下降20.8%。使用铜、锌的3个处理与对照相比丙二醛含量均有所下降，表明Cu、Zn的使用均可抑制杏苗木细胞膜的脂质过氧化作用，降低细胞膜的受损程度，铜、锌对于SOD活力和结构稳定性的维持具有各自特殊的不可替代的功效。其中Cu（0）Zn（3）处理下降最明显，Cu（3）Zn（0）处理和Cu（3）Zn（3）处理相比不同器官中结果不完全相同。

第六节　小　结

一、逆境中各因素作用

1. 铜在植物适应逆境过程中的作用

铜普遍存在于植物体内，在植物代谢中，铜元素参与蛋白质代谢，在缺铜植株内蛋白质合成被扰乱而形成可溶性氨基氮化合物，这就可以说明在酶的合成中，铜起辅助因子作用，以及铜对DNA和RNA的合成有影响，缺铜组织内DNA的含量低。一些较为重要的含铜蛋白、铜酶有超氧化物歧化酶、细胞色素C氧化酶、酪氨酸酶、抗坏血酸氧化酶、天青色素、质体蓝素等。铜蛋白（酶）多数为参与氧化还原的酶。其中铜的一个重要的生物化学功能是参与·O_2^-的歧化。超氧化物歧化酶中的铜原子数为2，而且用ESR、

NMR、化学修饰结合X射线晶体结构分析，确定了铜是与四个组氨酸残基咪唑环的N原子以及H_2O的氧原子构成变形的四方锥的变位结构，Cu和Zn之间通过共同连接组氨酸H_{61}而形成所谓的“咪唑桥”结构。铜就是通过SOD的这种金属配位构型参与了超氧化物的歧化作用（王夔等，1989），本实验也证明了铜元素可以促进超氧化物歧化酶活性增强。铜还是多酚氧化酶的组成成分，铜是多酚氧化酶的辅助因子，多酚氧化酶活性和愈伤组织分化密切相关。组织受伤后呼吸作用往往增强，植物受病菌侵染时多酚氧化酶也增高，有利于酚类化合物转变为醌，醌对病菌有毒害作用。多酚氧化酶能被Cu^{2+}激活而使其酶活性增强（韩富根等，1994），本实验也得出同样的结论，并且通过PPO的同工酶电泳实验发现一定量浓度的Cu^{2+}能诱导产生新的同工酶蛋白或产生酶原激活。Cu是叶绿素生物合成的必要因子和光合电子传递体的组分铜在植物体内电子传递过程中的作用主要是：大多数的质体铜都属于在结合态细胞色素f和P_{700}之间联系电子传递的质体蓝素。每个细胞色素f分子或每1 000个叶绿素分子含有3～4个质体蓝素分子。目前，认为铜对光系统Ⅱ的氧化方面有更多的作用（邹邦基，1982）。已分离出含Cu—Mn络合物的一种色素，该络合物能用二苯卡巴作为供体使二氯酚靛酚光还原，这也许能说明光系统Ⅱ的部分氧化还原反应。而且已有实验证明给植物施Cu时叶绿素含量增加，其分解受到阻碍，认为Cu与叶绿素的前身——卟啉的合成有关。而且Cu也是呼吸作用不可缺少的元素，因为Cu在植物体内的主要作用是作为许多种酶的构成成分发挥着酶学功能。

2. 锌在植物适应逆境过程中的作用

锌是细胞膜的组成成分，植物体内的大量研究表明，正常锌供应的减少可使得细胞更脆，易为渗透压所破碎。由于锌主要存在于蛋白质及各种金属酶中，因此细胞内的锌量直接调节着这些锌酶的活性，也就控制着各种代谢过程。Zn是构成SOD的辅基，对SOD

的合成起促进作用，合成的 SOD 可有效清除活性氧，它作为一种抗氧化酶可有效清除超氧负离子对细胞膜的伤害，从而增强植物抗逆性。植物 SOD 在细胞内的分布及在线粒体内的定位研究（余叔文等，1999）表明，线粒体内膜呼吸键是植物体内产生超氧自由基的重要来源，包围在线粒体内膜两侧的衬质和膜间空间存在着大量 Cu—ZnSOD，使内膜产生的超氧自由基及时被清除。白宝璋等（1996）和王夔等（1989）也指出，铜 、锌共同构成 SOD 的组分，Cu 与 SOD 的活力有关，而 Zn 与 SOD 结构的稳定性有关。这说明本实验得出的铜、锌对 SOD 活性均有影响的分析结果具有一定的可行性，铜 、锌在影响酶活性、保护生物膜，提高植物自身对逆境的适应机理中缺一不可，发挥着各自不同的功效。实验的分析结果也表明，铜、锌互作对增强 SOD 活性并不是最好的处理结果，王夔等（1989）指出，营养学研究表明在动物和人体中铜的摄入量干扰锌的吸收；锌也可以阻止铜在肠道的吸收，阻碍机制与 Zn 诱疾金属结合硫蛋白（MT）的生物合成有关。MT 还具有清除活性氧自由基的能力，可能通过 MT 的调节反应在 Cu/Zn 比值的变化上。据此我们推测，Cu、Zn 营养元素间的这种相互作用在植物体中也是如此，SOD 清除活性氧自由基的能力很可能是通过 SOD 的调节反映在 Cu/Zn 比值的变化上，还有待于进一步研究。另外，Zn 参与光合作用主要有以下两个方面。

①Zn 作为碳化脱水酶（CA）的组分参与了光合作用。

②Zn 对叶绿素的稳定作用和破坏生长素分解可能就是通过超氧化物歧化酶实现的。

3. 多酚氧化酶在林木逆境生理中的作用

林木在逆境条件下特别是有病虫害出现时体内多酚氧化酶活性会自发地提高。它是一类与植物抗病性密切相关的末端氧化酶，通过病毒侵染后的寄主的诱导而活化，并引起寄主的过敏性反应，氧化酚类物质成为比病菌毒性更大的醌类物质（或其衍生物）而杀死病菌，限制病菌的扩展，从而在植物体内起到保护作用。

PPO 活性与植株抗逆性呈正相关。林木体内较高活性的 PPO 可形成一种自我保护机制，会将不良环境下树体内的代谢产物——酚类物质氧化形成具有毒性的醌类物质，可有效地防止微生物的侵入。其机理主要存在于以下几种可能的方式。

①产生的醒类减少了植食昆虫的取食，其与蛋白质的结合使蛋白质不易消化，导致植食醌类营养不良。

②破坏昆虫幼虫肠壁的细胞完整性。

③植物体中多酚，特别是单宁在植物纤维组织形成中可以与糖以共价键结合，参与植物组织的木质化过程，使植物组织变粗糙而减少植食动物取食。

PPO 有以下典型的作用。

①PPO 可增加植物对病原体的抗性。相关报道如烟草炭疽病（韩富根等，1995）。PPO 作用方式有：一是 PPO 存在于表皮组织中，无非活化态和可溶性的特征，在毛状体介导的过程中起作用。二是通过醌共价调节亲核氨基酸形成抗营养机制，直接抵御食草类动物和病原体的侵害。三是醌的毒性直接发挥抗病作用。四是现已研究确定，番茄中 PPO 克隆的反义表达可对基因家族的各成员进行负调节，对病原体产生超敏感性（感受性过敏）。五是 O—醌的次生反应所产生的黑色素的痂可阻止感染的扩散。

②PPO 可促进伤口的愈合。

③PPO 作为一种氧化还原酶在光合作用中发挥作用。如能调节叶绿体中有害的光氧化的反应速度。

④目前生物化学及生理研究的结果仍很难回答 PPO 的生理生化功能。因为，一方面受伤或衰老会导致黑色素的形成，负调节 PPO 能大量提高作物质量。另一方面 PPO 的过度表达能减少害虫对作物的侵害，或通过影响植物蛋白形成抗营养机制，或在主状体渗出液中通过它启动聚合作用捕获昆虫。在 PPO 同工酶电泳实验中发现用

Cu^{2+}处理的多酚氧化酶较其他处理增加一条新的酶带而使得 PPO 活性增强，这正与前面的分析中铜处理下 PPO 活性明显增加相吻合。说明铜元素促进 PPO 活性增强实质上可有以下两种解释：首先，铜元素诱导产生一种同工酶蛋白，且这种酶蛋白的分子量介于已发现的原有两种同工酶蛋白之间；其次，Cu^{2+}作为一种激活剂，直接刺激到原有同工酶的一个酶原，产生酶原激活，使原有同工酶活性增强，故能提高苗木的抗逆性。

4. SOD 与林木抗逆性的关系

林木在逆境下（高温、低温、盐渍、干旱、光灼伤和污染物等）出现的伤害或植物对逆境的不同抵抗能力往往与体内 SOD 活性水平有关。人们对 SOD 与作物的抗热性、抗盐性、植物器官的发育之间的联系以及低温对 SOD 的影响所做的大量研究均表明，SOD 在防止膜系统的伤害方面具有一定作用。SOD 是一种能够清除氧自由基使得生物体抵御活性氧伤害的重要细胞保护酶。逆境下植物正常氧代谢受干扰，一方面提高了活性氧产率；另一方面有破坏了以 SOD 为主导的细胞保护系统。植物在这双重因素影响下，加速膜脂过氧化链式反应、增加过氧化有害产物积累、导致了细胞膜系统破坏及大分子生命物质的损伤，最后出现植物死亡。正常情况下，植株体内活性氧（衰老、导病无不与活性氧自由基的作用有关）的生成和清除处于动态平衡。当活性氧的浓度超过正常水平时，即对树体构成氧化胁迫，生物体为了减轻和防止活性氧损伤而自动形成应激机制，产生 SOD 等抗氧化酶类作为自身防护体系积累于体内。逆境植物体内 SOD 含量变化可能有两方面的含义：一是植物体通过自身 SOD 含量的变化使其自身顺利渡过逆境；二是植物对各种逆境的自卫反应。因此，SOD 可以作为植物抗逆性的生化指标。其抗性机理：氧作为电子传递的受体得到单电子时生成超氧物阴离子自由基（$O_2^{\bar{\cdot}}$），这种自由基可以转化成其他形式的自由基如羟基自由基（·OH）能破坏植物的核酸。SOD 则能以（$O_2^{\bar{\cdot}}$）为基质进行歧化反应，将毒性较强的（O_2^-）转化为毒性较小的 H_2O_2 和基态氧，避免毒性更大的（·OH）自由基的生成。然后再通过过氧化氢酶又可将 H_2O_2 分解，从而清除氧对植物的伤害。

SOD 典型的作用是清除氧自由基对植物造成的伤害。其表现为两个方面：一是逆境条件下林木体内活性氧的清除系统被破坏，活性氧的产生与清除失衡，过多的氧自由基的产生对酶产生了攻击并直接破坏酶的活性部位从而导致植物细胞受损。而 SOD 作为细胞保护酶在植物体内建立起活性氧清除系统，使细胞内产生的超氧自由基及时被清除。二是植物光系统Ⅱ的光合放氧过程使叶绿体处在局部高氧环境，这种高氧环境诱导的氧自由基的增加会抑制叶绿体的正常发育，降低叶绿体光合固定 CO_2 的能力。而 SOD 可减轻这种负面影响。Zn 对叶绿素的稳定作用可能就是通过超氧化物歧化酶实现的。

已有试验证明，在细胞损伤过程中，生物膜的破坏是由细胞产生的超氧自由基诱导脂质中的不饱和脂肪酸发生过氧化作用造成的。脂质过氧化作用中产生的脂质自由基不仅能连续诱发脂质的过氧化作用，而且可以使蛋白质脱氢产生蛋白质自由基，使蛋白质分子发生链式聚合，从而使蛋白质变性最终导致植物细胞损伤或死亡。丙二醛是脂质过氧化作用中的产物，因此，丙二醛含量的多少可以代表细胞的脂质过氧化水平和生物膜损伤程度的大小。而 SOD 的存在使生物能在有分子氧的条件下得以保持生命。在用铜、锌处理的过程中仁用杏过氧化作用受到抑制（植物细胞膜脂质过氧化作用产生丙二醛），这正与前面的分析中铜、锌处理下 SOD 活性有所增加相吻合。刘金龙（2003）在以华北落叶松为材料的试验中也得到同样结论。说明铜、锌对提高仁用杏抗逆性的促进作用反应在 SOD 活性的变化上，铜、锌通过增强 SOD 活性，清除超氧自由基，抑制细胞脂质过氧化作用从而提高苗木的抗逆性。

二、各因素的综合作用

综上所述，根据实验结果作出如下结论。

①不同器官 Cu 含量的年变化规律表明，Cu 与仁用杏苗木的生长发育有关，可促进生长部位的活动能力如新生枝条的延长生长、吸收根的吸收能力和提高叶片的光合作用；Cu 还是苗木抗寒性的基础条件之一。

②不同器官 Zn 含量的年变化规律表明，仁用杏各器官在苗木硬化期和树液流动期 Zn 含量较高，这与苗木的抗冷性以及苗木避免春旱和早春受冻有关，Zn 的存在与仁用杏的抗寒性和抗旱性有关。速生期各器官以叶中锌含量最大表明 Zn 可能参与叶片的光合作用。

③不同器官 PPO 活性的年变化规律表明，仁用杏树地上部分各器官的 PPO 活性明显高于地下部分。其中，叶全年平均 $0.209 \times 10^3 \mu/g$，枝中为 $0.290 \times 10^3 \mu/g$，干中为 $0.260 \times 10^3 \mu/g$，而根中的 PPO 活性均达不到 $0.10 \times 10^3 \mu/g$。从生长初期开始多酚氧化酶明显地向地上部分的强生长点回流；PPO 与地上部分的生长发育特别是枝条的发育和干的加粗生长有关，主要体现在抗虫性及受害后恢复生机的能力上。

④不同器官 SOD 活性的年变化规律表明，干、主根和侧根的 SOD 活性硬化期和速生期分别与生长初期和树液流动期差异极显著；在枝中分别表现出显著差异。除叶在生长初期较高外，其余各器官 SOD 活性由高到低依次顺序为硬化期、速生期、生长初期、树液流动期（枝中速生期高于硬化期）。超氧化物歧化酶是不良环境下苗木体维持正常生理代谢的基础条件，与仁用杏的抗寒性和抗旱性有关。

⑤PPO 和 SOD 可以作为研究仁用杏抗逆性的指标。

⑥不同处理下丙二醛含量的测定结果表明，在用铜、锌处理的

过程中仁用杏过氧化作用受到抑制（植物细胞膜脂质过氧化作用产生丙二醛），这正与不同处理对酶活性影响的分析中铜、锌处理下SOD活性有所增加相吻合。说明铜、锌对提高仁用杏抗逆性的促进作用反应在SOD活性的变化上，铜、锌通过增强SOD活性，降低超氧自由基含量，从而抑制细胞脂质过氧化作用来提高苗木的抗逆性。

⑦在PPO同工酶电泳实验中发现用Cu^{2+}处理的多酚氧化酶较其他处理增加一条新的酶带而使得PPO活性增强，这正与不同处理对酶活性影响的分析中铜处理下PPO活性明显增加相吻合。说明铜元素促进PPO活性增强的实质是：一是铜元素诱导产生一种同工酶蛋白，且这种酶蛋白的分子量介于已发现的原有两种同工酶蛋白之间；二是Cu^{2+}作为一种激活剂，直接刺激到原有同工酶的一个酶原，产生酶原激活，使原有同工酶活性增强，故能提高苗木的抗逆性。

⑧仁用杏不同生育期各器官间铜、锌含量变化规律对仁用杏生理代谢和生长发育过程中土壤的适时施肥具有指导意义，铜、锌对仁用杏抗逆性分析，可用于解决林木营养和平衡施肥问题以指导生产实践，为提高仁用杏生长过程中的抗逆性，扩大栽培范围，并为增加经济产量提供基础性研究。

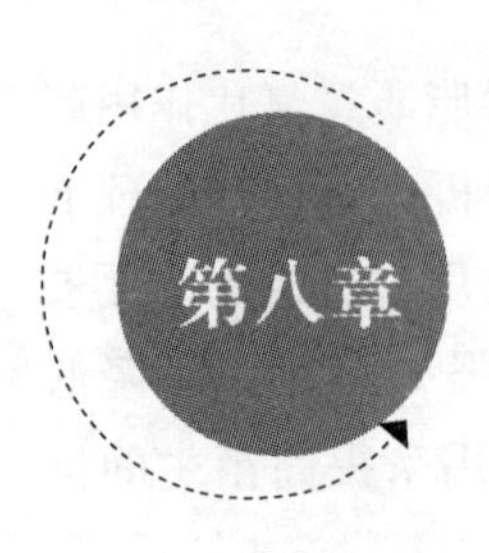

仁用杏抗寒机理研究结果与讨论

第一节　仁用杏抗寒生理学研究

一、低温处理仁用杏生理指标的变化

1. 不同品种枝条的组织含水量变化与抗寒性

对不同时期杏枝条组织含水量测定结果，见表 8 - 1。

表 8 - 1　杏品种枝条组织含水量的变化

品　种	组织含水量（%）		
	2009 年 12 月	2010 年 1 月	2010 年 2 月
兰州大接杏	54.78	72.43	65.57
沙金红	58.14	69.25	67.16
串枝红	53.32	67.41	63.24

由表 8 - 1 可以看出，组织含水量随着温度变化而发生变化，从 2009 年 12 月至翌年 1，2 月，组织含水量呈先上升后下降的趋势。在 2005 年 12 月和 2006 年 2 月 2 个生长时期，杏枝条组织含水量在品种间无规律变化，但 1 月份表现为抗寒性强的品种枝条含水量高于抗寒弱的品种。表明 1 月组织含水量高低可体现品种真实的抗寒力。

2. 不同品种枝条中束缚水含量/自由水含量比值的变化与抗寒性

由图8－1可以看出，3个杏品种的枝条内束缚水含量/自由水含量分别为26.76，17.87，12.67，不同品种的束缚水含量/自由水含量的比值差异比较大，变异系数CV%＝0.688 4。该比值的大小是衡量植物抗性的重要指标。束缚水含量/自由水含量比值大说明束缚水含量较多，其抗性较强。在兰州大接杏中束缚水含量/自由水含量比值（26.76）最大，其抗性最强，其他的2个品种的抗寒能力依次降低。

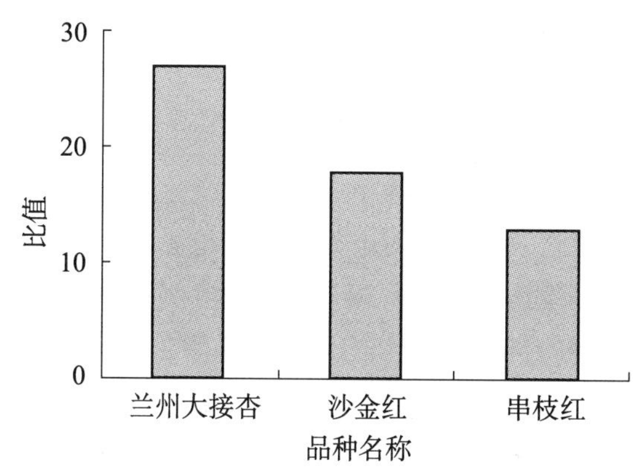

图8－1 杏枝条中束缚水含量/自由水含量比值

3. 低温处理下对杏品种枝条细胞膜透性与抗寒性

由图8－2可以看出，试验测定了杏1年生休眠枝条的电解质渗出率与温度的关系。低温胁迫条件下，各品种电解质渗出率变化的趋势基本类似，表现为相对电导率随着温度下降而上升，呈现“S”形曲线，其中，在－25℃与对照差异不大，在温度开始下降时，相对电导率有所下降；随着温度继续下降，相对电导率上升，说明低温处理使杏品种枝条细胞膜的受损程度加重；在－25℃后，各品种的相对电导率值发生突跃，在表中可以看到，各品种突跃程度不同，突变阶段出现的温度与相对电导率值大小反映了杏品种枝条抗寒性的差异；当温度下降到－30 ～ －35℃时，相对电导率增加缓慢。抗寒性强的兰州大接杏的相对电导率一直明显低于沙金红和串枝红，抗寒性差的串枝红的电导率一直较高。

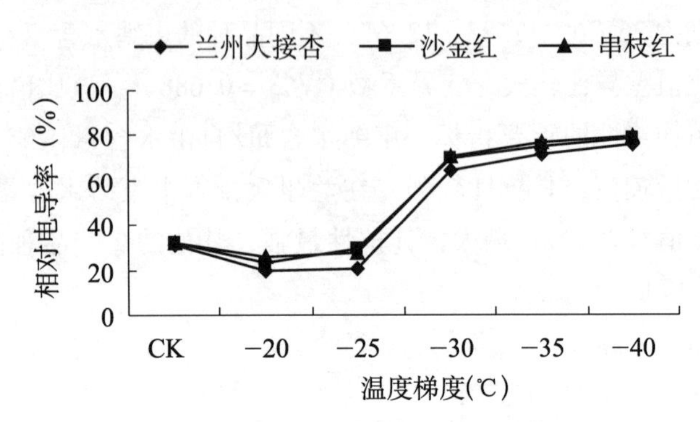

图 8－2　低温处理下杏枝条相对电导率的变化

温度开始下降时电解质渗出率的下降变化，是植物对逆境的反映。植物受逆境伤害时，相对电导率值总趋势是升高的，但在逆境伤害初期或受轻度伤害时，普遍有一个外渗值下降或没明显变化的阶段，这是植物的自我保护功能，随着温度的继续下降，受胁迫程度加重，时间延长，膜结构受严重损坏，电解质外渗率增加，从而导致了植物受伤或死亡。

4. 低温胁迫对花器官细胞膜透性的影响

低温胁迫下，3 个杏品种花器官膜透性变化情况，如图 8－3 所示。

由图 8－3 可以看出，不同品种、不同花器官电导率变化差异较大，总的趋势随温度的降低电导率变化以“S”形曲线上升。

同一品种花瓣、雄蕊和雌蕊在相同低温条件下，抗寒性有所不同。自－1 ～－5℃花瓣电导率增加缓慢，雄蕊电导率在－3℃出现跃迁，而雌蕊电导率在－1℃已剧增。以兰州大接杏为例，在－3℃处理花瓣电导率为 22%，而雄蕊、雌蕊电导率值分别为 38% 和 49%。表明花瓣的抗寒性比雄蕊、雌蕊强，雄蕊与雌蕊较幼嫩，对低温敏感，但雄蕊表现出较雌蕊强的抗寒性。因此，由实际观测和

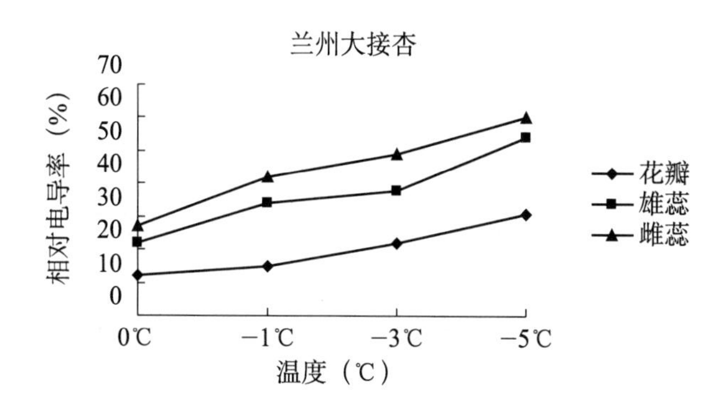

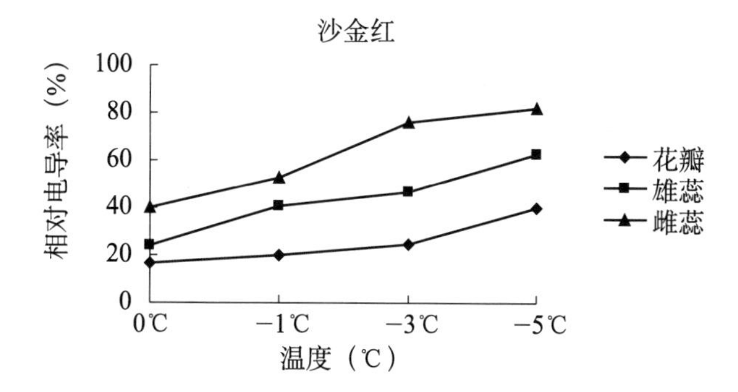

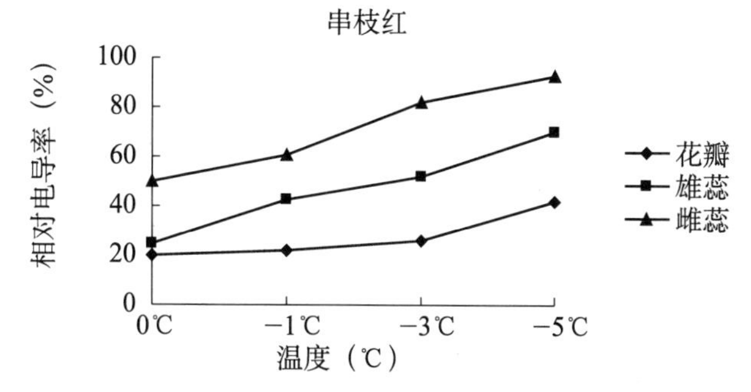

图 8 –3　低温处理下不同杏品种的花器官相对电导率变化

电导率测定推断，花器官抗寒性顺序为：花瓣 > 雄蕊 > 雌蕊。

由图 8 –3 还可以看出，3 个品种间相对电导率表现为串枝红 >

沙金红 > 兰州大接杏，在低温胁迫中，兰州大接杏的电导率最低，抗寒性最强，其次为沙金红，串枝红花器官电导率最高，抗寒性最差。

二、低温胁迫对可溶性蛋白含量的影响

1. 低温胁迫对杏品种枝条中可溶性蛋白含量的影响

可溶性蛋白质的亲水胶体性质强，能增加细胞持水力，遭受低温胁迫的植物，体内的可溶性蛋白质有所增加，以此对植物抗冷起调节作用。

从图 8－4 可见，3 个杏品种枝条在低温胁迫下，可溶性蛋白质总体趋势是增加的，在－40℃时可溶性蛋白质急剧增加，尤其是抗寒性强的兰州大接杏枝条中可溶性蛋白质含量增加趋势非常明显，且抗寒性强的品种枝条中的可溶性蛋白质含量始终高于其他品种。

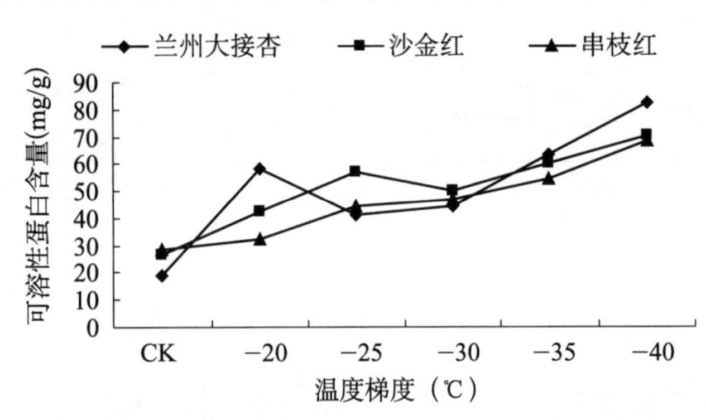

图 8－4　低温处理下杏品种枝条可溶性蛋白质含量变化

2. 低温胁迫对杏品种花器官中可溶性蛋白含量的影响

由图 8－5 可见，在低温处理过程中，3 个品种花器官中可溶性蛋白质含量均呈先上升后下降趋势。兰州大接杏和沙金红杏花器官可溶性蛋白质含量在－3℃时达最大值，而串枝红杏花器官可溶性蛋白质含量在－1℃时就已经达到最大值。在各低温处理间差异极显著。以兰州大接杏为例，－3℃时花瓣、雄蕊和雌蕊蛋白质含量分别较 0℃时增加 1.81，2.97，1.83 倍，而－5℃时可溶性蛋白质

含量分别降到 -3℃时的75.68%，74.70%，76.54%。表明随低温加剧，蛋白质合成受抑。

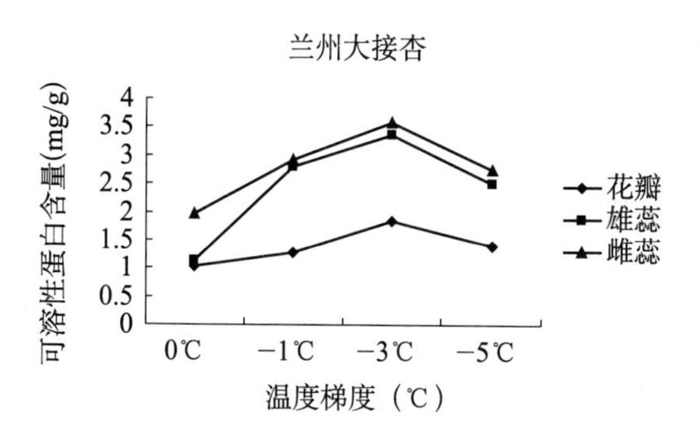

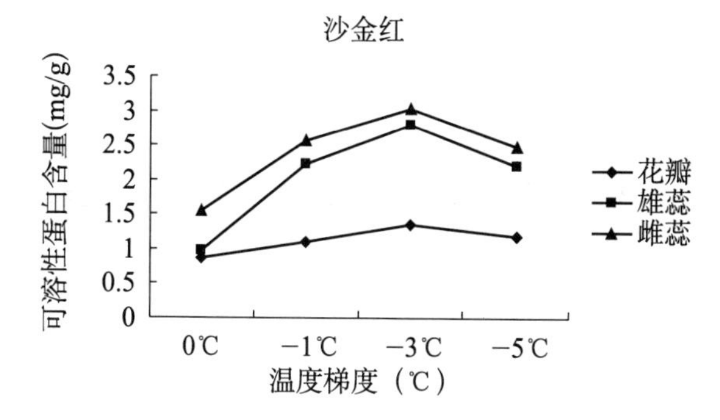

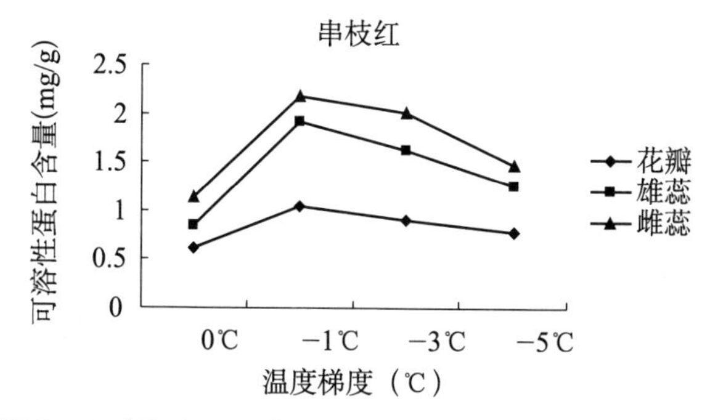

图8-5 低温处理下杏品种花器官可溶性蛋白质含量变化

三、低温胁迫对 MDA 含量的影响

1. 不同生长期各品种枝条 MDA 含量变化规律

MDA 是膜脂过氧化的产物，它的含量的增加或减少表明低温抑制或促进杏枝条内 SOD 和 POD 酶活性，使活性氧自由基不能有效的清除，加剧膜脂质过氧化作用影响杏枝条的抗寒性。试验研究结果，如图 8－6 所示。

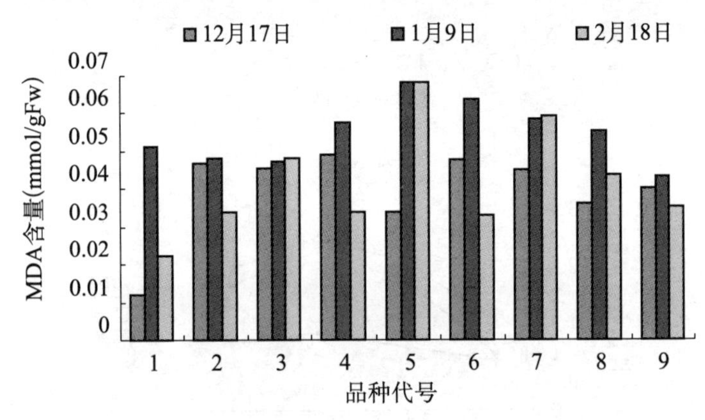

图 8－6　不同时期杏品种枝条 MDA 含量变化

从图 8－6 可以看出，相同的杏品种在不同时期不同温度条件下 MDA 含量不同，不同品种随着温度变化，MDA 含量也呈现出由低到高再到低的变化规律。品种间 MDA 含量变化差异显著。与其他试验对比可以发现，抗寒性差的品种 MDA 含量高，且随温度降低的增加幅度大。

2. 低温胁迫对杏品种枝条中 MDA 含量的影响

MDA 是膜脂过氧化的产物，其含量的多少是膜脂质过氧化作用强弱的一个重要指标，MDA 在低温胁迫下能进一步损伤生物膜。试验研究结果，如图 8－7 所示。

由图 8－7 可见，随着温度下降，枝条中 MDA 含量呈上升趋

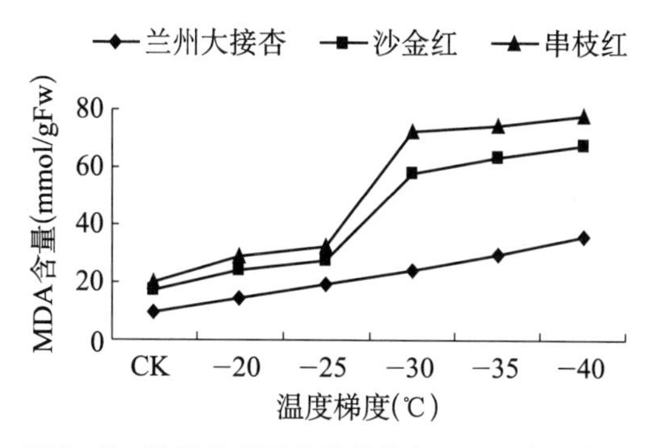

图8-7　低温处理下杏品种枝条MDA含量变化

势，品种间MDA含量变化差异显著。低温处理过程中，串枝红的MDA含量始终高于兰州大接杏。自-20～-30℃串枝红枝条MDA含量增加了43.09 mmol/gFw，而兰州大接杏只增加了10.01 mmol/gFw，表明了抗寒性差的品种MDA含量高，且随温度下降增加幅度大。

3. 低温胁迫对杏品种花器官中MDA含量的影响

从图8-8可看出，3个抗寒性不同的杏品种花器官的MDA含量变化都是随着温度的降低而增加，温度越低，MDA含量上升的趋势越明显；同一品种的不同花器官的MDA含量变化差异明显，总体趋势为雌蕊>雄蕊>花瓣；但在MDA含量上升的过程中，出现的高峰的早晚不同，抗性强的兰州大接杏出现的最晚，沙金红和串枝红较早。MDA含量也可作为一个预测植物抗寒的指标。

4. 低温胁迫对杏品种花器官中MDA含量的变化趋势

从图8-9中，可看出3个抗寒性不同的杏品种花器官的MDA含量变化基本上都呈“S”形曲线，串枝红在0℃、-1℃、-3℃、-5℃低温胁迫后，MDA含量分别为对照的1.17倍、2.01倍、2.8倍、3.89倍；兰州大接杏为1.17倍、1.46倍、1.92倍、2.97倍；沙金红为1.17倍、1.67倍、2.13倍、3.07倍，MDA含量均比对

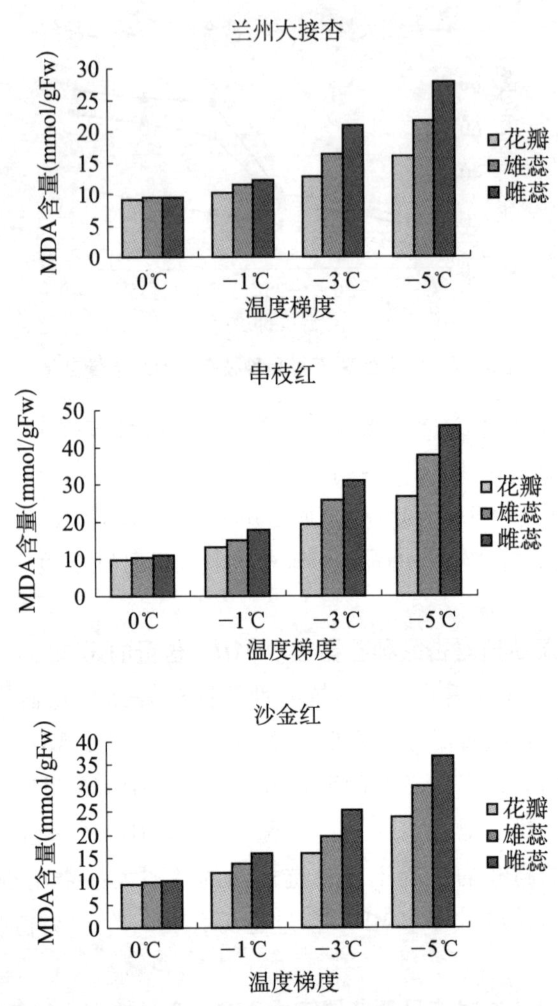

图 8－8　低温处理下不同杏品种花器官 MDA 含量的变化

照温度有不同程度的增加。随着温度的下降而上升，温度越低，MDA 含量上升的趋势越明显；但在 MDA 含量上升的过程中，出现的高峰的早晚不同，抗性强的兰州大接杏出现的最晚，沙金红次之，串枝红最早。MDA 含量也可作为一个预测植物抗寒的指标。

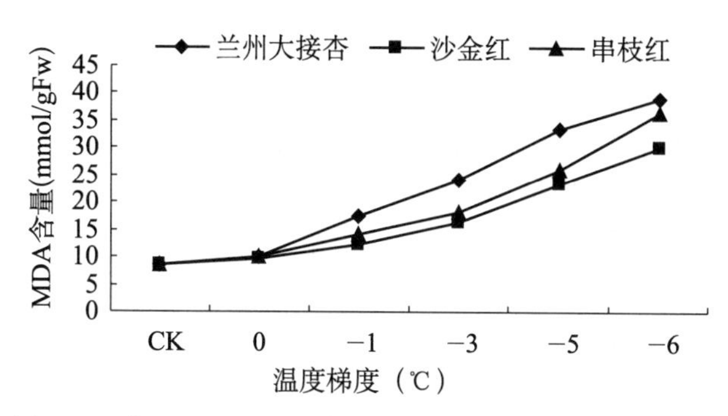

图 8－9　低温处理下不同杏品种花器官 MDA 含量变化趋势

四、低温胁迫对游离脯氨酸含量的影响

1. 不同生长时期各杏品种枝条游离脯氨酸含量变化规律

植物在正常条件下，游离脯氨酸含量很低，但遇到干旱、低温、盐碱等逆境时，游离脯氨酸含量便会大量积累，并且积累指数与品种的抗逆性有关，试验研究结果，如图 8－10 所示。

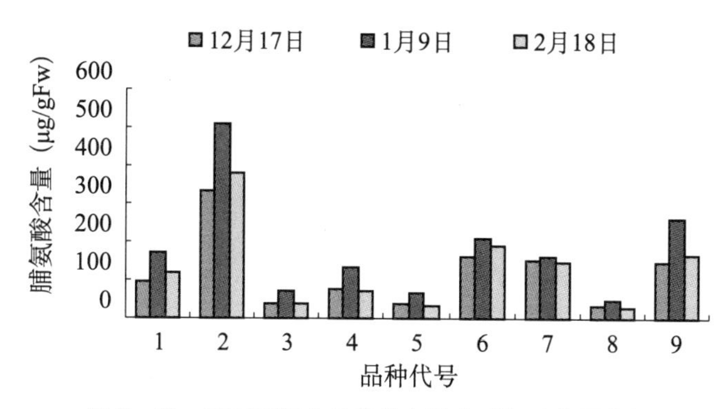

图 8－10　不同时期杏品种枝条游离脯氨酸含量变化

从图 8－10 中可以看出，总体上游离脯氨酸在植物体中的含量随着温度的降低而升高。1 月份数值最大，12 月和 2 月份数值较低。游离的脯氨酸可以提高植物组织液的浓度，降低结冰点，从而起到保护细胞和组织的作用。

2. 低温胁迫对杏品种枝条中游离脯氨酸含量的影响

由图 8－11 可见，随着处理温度下降，杏枝条中的游离脯氨酸含量呈明显增加趋势，越抗寒品种增加的倍数越高。抗寒性强的兰州大接杏的枝条中的游离脯氨酸含量增加倍数为 4. 27 倍，抗寒性弱的串枝红增加的倍数为 2. 41 倍。由此说明，在低温胁迫下，兰州大接杏的枝条能产生相对较多的游离脯氨酸来增加抗冻能力；沙金红枝条中游离脯氨酸含量居中，抗性次于兰州大接杏；串枝红较小，抗性最差。

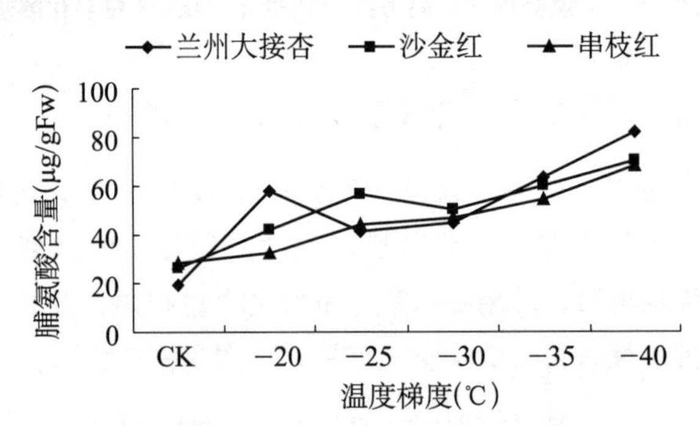

图 8－11　低温处理下杏品种枝条游离脯氨酸含量变化

3. 低温胁迫对杏品种花器官中游离脯氨酸含量的影响

由图 8－12 可以看出，沙金红和串枝红花器官脯氨酸含量随温

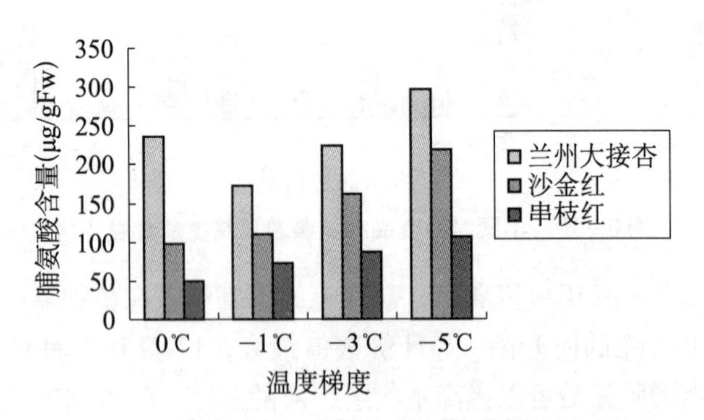

图 8－12　低温处理下杏品种花器官游离脯氨酸含量变化

度下降呈现升高趋势，并且沙金红在－3℃时脯氨酸含量发生大幅提升，串枝红在－1℃时开始大幅提升；兰州大接杏的花器官脯氨酸含量随温度下降呈现先降后升的变化趋势，并且在－5℃时脯氨酸含量发生大幅提升。由此说明，在低温胁迫下，兰州大接杏的花器官能产生相对较多的游离脯氨酸来增加抗冻能力，所以，兰州大接杏受冻害最晚，沙金红次之，串枝红最早。

第二节 低温胁迫对 SOD、POD 酶活性的影响

一、低温胁迫对枝条中 SOD、POD 活性的影响

SOD 和 POD 作为清除活体氧和自由基的保护酶，其活性大小可反映细胞对逆境的适应能力。低温处理下，杏品种 1 年生休眠枝条保护酶活性变化如图 8－11。

由图 8－13 可以看出，3 个品种 SOD 活性随温度的变化规律是相似的，变化趋势为“升—降—升—降”，即在－25℃和－35℃出现两个高峰，从 CK ～－25℃中 SOD 活性呈上升趋势，这是枝条对外界环境胁迫产生的保护性应激反应。随着温度继续降低，SOD 活性下降，表明低温胁迫对 SOD 酶活性产生抑制作用。

POD 活性由 SOD 酶代谢产生的 H_2O_2 激活，POD 酶活性随着温度下降的变化趋势与 SOD 也相类似。在整个降温过程中，枝条中的 POD 活性总体变化趋势为“升—降—升”，即大多数品种在－20℃有一个小高峰，而－40℃又达到一个高峰。在－20℃以后，抗寒能力强的品种的酶活性一直较高，但比较 POD 和 SOD 活性变化两图发现：POD 酶活性开始降低的温度较 SOD 低。以串枝红为例，POD 酶活性开始降低温度较 SOD 酶活性低 5℃，因此，在维持膜系统稳定性方面 POD 酶活性有更持久的作用。

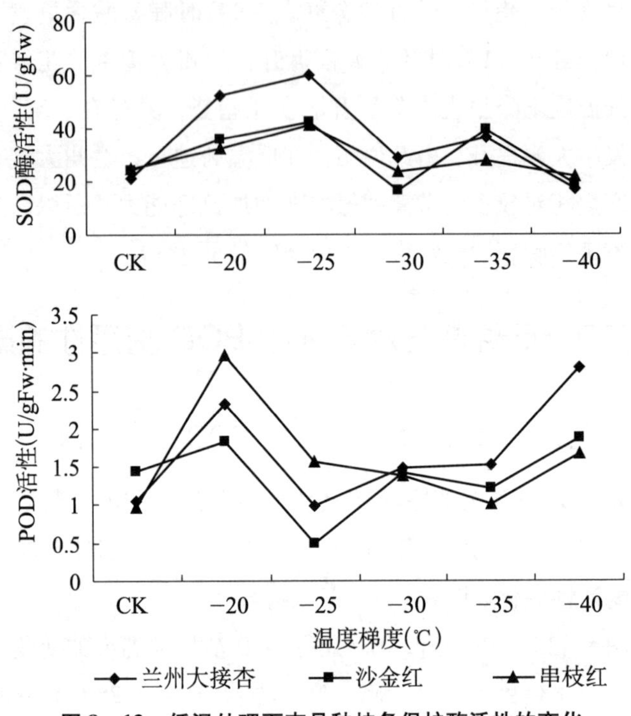

图 8－13　低温处理下杏品种枝条保护酶活性的变化

二、低温胁迫对杏品种花器官中 SOD、POD 酶的影响

1. 低温 SOD 酶活性的影响

由图 8－14 可看出，除兰州大接杏花瓣 SOD 酶活性在整个低温处理过程中一直呈上升趋势外，3 个品种花器官 SOD 酶活性变化随温度的降低表现为先升后降。同一低温处理下，兰州大接杏花器官 SOD 酶活性均较沙金红和串枝红花器官高。在低温胁迫过程中，SOD 酶活性总的趋势是兰州大接杏 > 沙金红 > 串枝红。

3 个品种花器官中均以花瓣 SOD 酶活性最高，沙金红和串枝红花瓣 SOD 酶活性在－3℃时受低温抑制开始下降，而兰州大接杏则一直呈上升趋势，雄蕊与雌蕊 SOD 酶活性在－1℃左右不同程度下

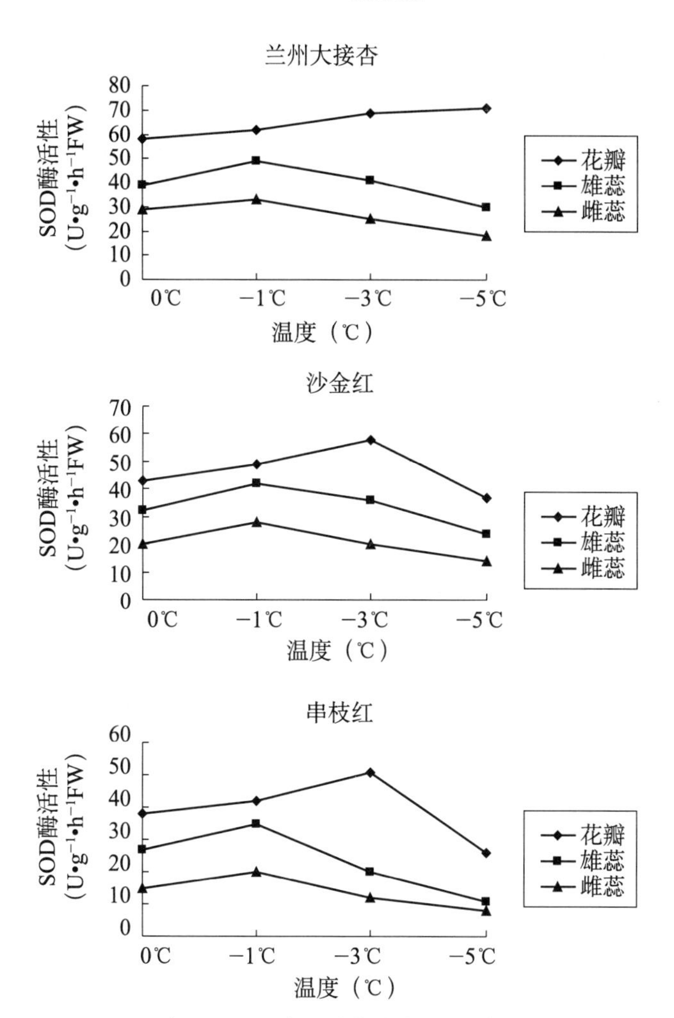

图 8－14　低温处理下杏品种花器官 SOD 酶活性的变化

降，受影响温度较花瓣提高约 2 ～3℃。

2. 低温对 POD 酶活性的影响

由图 8－15 可以看出，整个降温过程中 3 个品种花瓣的 POD 酶活性始终保持上升趋势，雌蕊 POD 酶活性则呈现先上升后下降的趋势，兰州大接杏雄蕊 POD 酶活性始终保持上升趋势，而沙金红和串枝红 2 个品种雄蕊 POD 酶活性呈现先上升后下降的趋势。在整个降温过程中，串枝红花器官 POD 酶活性均低于兰州大接杏，沙金红居中。3 个品种花器官 POD 酶活性大小表现为花瓣 > 雄蕊 > 雌蕊。

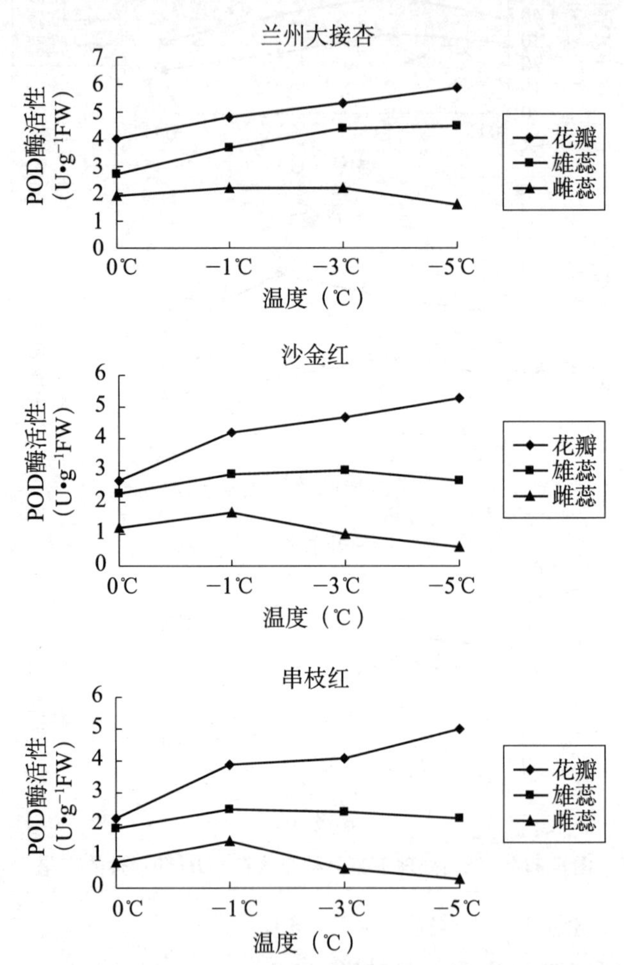

图 8－15　低温处理下杏品种花器官 POD 酶活性的变化

3. 低温处理对不同品种 POD、SOD 酶活性的变化趋势

由图 8－16 可以看出，SOD 活性可以反映细胞对逆境的适应能力。随温度下降，各品种杏花器官 SOD 酶活性呈先上升后下降的趋势。在常温到 -1℃，各品种杏花器官 SOD 酶活性较高且呈上升趋势；随着温度的继续下降，酶活性急剧下降。品种间酶活性差异明显，变化幅度不同，但趋势基本相似，即抗寒性强的兰州大接杏 SOD 单位活力变化幅度较串枝红和沙金红小，串枝红变化的幅度最大。而且抗寒性强的兰州大接杏花器官保持着较高的酶活性，沙金红次之，串枝红最低。

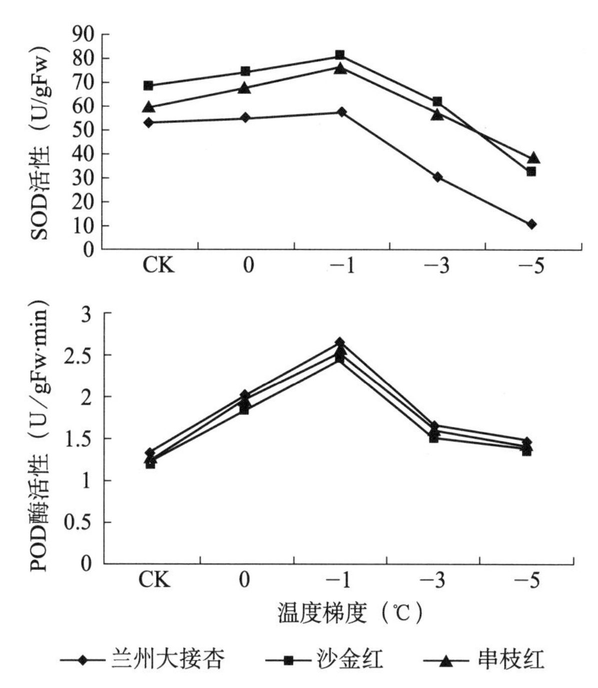

图 8-16　低温处理下不同杏品种花器官的保护酶活力的变化

由图 8-16 还可见，随温度的降低，杏花期 POD 酶活性的总体变化趋势为“升 - 降 - 升”，变化趋势明显，且抗寒性强的品种的花器官的 POD 酶活性略低于不抗寒的品种。-1℃后，POD 活性呈下降的趋势；-3℃时酶活性上升趋势缓慢。品种间 POD 酶活性高低顺序为：串枝红 > 沙金红 > 兰州大接杏。

三、不同生长期各杏品种枝条保护酶活性变化规律

9 个杏品种枝条 SOD 酶活性随温度改变的变化规律参见第七章第二节。

POD 是植物细胞的保护性酶，在维持膜系统稳定性方面有持久的作用，POD 酶活性的变化能在一定程度上反映品种的抗寒性大小，POD 活性越高，抗寒能力越强；POD 值的变化越大，抗寒能力越强。研究结果如图 8 – 15 的变化趋势看，各个品种枝条 POD 活性总体上是随温度的变化而变化的。

由图 8 – 17 可以看出，POD 的变化趋势，各个品种枝条 POD 活性总体上是随温度的变化而变化的。

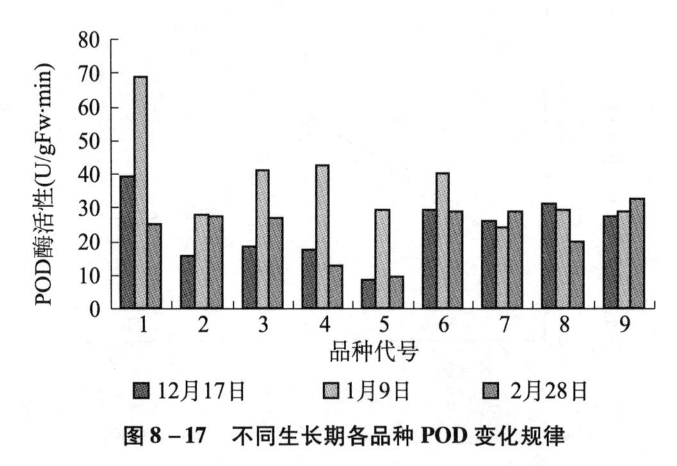

图 8 – 17　不同生长期各品种 POD 变化规律

第三节　仁用杏各品种抗寒机理研究

一、低温胁迫对杏各品种花器官褐变率的影响

从表 8 – 2 可看出，各品种花器官的褐变率随着温度的降低呈

上升趋势，温度越低，褐变越严重。在0℃、-1时，花器官均未受到冻害，褐变率为零，-2℃处理时，鸡蛋杏和大杏梅2个品种的雌蕊开始出现褐变，-3℃处理时，4个品种花器官开始出现褐变，-4℃处理后花器官褐变率迅速增加。从褐变率的统计可知，杏花器官受害温度为-3～-5℃。不同花器官抗寒性由强到弱的顺序为花瓣>雄蕊>雌蕊。褐变率的变化可作为花器官抗寒性鉴定的简便指标。

表8-2 不同温度时花器官的褐变率

品种	花器官	不同温度时花器官的褐变率（%）					
		0℃	-1℃	-2℃	-3℃	-4℃	-5℃
兰州大接杏	花瓣	0	0	0	10	12	70
	雄蕊	0	0	0	21	49	87
	雌蕊	0	0	0	38	82	100
银香白	花瓣	0	0	0	25	35	74
	雄蕊	0	0	0	37	43	96
	雌蕊	0	0	0	62	87	100
鸡蛋杏	花瓣	0	0	0	43	76	97
	雄蕊	0	0	0	59	80	100
	雌蕊	0	0	20	82	91	100
大杏梅	花瓣	0	0	0	43	88	100
	雄蕊	0	0	0	79	91	100
	雌蕊	0	0	35	92	96	100

二、不同低温不同花期花器官的褐变率

组织结冰是花遭受霜冻的重要原因，褐变是受害的最直接表现。杏花在受冻害后，外部形态会发生变化，随机选取30朵花，以花器官呈水渍状为受冻统计冻害率。

从表8-3可看出，“沙金红杏”花器官在进行一系列温度梯度降温处理后，褐变率随温度的降低呈上升趋势；温度越低，褐变越

严重。在蕾期 -5 ～ -3℃时，花器官均未受到冻害，褐变率为0；在蕾期 -7℃、盛花期 -3℃处理0.5 h后，雌蕊开始褐变，而花瓣和雄蕊均表现正常；继续低温处理至蕾期 -9℃，盛花期 -5℃时，雌蕊，雄蕊和花瓣严重褐变，并呈水渍状。对上述数据配合 Logistic 方程，按求导法，可得出“沙金红杏”花蕾的 LT50 = -7.3℃，盛花的 LT50 = -3.9℃。可以得出同一个品种的花蕾与盛花的抗寒性不同，蕾期的抗寒性最强，盛开花次之。并由褐变率的统计可知：同一品种不同花器官抗寒性由强到弱的顺序是：花瓣 > 雄蕊 > 雌蕊。

表8-3　不同低温处理下“沙金红杏”花器官的褐变率

处理温度	褐变率（%）			处理温度	褐变率（%）		
（℃）	花瓣	雄蕊	雌蕊	（℃）	花瓣	雄蕊	雌蕊
花蕾				盛花			
CK	0	0	0	CK	0	0	0
-3	0	0	0	-3	0	2	37
-5	0	0	0	-5	39	61	100
-7	38	49	63	-7	100	100	100
-9	100	100	100				

第四节　杏不同器官间的抗寒性相关性分析

一、冻害对不同品种花期的影响

山西太谷地区在2006年、2009年、2012年、2014年4月10～25日经常出现冻害天气，突遇的强寒流侵袭，下午气温开始下降，伴有雨雪，至第二天凌晨，温度降到 -7℃左右，出现严重的霜冻，杏花受冻严重。针对杏品种花期在太谷地区的受冻情况进行了调查统计，比较调查品种的开花物候期与受霜害的情况，见表8-4。

表 8-4 不同杏品种花期受冻情况

	始花期	总数	调查花数			正常花受冻率	花受冻率（%）	坐果数	坐果率（%）
			正常花数	败育花数	花败育率（%）				
沙金红	4月2日	232	93	139	59.91%	59	63.44%	23	24.73%
串枝红	3月31日	191	64	127	66.49%	43	67.19%	11	17.18%
兰州大接杏	4月1日	267	63	204	76.41%	43	68.25%	10	15.87%
金荷包	4月5日	205	164	39	19.02%	143	87.19%	8	4.81%

由表 8-4 可以看出，不同杏品种花期受冻害发生时表现有明显差异。山西省乡土品种沙金红花期的抗霜性最强，花器霜害为 63.44%，坐果率为 24.73%，败育花比例相对较低，坐果率相对较高，今年受霜冻严重仍有一定产量；而金荷包花期抗霜性最差，花器受害率达 87.19%，坐果率仅为 4.81%。

一般认为杏的抗霜的强弱主要表现在开花的早晚上，即抗霜性好的品种主要是晚开花，使其花期避开晚霜的缘故。但从表 8-4 的统计结果反映出，在同样的气候条件下，杏品种开花的早晚差别并不大，早开花的兰州大接杏的花期抗霜性的霜害程度均轻于晚开花的金荷包品种。杏品种花期抗霜的差异不完全在于开花的早晚，而与本身的抗性有密切的关系。

二、不同杏品种的低温需求和 LT_{50} 之间的关系

在对沙金红、串枝红、兰州大接杏、金荷包的各组织或器官的低温需求量和 LT_{50}，由表 8-5 可以看出：

① 4 个杏品种 1 年生休眠枝条的半致死温度（LT_{50}）变化在 -29.4 ～ -33.4℃，花蕾 LT_{50} 变化在 -6.0 ～ -8.2℃，盛开花 LT_{50} 变化在 -2.9 ～ -3.1℃，幼果 LT_{50} 变化在 -1.1 ～ -1.9℃，不同器官间的抗寒力大小为杏 1 年生休眠枝条 > 花蕾 > 盛开花 > 幼果；

② 同一品种的花芽，叶芽，芽通过自然休眠对低温的要求不同，对同一品种而言，叶芽的低温需求量 > 花芽低温需求量；

③ 不同杏品种对低温需求量不同，在这4个品种中，花芽的低温需求量大510 ～760个低温单位，叶芽的低温需求在500 ～750个低温单位，芽的低温需求量在510 ～760个低温单位。

表8－5　4个杏品种的低温需求量和LT50

品种	花芽CR	叶芽CR	芽CR	1年生休眠枝LT50（℃）	花蕾LT50（℃）	盛开花LT50（℃）	幼果LT50（℃）
沙金红	710	730	730	－31.7	－7.0	－3.7	－1.7
串枝红	630	670	670	－29.8	－6.8	－2.9	－1.2
兰州大接杏	760	750	760	－33.4	－8.2	－5.5	－1.9
金荷包	510	500	510	－29.4	－6.0	－3.1	－1.1

4个品种中，抗寒性最强的兰州大接杏的低温需求量最大，抗寒性最弱的金荷包的低温需求量最小。

三、低温需求与抗寒性的关联

从表8－6可以看出，4个杏品种的花芽、叶芽、芽、1年生休眠枝、花蕾、盛开花、幼果的抗寒力的测定，通过对杏品种低温需求量与抗寒性的相关分析。

表8－6　杏品种低温需求量与抗寒性的相关分析

	花芽CR	叶芽CR	芽CR	1年生休眠枝LT50（℃）	花蕾LT50（℃）	盛开花LT50（℃）	幼果LT50（℃）
花芽CR	1.000						
叶芽CR	0.796**	1.000					
芽CR	0.912**	0.937**	1.000				
1年生休眠枝LT50	0.164	0.034	0.063	1.000			
花蕾LT50	0.485*	0.152	0.396	0.835**	1.000		
盛开花LT50	0.352	0.043	0.249	0.615*	0.847**	1.000	
幼果LT50	－0.082	－0.137	－0.086	0.510*	0.582*	0.618*	1.000

** 表现极显著相关；* 表现显著相关

① 1 年生休眠枝的抗寒性（LT50）与花蕾，盛开花，幼果的抗寒性（LT50）之间存在相关关系，均达到 5.0% 的显著水平，$r_{枝:花蕾}$ = 0.635，$r_{枝:盛开花}$ =0.615，$r_{枝:幼果}$ =0.510，说明通过测定出杏 1 年生休眠枝条、花蕾、盛开花及幼果其中的任一器官组织，都可以推测到植株另外器官或组织的抗寒性，这 4 个指标的都可以作为杏树的抗寒的测定。

② $r_{花蕾:花芽}$ = 0.485，$r_{花蕾:芽}$ = 0.396，说明了花蕾的抗寒性（LT50）大小与花芽低温需求量有关。花蕾的抗寒性（LT50）强，花芽所需的低温积累量就高，反过来说，花芽低温需求量越高，花蕾的抗寒性越强；同时，花蕾的 LT50 与 1 年生休眠枝、盛开花、幼果的 LT50 呈极显著相关，因此，通过测定花蕾的 LT50 预测杏的抗寒力也是比较准确的。

③ 从杏品种的低温需求量来看，花芽、叶芽以及芽的低温需求量之间存在的相关关系均达到了 1.0% 的极显著水平，通过花芽的低温需求量可预测出此品种的低温需求量。

第五节 不同仁用杏品种抗寒性比较研究

1. 不同杏品种生理生化指标实测值比较

在研究不同杏品种间抗寒性大小的过程中，采用了 6 种不同的生理生化指标，对 15 个杏品种 1 年生枝条经低温处理后得出的抗寒性指标的测定结果，见表 8 -7。

表 8 -7 对不同杏品种抗寒性进行比较时采用的指标及数值

编号	品种	相对电导率（%）	POD（U/g Fw · min）	SOD（U/ gFw）	MDA 含量（mmol/ gFw）	蛋白质含量（mg/gFw）	脯氨酸含量（μg/gFw）
1	鸡蛋杏	28.4	11.56	3.38	24.68	295.93	115.26
2	意大利 2 号	23.9	12.89	3.29	27.03	293.31	22.58
3	兰州大接杏	14.1	5.82	3.37	21.55	305.29	95.37

（续表）

编号	品种	相对电导率（%）	POD（U/g Fw·min）	SOD（U/ gFw）	MDA 含量（mmol/ gFw）	蛋白质含量（mg/gFw）	脯氨酸含量（μg/gFw）
4	串枝红	15.7	7.64	3.19	19.43	167.53	79.24
5	软条京	16.8	5.78	3.16	22.52	94.10	163.14
6	银香白	19.1	20.22	3.33	17.48	236.39	72.66
7	麻真核	13.4	12.89	3.20	23.13	69.57	30.14
8	猪皮水杏	16.8	14.4	3.35	14.83	272.53	51.72
9	大杏梅	10.7	11.56	3.22	14.23	296.12	96.79
10	华县大接杏	19.1	17.33	3.21	17.5	266.91	101.12
11	山黄杏	15.1	8.67	3.56	16.81	112.82	141.48
12	红荷包	14.3	14.44	3.26	17.33	209.43	80.71
13	金荷包	25.6	19.17	3.48	22.69	106.45	328.27
14	苹果杏	17.3	11.56	4.18	14.85	244.82	159.83
15	沙金红	20.4	5.78	3.20	15.94	275.90	293.35

2. 各生理生化指标的相关分析

对表 8－8 中 15 个杏品种 1 年生枝条的 6 个抗寒指标进行相关分析，从不同生理生化指标的相关系数阵（如表 8－8）可以看出：相对电导率与 POD 活性、MDA 含量、SOD 活性呈极显著相关，与可溶性蛋白、游离脯氨酸呈显著相关，相对电导率可以代表这些指标的绝大部分信息，从而验证了相对电导率可以作为快速鉴定的单因素指标；同时，从表 8－8 中还可以看出 SOD 活性与游离脯氨酸和可溶性蛋白呈极显著相关，与相对电导率、POD 活性呈显著相关；MDA 含量也与其他多数指标呈极显著相关，SOD 活性、MDA 含量也在一定程度上均可作为单一指标进行抗寒性的鉴定。

表 8－8　杏抗寒性指标的相关矩阵

	相对电导率	POD 酶活性	SOD 酶活性	MDA 含量	蛋白质含量	脯氨酸含量
相对电导率	1.000 00					
POD 酶活性	−0.761 1**	1.000 00				
SOD 酶活性	−0.363 5**	−0.357 2*	1.000 00			
MDA 含量	+0.846 2**	−0.219 4	−0.157 3	1.000 00		

（续表）

	相对电导率	POD 酶活性	SOD 酶活性	MDA 含量	蛋白质含量	脯氨酸含量
蛋白质含量	+0.477 4*	-0.293 4	-0.847 5**	-0.335 2*	1.0000 0	
脯氨酸含量	-0.332 8*	+0.281 3	+0.871 6**	+0.107 7	-0.318 7*	1.000 00

** 表现极显著相关；* 表现显著相关

3. 主成分分析

采用主成分分析法，对15个杏品种进行抗寒性指标综合评价，结果见表8-9。

表8-9　主成分特征值，贡献率及积累贡献率

主成分	特征值	相邻特征值	贡献率	积累贡献率
PRIN1	2.189 57	0.740 828	0.364 929	0.364 93
PRIN2	1.448 74	0.455 583	0.241 457	0.606 39
PRIN3	0.993 16	0.138 276	0.165 527	0.771 91
PRIN4	0.854 88	0.409 162	0.142 481	0.914 39

由表8-9可见，前4个主成分的累积贡献率达到了91.439%，已反映了6个抗寒指标的大部分信息，所以，可以利用前4个主成分进行参试品种间的抗寒综合分析。

表8-10　主成分分析因子载荷阵

因素	PRIN1	PRIN2	PRIN3	PRIN4
X1	-0.084 5	0.762 8	-0.024 3	0.008 2
X2	-0.618 9	-0.036 7	0.255 6	0.104 6
X3	0.238 2	0.262 2	0.673 3	0.582 2
X4	0.537 5	0.223 5	-0.465 9	0.235 4
X5	-0.381 6	0.519 7	-0.232 6	-0.157 1
X6	0.471 3	-0.149 2	0.247 8	0.453 1

由表8-10看出，前4个主成分的贡献率分别为36.493%，24.146%，16.553%，14.248%，积累贡献率达到91.439%，说明

PRIN1、PRIN2、PRIN3、PRIN4 等 4 个主成分起的作用非常重要。由表 8－10 可以看出，通过这 4 个主成分所反映的各指标在杏树抗寒能力测定中所起的作用有差异，其中，主成分 PRIN1 主要反映 SOD 酶活性、MDA 指标的作用；主成分 PRIN2 主要反映相对电导率、POD 酶活性、SOD 酶活性、MDA 指标的作用；主成分 PRIN3 主要反映 POD 酶活性、SOD 酶活性指标的作用；主成分 PRIN4 主要反映 SOD 酶活性、POD 酶活性、MDA 和相对电导率指标的作用。

4. 抗寒力排序

表 8－11 列出了所有参试品种的 4 个主成分的主成分值，根据公式∑λjuj（λ：主成分贡献率，u：杏品种主成分值，j：1 ～4,)，可以求出杏品种的抗寒力大小（张军科等，1999)，结果，见表 8－12。

表 8－11　杏种和品种的主成分蘖节值

品种序号	PRIN1	PRIN2	PRIN3	PRIN4
6	2.402 96	0.386 57	0.887 46	0.708 38
10	2.163 26	0.286 96	0.453 25	0.710 67
9	－1.207 64	－0.920 74	0.365 62	0.505 17
8	1.095 02	0.102 91	－0.331 96	－0.564 69
12	－0.906 77	－1.039 41	0.415 65	0.713 81
14	0.628 59	0.816 04	－0.170 17	1.066 44
4	0.143 27	1.629 38	0.497 21	0.642 08
1	0.010 75	2.789 99	0.224 66	0.560 74
15	0.301 16	－0.441 45	－0.119 98	2.060 21
2	－0.679 29	1.462 15	1.636 73	0.752 41
3	0.983 77	0.177 06	0.533 45	0.302 79
11	1.068 72	0.352 44	1.970 32	1.199 92
5	－1.217 26	1.080 34	－0.698 74	－0.703 03
7	1.270 35	2.101 71	1.279 22	0.715 32
13	2.894 57	0.374 93	1.561 22	－0.472 53

表 8－12 参试品种的抗寒力排序

排序号	品种代号	品种	抗寒力
1	3	兰州大接杏	+1.116 1
2	12	红荷包	+0.744 1
3	15	沙金红	+0.347 8
4	2	意大利 21 号	+0.210 1
5	14	苹果杏	+0.117 4
6	6	银香白	+0.106 3
7	11	山黄杏	+0.003 4
8	4	串枝红	−0.016 7
9	5	软条京	−0.097 3
10	1	鸡蛋杏	−0.138 3
11	10	华县大接杏	−0.344 5
12	7	麻真核	−0.427 2
13	8	猪皮水杏	−0.432 3
14	13	金荷包	−0.521 8
15	9	大杏梅	−0.756 3

从表 8－12 中可看出，抗寒力较大的品种有兰州大接杏、红荷包、沙金红、意大利 21 号等，抗寒力较小的有华县大接杏、麻真核、猪皮水杏、金荷包、大杏梅。

第六节 小 结

一、关于仁用杏各品种抗寒性鉴定方法和指标

以往对杏品种抗寒性研究中多来自田间自然调查结果的室外鉴定，或限于对生态、形态、理化、代谢或生化的单指标进行抗寒性鉴定，但植物的生理过程是错综复杂的，植物的抗性受多种因素影响，孤立的用单一指标很难反映植物的抗寒的实质，也不利于揭示植物抗寒的本质。为了全面准确的利用各种指标对植物的抗性进行

综合评价，克服单指标鉴定的不足，本实验中通过综合评价方法——主成分分析法对杏品种的抗寒性进行了评价，进一步比较了各个指标对杏抗寒性的贡献，发现在测定杏品种抗寒性的诸多指标中，相对电导率、SOD 酶活性、MDA 含量与其他指标的相关性较好。

同时，通过主成分分析可以看出，在实验中的 15 个杏品种中，抗寒力较大的品种有：兰州大接杏、红荷包、沙金红、意大利 21 号；抗寒力较小的品种有：华县大接杏、麻真核、猪皮水杏、金荷包、大杏梅。该抗寒力排序结果与张军科的结论相一致，说明通过主成分分析法可以较客观的评价杏品种抗寒性。但抗寒力排序结果与生产实际存在一定差异性，可能与采样时期、树体挂果量以及栽培管理等因素有关。

1. 杏花器官的抗寒性

杏树早春开花早，常受到晚霜危害，一方面直接造成花器官冻害；另一方面花期低温影响蜜蜂活动，导致传粉受精不良，影响坐果，因此，如何避免或减轻晚霜危害对杏的生产具有重要意义，在选择花期抗霜害品种时，花期鉴定更符合生产实际。通过人工模拟霜害试验可知花器官抗寒力大小为：蕾期 > 盛花期，花瓣 > 雄蕊 > 雌蕊。这可能与花的发育进程有关，发育停止越迟，抗寒力越差。雄蕊、雌蕊和花瓣由于水分含量高，遇到低温，极易受到冻害，杏花褐变统计结果也证实了此点。雌蕊是花器官受冻最敏感的部位，一旦受冻，整个花就失去结果的能力，在品种选育中，要特别注意雌蕊耐寒品种的选育。

然而花期抗寒性鉴定由于脱锻炼、物候期、休眠深度、生长发育过程等差异，必然影响抗寒性顺序，因此，有必要研究是否可以较易进行鉴定的组织的抗寒性代替花器官的抗寒性。在试验结果表明，1 年生休眠枝的抗寒性（LT50）与花蕾，盛开花，幼果的抗寒性（LT50）之间存在相关关系，即冬季低温下枝条的抗寒性，与春季低温条件下花器官抗霜性呈正相关。同时，花蕾的 LT50 与 1 年生休眠枝、盛开花、幼果的 LT50 呈极显著相关，通过测定花蕾的 LT50 预测杏的抗寒力也是比较准确的。

在同样的气候条件下，杏品种开花的早晚差别并不大，杏品种花期抗霜的差异不完全在于开花的早晚，而与本身的抗性有密切的关系。

2. 生物膜与杏树抗寒性的关系

植物处于逆境条件下，细胞内自由基的产生和清除的平衡遭受破坏，导致植物体内生理，生化功能发生变化，细胞内代谢被破坏，引发或加剧了膜脂过氧化作用，造成细胞膜系统的损伤，膜脂过氧化最重要的产物丙二醛（MDA）可以扩散到其他部位，破坏体内多种反应的正常进行，膜脂过氧化的结果，使膜结构和功能受到损伤，严重时导致细胞死亡。电解质渗透作为耐冻的一个指标，该指标曾用于不同的作物，如柑橘、荔枝、葡萄、核桃、苹果等，用于分析低温条件下细胞膜功能受迫的效应。电解质渗透率的变化来反映组织的伤害程度和植物的抗冻性大小，通常利用低温伤害前后的相对电导率来表示膜内电解质渗透率。

在试验中，在对杏 1 年生休眠枝条在低温处理条件下的电解质渗出率与温度的关系的研究中出现了 -25℃ 的突跃临界点，各品种的相对电导率值发生急剧增加，说明了低温使细胞膜的受损程度加重；在不同的低温处理条件下，MDA 含量与植物的抗寒性呈负相关，抗寒性强的品种，MDA 含量少。随着温度的降低，杏花的 MDA 含量逐渐升高，耐寒能力弱的品种 MDA 含量更高，且剧增高峰出现的更早；对兰州大接杏、沙金红和串枝红枝条与花器官 MDA 含量变化的测定与电解质渗出所测定结果基本一致，表明了 MDA 含量的变化和相对电导率都可以作为抗寒鉴定的指标。这种指标的可靠程度决定于组织类型、冷冻胁迫的程度以及植物物种，要把它用于植物育种的选择还应不断研究积累经验。

3. 水分含量与杏树抗寒性的关系

水是植物体内的重要组成部分，其含量常常是控制生命活动强弱的关键因素。植物体内的水分有两种存在状态，即束缚水和自由水。纪忠雄发现柑橘各品种抗寒性程度的增强与束缚水含量/自由水含量比例呈逆增的关系，认为束缚水含量/自由水含量比例的高低可以衡量不同植株抗寒性的强弱。这与本试验结果相一致，兰州大接杏在整个越冬期间的束缚水含量/自由水均大于抗寒弱的其他2个品种。另外，在休眠期的杏枝条组织含水量分稍有差异，但差异不明显，且杏枝条组织含水量在品种间无规律变化。束缚水含量/自由水含量在不同品种的比值差异比较大，能反映品种之间的抗寒性的高低。但两者间无相关性，即含水量高的，其束缚水含量/自由水含量比值不一定高。

4. 保护酶活性变化与杏树抗寒性的关系

逆境胁迫下，保护酶活性的变化前人已做过许多研究（张泽煌等 2000、纪忠雄等 1983、王文龙等 2003）等通过对茄子、柑橘、柚等植物在低温胁迫期间的 SOD、POD 活性研究认为，受低温胁迫后 SOD、POD 酶活性均增加，抗寒性强的品种酶活性增加的多。

本研究中：① SOD 酶活性变化趋势为“升—降—升—降”，有两个高峰，前一个高峰高于后一个高峰，在降温初期杏枝条产生过多的超氧化阴离子自由基（$O_2^{\cdot-}$），为了维持体内自由基的产生与清除的平衡状态，需要高活力的 SOD 酶来清除过多的自由基，随着温度的降低，受害程度的加重，导致酶蛋白分子的破坏，从而降低了 SOD 酶活性；且在自然条件下，SOD 酶活性与杏枝条的抗寒性呈正相关的关系；② 在对杏花器官抗寒性的研究中，SOD 酶活性先升后降。在降温常温（CK）到 -1℃，杏花器官 SOD 酶活性较高且呈上升趋势，保证了其对自由基的清除，使杏花为受到冻害或冻害较轻；随着温度的降低（ -3℃以下的低温），杏花受冻害的程度加重，导致酶蛋白分子的破坏，使 SOD 酶活性急剧下降，自由基不能被有效地清除，膜脂氧化作用增加，导致了膜的破坏（詹福建等 2003），使花器官受害，并且抗寒性差的品种 SOD 活性下降剧烈，这点在石竹、水稻、苹果等植物抗寒性研究中已得到了证实（曹仪植等 1998）。

在整个降温过程中，杏枝条 POD 酶活性总体变化趋势为“升—降—升”，整个过程中至少有一个高峰，前期原因与 SOD 相同，在后期的活性出现增加，抗性强的品种酶活性提高的幅度大。而且 POD 酶活性开始降低温度较 SOD 酶活性低 5℃，因此，在维持膜系统稳定性方面 POD 酶活性有更持久的作用，可继 SOD 酶引发一系列防御反应；抗寒性强的品种的花器官的 POD 酶活性略低于不抗寒的品种，且在 -1℃之后 POD 酶活性明显下降，说明低温抑制了杏花细胞内的 POD 酶活性，使 POD 酶进行细胞膜透性调节；-3℃之后，活力出现了增加，且抗性强的品种酶活力提高的幅度大。

5. 渗透调节物质的变化与杏树抗寒性的关系

在逆境条件下，植物体内各种渗透调节物质大量积累，赋予多种植物渗透调节能力。渗透调节的关键是在胁迫条件下细胞内溶质的主动积累和由此导致的细胞渗透势的下降。可溶性蛋白、可溶性糖、游离脯氨酸是植物体内的几种重要渗透调节物质。

可溶性蛋白的亲水胶体性质强，能增强细胞持水力，因而在许多植物上的研究表明，抗寒性强的植物在低温胁迫下，可溶性蛋白有所增加，对植物抗冻具有重要的调节作用，但也有许多研究表明，低温胁迫能引起植物基因发生改变，并有新的蛋白合成，它们参与了植物体在抗寒中的过程。在低温胁迫下，杏品种枝条中可溶性蛋白质总体趋势是增加的，在 -40℃时可溶性蛋白质急剧增加，尤其是抗寒性强的杏品种中可溶性蛋白质含量增加趋势非常明显，且抗寒性强的品种的可溶性蛋白质含量始终高于其他品种。这与其他人的研究结论相一致。

游离脯氨酸的积累是植物对逆境的一种普通反应，游离脯氨酸作为诱导调节剂与耐寒性密切相关。一般情况下植物体内游离脯氨酸并不多，经低温胁迫后，游离脯氨酸迅速提高（王文龙等 2003）。游离脯氨酸具有水溶性和水势高，在细胞内积累无毒等的特点，因此在植物低温胁迫过程中能作为防脱水剂而保护植物。低温条件下，游离脯氨酸的积累既可以四由于蛋白质合成受阻，也可能是由于合成受激或氧化受阻，还可以是蛋白质降解的结果（郭修武等 1989，Yelenosky G. 1979）。随着处理温度下降，杏枝条形成层中的游离脯氨酸含量呈明显增加趋势，越抗寒品种增加的倍数越高；在不同低温条件下的杏枝条与花器官中的游离脯氨酸在植物体中的含量随着温度的降低而升高。

6. MDA 与杏树抗寒性的关系

植物处于逆境条件下，细胞内自由基的产生和清除的平衡遭受破坏，导致植物体内生理，生化功能发生变化，细胞内代谢被破坏，引发或加剧了膜脂过氧化作用，造成细胞膜系统的损伤，膜脂过氧化最重要的产物丙二醛（MDA）可以扩散到其他部位，破坏体内多种反应的正常进行，膜脂过氧化的结果，使膜结构和功能受到损伤，严重时导致细胞死亡。在不同的低温处理条件下，MDA 含量与植物的抗寒性呈负相关，抗寒性强的品种，MDA 含量少。随着温度的降低，杏花的 MDA 含量逐渐升高，耐寒能力弱的品种 MDA 含量更高，且剧增高峰出现的更早。对兰州大接杏，沙金红和串枝红枝条 MDA 含量变化的测定与电解质渗出所测定结果基本一致，表明了 MDA 含量的变化和相对电导率，都可以作为抗寒鉴定的指标。

二、有关仁用杏抗寒性的结论

① 在杏品种抗寒性测定的诸多指标中，相对电导率、SOD 酶活性、MDA 含量与其他指标的相关性较好，都可以作为单一指标

来衡量杏品种的抗寒性。在实验中的15个杏品种中，抗寒力较大的品种有：兰州大接杏、红荷包、沙金红、意大利21号；抗寒力较小的品种有：华县大接杏、麻真核、猪皮水杏、金荷包、大杏梅。

② 低温处理下，不同花器官褐变率不同，表现为花瓣 < 雄蕊 < 雌蕊，花器官褐变温度为 -3℃～-5℃。不同杏品种花期受冻害发生时表现有明显差异；杏品种花期抗霜的差异不完全在于开花的早晚，而与本身的抗性有密切的关系。

③ 枝条中相对电导率随着温度下降而上升，呈现“S”形曲线，在 -25℃时，各品种的相对电导率值发生突跃，抗寒性强的品种相对电导率较低；枝条中的SOD活性随温度变化趋势为“升—降—升—降”，即在 -20℃和 -35℃出现两个高峰，前一个高峰高于后一个高峰；POD活性总体变化趋势为“升—降—升”，即大多数品种在 -20℃时有一个小高峰，而 -40℃时又达到一个高峰；随着温度下降，枝条中的MDA含量呈上升趋势，抗寒性差的品种MDA含量高，且随温度下降增加幅度大；杏枝条形成层中的游离脯氨酸含量呈明显增加趋势，越抗寒品种增加的倍数越高；可溶性蛋白质总体趋势是增加的，在 -40℃时可溶性蛋白质急剧增加，抗寒性强的品种的可溶性蛋白质含量始终高于其他品种。

④ 低温胁迫下，不同品种、不同花器官电导率变化差异较大，总的趋势随温度的降低电导率变化呈现“S”形曲线上升，同一品种花器官抗寒性顺序为：花瓣 > 雄蕊 > 雌蕊；在试验中除兰州大接杏花瓣SOD酶活性在整个低温处理过程中一直呈上升趋势外，3个品种花器官SOD酶活性变化随温度的降低表现为先升后降，各个品种花器官中均以花瓣SOD酶活性最高；整个降温过程中3个品种花瓣的POD酶活性始终保持上升趋势，雌蕊POD酶活性则呈现先上升后下降的趋势，花器官POD酶活性大小表现为花瓣 > 雄蕊 > 雌蕊；抗寒性不同的杏品种花器官的MDA含量变化都是随着温度

的降低而增加，温度越低，MDA 含量上升的趋势越明显，同一品种的不同花器官的 MDA 含量变化差异明显，总体趋势为雌蕊 > 雄蕊 > 花瓣；在低温处理过程中，3 个品种花器官中可溶性蛋白质含量均呈先上升后下降趋势；杏花器官中的游离脯氨酸含量呈明显增加趋势，越抗寒品种增加的倍数越高。

⑤ 通过 LT50 测定表明，不同器官间的抗寒力大小为，杏 1 年生休眠枝条 > 花蕾 > 盛开花 > 幼果；同一品种的叶芽的低温需求量 > 花芽低温需求量；不同品种的杏对低温需求量不同；杏 1 年生休眠枝的抗寒性、花蕾、盛开花和幼果 LT50 存在相关性，以花蕾 LT50 与枝条，盛开花，幼果 LT50 相关性为高；花蕾的 LT50 大小与花芽低温需求量有关，花蕾的 LT50 大，花芽所需的低温积累量就高。可通过测定杏花蕾的 LT50 来确定杏树抗寒力。

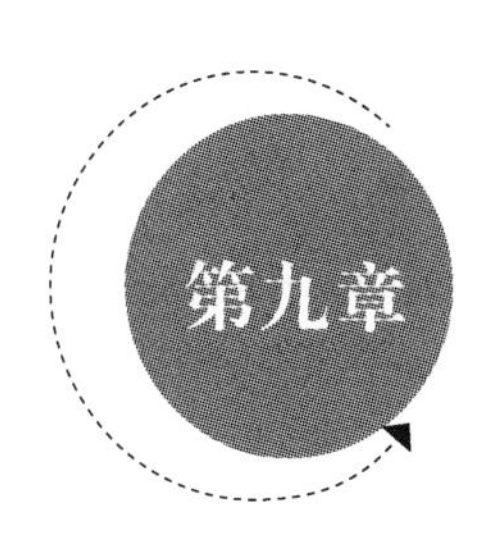

仁用杏食药 保健研究开发前景

第一节　杏的历史文化与人类的健康

我国早在公元前3000年就开始大面积栽植杏树。早在《夏小正》中记载："四月，囿有见杏"，说明了杏花开的时间，及杏果成熟的描述。

在长期的生产劳作实践中，人们逐渐地形成了，以杏作为人们追求和向往美好生活的比喻和象征。我国传统上就将"杏苑"与杏树园林比拟，泛指新科进士游宴处；"杏林作为指代良医，并以"杏林春满"、"誉满杏林"等称颂医术高明；相传孔子时代人们把"杏坛"作为聚徒授业讲学之处，进而又将杏坛作为孔子兴教的象征，列入孔庙的建筑体系之中。现如今，以"杏坛"比喻教育界等。

我国南宋叶绍翁的《游园不值》："应怜屐齿印苍苔，小扣柴扉久不开。春色满园关不住，一枝红杏出墙来。"这首诗描写了作者游园未遂，一枝红杏出墙的逢回路转。表现了作者对春天勃勃生机的描绘，同时也流露出作者对春天的喜爱之情。写出田园风光的幽静安逸、舒适惬意之春景图。也表达了人们对美好事物的追求和向往。

每逢早春，簇簇杏花将山坡、河岸、大路两侧、旷野，点缀得俊美而富有生气；尤其是成片粉白如纱，似梦幻般，又像云朵似雾，馥郁馨香，沁人心脾的杏林景观，这一切正在告诉人们春天的脚步正在向我们走来。随着杏花的凋谢，青杏高挂枝头，又是一幅丰收在望的景象。微风吹拂之际，一颗颗青杏像抓着树枝涤荡秋千似的景观，煞是可爱喜人。麦收时节成片的杏林杏子都成熟了，远远望去，或满树金黄或火红一片，更是十分喜人。

1. 杏花的寓意与花语

①以杏象征幸福。因为杏在汉语里与“幸”字谐音，表示“有幸”的意思；又因为杏花非常美丽，通常用以象征美丽的少女；还把杏仁比作美女的眼睛，这就是俗语常说的“柳叶眉，杏核眼。”

②杏花薄粉轻红，象征着春意盎然。如叶绍翁的《游园不值》是这样描写的“春色满园关不住，一枝红杏出墙来”。

2. 有关杏在国外的栽培情况

杏在18世纪被西班牙传教士带入美国加利福尼亚南部。1879年，美国果树学会列举的在美国种植的品种有11个。据说，西欧的杏是通过中国古代的丝绸之路传播过去的，而现在在全世界都有栽培。无独有偶，英国人也认为梦里梦见杏同样是会给人们带来好运的。

3. 杏与人类的生活

（1）生态效益及经济效益

杏树的经济寿命很长，一般在40～50年，其寿命在良好和生境条件下可长达100多年。杏是我国北方的主要栽培果树品种之一，以果实早熟、色泽鲜艳、果肉多汁、风味甜美、酸甜适口为特色，在春夏之交的果品市场上占有重要位置，深受人们的喜爱。

杏的果实具有丰富的营养，含有多种有机成分和人体所必需的维生素及无机盐类，是一种营养价值较高的水果。杏肉除提供人们鲜食之外，还可以加工制成杏脯、糖水杏罐头、杏干、杏酱、杏汁、杏酒、杏青梅、杏话梅、杏丹皮等；杏仁可以制成杏仁霜、杏仁露、杏仁酪、杏仁酱、杏仁点心、杏仁酱菜、杏仁油等。杏仁的营养更丰富，含蛋白质23%～27%、粗脂肪50%～60%、糖类10%，还含有磷、铁、钾等无机盐类及多种维生素，是滋补佳品。杏仁油微黄透明，味道清香，不仅是一种优良的食用油，还是一种高级的油漆涂料、化妆品及优质香皂的重要原料。

虽然杏的全身都可食用，但杏仁和杏肉均不可多食，杏肉味酸、性热，有小毒。过食会伤及筋骨、勾发老病，甚至会导致落眉脱发、影响视力，若是产、孕妇及孩童过食还极易长疮生疖等现象发生。同时，由于鲜杏酸性较强，过量食用不仅容易激增胃里的酸液伤胃引起胃病，还易腐蚀牙齿诱发龋齿等现象。而对于过食伤人较大的杏，每食3～5枚视为适宜。但将杏制成杏汁饮料或浸泡水中数次后再吃，不但安全还有益于人体健康。对于爱吃杏的朋友来说，除了管好贪吃的嘴，多食经过加工而成的杏脯、杏干等较为适宜。

（2）杏及杏产品具有很好的加工性能，也是出口创汇的重要产品

杏树的木材色泽深红、质地坚硬、纹理细致，可以加工成家具和各类工艺品；杏的叶片是很好的家畜饲料；树皮可提取单宁和杏胶；杏壳是烧制优质活性炭的原料之一。

此外，杏树也是一种很好的常用绿化、观赏树种，尤其是在干旱少雨、土层浅薄的荒山或是风沙严重的干旱地区，杏树可以作为防风固沙保持水土的树种之一；同时，杏树对空气中的二氧化硫、氟化氢等有害气体有一定的抗性，还可吸附空气中的粉尘物质，改善净化空气，保持良好的生态环境。

第二节　仁用杏的百家论集及药用处方

其实在我国古代、希腊、罗马和阿拉伯等国的医生，就开始使

用苦杏仁酐治疗肿瘤了，中医传统上用苦杏仁的剂量是3 ～9 g 冲泡，值得注意的是因苦杏仁有毒性，过量可中毒致死。

一、百家论述

①《神农本草经》：主咳逆上气，雷鸣，喉痹，下气，产乳，金疮，寒心，奔豚。

②《本草经集注》：解锡、胡粉毒。得火良。恶黄耆、黄芩、葛根。畏蘘草。

③《名医别录》：主惊痫，心下烦热，风气去来，时行头痛，解肌，消心下急，杀狗毒。

④《珍珠囊》：除肺热，治上焦风燥，利胸膈气逆，润大肠乞秘。

⑤《药性论》：治腹痹不通，发汗，主温病。治心下急满痛，除心腹烦闷，疗肺气咳嗽，上气喘促。入天门冬煎，润心肺。可和酪作汤，益润声气。宿即动冷气。

⑥崔禹锡《食经》：理风噤及言吮不开。

⑦《医学启源》：除肺中燥，治风燥在于胸膈。《主治秘诀》云，润肺气，消食，升滞气。

⑧《滇南本草》：止咳嗽，消痰润肺，润肠胃，消面粉积，下气。治疳虫。

⑨《本草纲目》：杀虫，治诸疮疥，消肿，去头面诸风气皶疱。

⑩李杲：苦杏仁下喘，治气也。桃仁疗狂，治血也。桃、苦杏仁俱治大便秘，当以气血分之。昼则难便，行阳气也；夜则难便，行阴血也。故虚人大便燥秘不可过泄者，脉浮在气，用苦杏仁、陈皮；脉沉在血，用桃仁、陈皮；所以俱用陈皮者，以手阳明与手太阴为表里也。贲门上，主往来，魄门下，主收闭。故王氏言，肺与大肠为通道也。

⑪《本草纲目》：苦杏仁能散能降，故解肌、散风、降气、润

燥、消积，治伤损药中用之。治疮杀虫，用其毒也。治风寒肺病药中，亦有连皮尖用者，取其发散也。

⑫《长沙药解》：肺主藏气，降于胸膈而行于经络，气逆则胸膈闭阻而生喘咳，藏病而不能降，因以痞塞，经病而不能行，于是肿痛。苦杏仁疏利开通，破壅降逆，善于开痹而止喘，消肿而润燥，调理气分之郁，无以易此。其诸主治，治咳逆，调失音，止咯血，断血崩，开耳聋，去目翳，平胬肉，消停食，润大肠，通小便，种种功效，皆其降浊消郁之能事也。

⑬《本草求真》：苦杏仁，既有发散风寒之能，复有下气除喘之力，缘辛则散邪，苦则下气，润则通秘，温则宣滞行痰。苦杏仁气味具备，故凡肺经感受风寒，而见喘嗽咳逆、胸满便秘、烦热头痛，与夫蛊毒、疮疡、狗毒、面毒、锡毒、金疮，无不可以调治。东垣论苦杏仁与紫菀，均属宣肺除郁开溺，而一主于肺经之血，一主于肺经之气；苦杏仁与桃仁，俱治便秘，而一治其脉浮气喘便秘，于昼而见；一治其脉沉狂发便秘，于夜而见。冯楚瞻论苦杏仁、栝蒌，均属除痰，而一从腠理中发散以祛，故表虚者最忌；一从肠胃中清利以除，故里虚者切忌。诸药貌虽相同，而究实有分辨，不可不细审而详察也。但用苦杏仁以治便秘，须用陈皮以佐，则气始通。

⑭《药征》：苦杏仁主治胸间停水，故治喘咳，而旁治短气结胸，心痛，形体水肿。

⑮《本经疏证》：麻黄汤、大青龙汤、麻黄苦杏仁甘草石膏汤、麻黄加术汤、麻黄苦杏仁薏苡甘草汤、厚朴麻黄汤、文蛤汤，皆麻黄、苦杏仁并用，盖麻黄主开散，其力悉在毛窍，非借苦杏仁伸其血络中气，则其行反濡缓而有所伤，则可谓麻黄之于苦杏仁，犹桂枝之于芍药，水母之于虾矣。

⑯《本草便读》：凡仁皆降，故（苦杏仁）功专降气，气降则痰消嗽止。能润大肠，故大肠气闭者可用之。考苦杏仁之性似无辛

味，似乎只有润降之功，而无解散立力，但风寒外束，肺气壅逆，不得不用此苦降之品，使气顺而表方得解，故麻黄汤用之，亦此意耳。桃仁、苦杏仁，其性相似，一入肝经血分，一入肺经气分。至于解毒杀虫，彼此均可，在乎用者之神明耳。

⑰《本草经疏》：阴虚咳嗽，肺家有虚热、热痰者忌之。

⑱《本草正》：元气虚陷者勿用，恐其沉降太泄。

⑲《本经逢原》：亡血家尤为切禁。

⑳《本草从新》：因虚而咳嗽便秘者忌之。

二、各家选方

（一）［宋］王怀隐等编《太平圣惠方》

1. 防风散方（533 页）

治中风，口面㖞僻，手足不遂，风入于脏，则语不得转，心神昏闷。

防风一两去芦头，羌活二两，川升麻一两，桂心一两，芎䓖二（一）两，羚羊角屑三分，麻黄一两去根节，杏仁一（二）两汤浸去皮尖双仁麸炒微黄，薏苡仁一两。

右件药[1]，捣筛为散，每服四钱。以水一中盏，煎至五分，去滓。不计时候，温服。

2. 侧子散方（538 页）

治风湿痹，皮肤不仁，手足无力。

侧子一两炮裂去皮脐，五加皮一两，磁石二两烧醋淬七遍细研，甘菊花半两，汉防己半两，葛根半两剉，羚羊角屑一两，防风一两去芦头，杏仁一两汤浸去皮尖、双仁，麸炒微黄，薏苡仁一两，赤芍药半两，芎䓖半两，秦艽半两去苗，麻黄一两去根节，甘草半两炙微赤剉。

---

① 右件药，现在解释为以上各种药，下同

右件药，捣筛为散，每服四钱。以水一中盏，煎至六分，去滓，不计时候，温服。

3. 防风散方（541 页）

治风湿痹，及偏风，身体手足不遂，筋脉挛急。

防风一两去芦头，白术一两，芎䓖一两，细辛一两，羌活一两，茵芋一两，牛膝一两去苗，狗脊一两去苗，萆薢一两，薏苡仁二两，麻黄四两去根节，侧子一两炮裂去皮脐，杏仁一两汤浸去皮尖、双仁、麸炒微黄，赤箭一两，桂心一两。

右件药，捣筛为散，每服四钱。以水一中盏，入生姜半分，煎至六分，去滓。不计时候，温服。

4. 秦艽散方（544 页）

治摊风，手足不遂，肌肉顽痹，筋脉拘急，心神不安，言语謇涩，胸膈痰涎不利。

秦艽一两去苗，赤箭一两，独活一两，桂心一两，五加皮一两，磁石三两捣碎水淘去赤汁，甘菊花一两，汉防己一两，羚羊角屑一两，葛根一两剉，赤芍药一两，麻黄二两去根节，薏苡仁二两，防风一两去芦头，芎䓖一两，侧于一两炮裂去皮脐，杏仁二两汤浸去皮尖，双仁、麸炒微黄，甘草一两炙微赤剉。

右件药，捣筛为散，每服四钱。以水一中盏，入生姜半分，煎至六分，去滓。不计时候，温服。

5. 防风散方（571 页）

治偏风，手足不遂，肌体不仁，筋脉拘急，时有疼痛。

防风三分去芦头，白术三分，芎䓖三分，白芷三分，牛膝三分去苗，狗脊三分，萆薢三分剉，薏苡仁三分，杏仁三分汤浸去皮尖双仁、麸炒微黄，侧子一两炮裂去皮脐，当归三分剉微炒，羌活三分，麻黄三分去根节，石膏二分，桂心三分。

右件药，捣粗罗为散，每服四钱。以水一中盏，入生姜半分，煎至六分，去滓。不计时候，温服。忌生冷、油赋、猪、鸡、犬肉。

6. 白蒺藜圆方（617 页）

治刺风，偏身如针刺，肩背四肢拘急，筋骨疼痛。

白蒺藜一两微炒去刺，茵芋一两，羌活一两，木香一两，羚羊角屑一两，附子一两炮裂去皮脐，白花蛇肉二两酒浸炙微黄，白附子一两炮裂，当归一两剉微炒，干蝎一两微炒，薏苡仁三分，槟榔半两，牛膝一两去苗，芎蒡一两，牛黄一分细研，麝香一分细研，杏仁一两汤浸去皮尖，双仁，别研如膏，防风三分去芦头，酸枣仁二两微炒。

右件药，捣罗为末，入杏仁膏，相和令匀，炼蜜和捣五七百杵，圆如梧桐子大。每服，不计时候，以温酒下二十圆。忌生冷、油腻、毒滑、鱼肉。

7. 薏苡仁散方（739 页）

治肉极。肌肤如鼠走，津液开泄，或痹不仁，四肢急痛。

薏苡仁一两，石膏二两，芎蒡一两，桂心半两，羚羊角半两，赤芍药半两，防风一两去芦头，当归一两，甘草半两炙微赤剉，汉防己一两，杏仁半两汤浸去皮尖、双仁，麸炒微黄。

右件药，捣粗罗为散，每服四钱。以水一中盏，入生姜半分，煎至六分，去滓，不计时候，温服。忌生冷、油赋、毒滑、鱼肉。

8. 地黄煎方（3074 页）

地黄煎，大补益，养命延年，驻颜不老方。

生地黄汁三升，酥二升，蜜三升，枣膏二（三）升，髓一升牛羊皆得用，杏仁一升汤浸去皮尖研用之，生姜汁一升，天门冬十两去心，麦门冬六两去心，黄芪八两剉，紫苑六两去苗土，桔梗五两去芦头，甘草八两炙微赤到，五味子八两，百部六两，狗脊七两，丹参八两，牛膝十两去苗，杜仲十两去皱皮，防风七两去芦头，地骨皮十两，桑根白皮十两，桂心六两，羌活六两，肉苁蓉十两酒浸去皱皮，白茯苓十两，薏苡仁十两。

右天门冬等二十味，细剉，以水七斗，煎取三斗，绞去滓。和地黄汁生姜汁等，绵滤，于铜锅中，以微火煎之。三分减二，即下酥蜜髓，及枣杏仁等相和，以重汤煎，以物数数搅之，可如稀饧即止，以瓷瓶贮之。每服，以温酒调服一匙，日三服。

（二）［宋］赵信编《圣济总录》

9. 薏苡仁汤方（193页）

治中风风势未退。

薏苡仁炒一两半，萎蕤一两，麦门冬去心生用半两，石膏碎二两半，杏仁去皮尖双仁炒一两半，乌梅去核二十枚，生姜切焙三两，犀角镑半两，地骨皮，人参各一两。

右一十味，粗捣筛，每服五钱匕。水一盏半，煎至八分。去滓入竹沥半合。白蜜少许。搅令匀温服。病若热多，即食前冷服。若冷多即食后暖服。

10. 羚羊角丸方（199页）

治中风手足麻痹，行履艰难。

羚羊角屑、桂去粗皮、白槟榔煨剉、五加皮剉、人参、丹参、拍子仁、枳壳去瓤麸炒、附子炮裂去皮脐、杏仁去皮尖双仁炒黄各一两半，茯神去木、防风去叉、熟干地黄焙、麦门冬去心焙各二两，南木香、牛膝酒浸切焙各一两，薏苡仁二两半。

右一十七。捣罗极细，炼蜜和丸，梧桐子大。每服空心温酒下三十九丸，日二。

11. 槟榔丸（207页）

治脾中风。口面偏斜，言语謇涩，心烦气浊，手臂腰脚不遂。

槟榔煨半两，防己三分，赤芍药三分，羚羊角镑三分，人参半两，白茯苓去黑皮半两，薏苡仁炒一两一分，独活去芦头三分，芎䓖半两，桂去粗皮半两，附子炮裂去皮脐一两，防风去叉一两，酸枣仁炒三分，当归切焙半两，柏子仁生用半两，杏仁汤退去皮尖双仁炒三分，熟干地黄焙干冷捣一两。

右一十七味，捣罗为末，炼蜜为丸，如梧桐子大。每服空心食前，温酒下二十丸。

12. 茯神丸方（207页）

治脾中风。手足不遂，腰痛脚弱，行履艰难。

茯神去木剉一两，羚羊角镑三分，防风去叉剉一两，桂去粗皮三分，槟榔煨剉三分，五加皮剉三分，人参三分，麦门冬去心焙一两，丹参去苗三分，木香半两，牛膝去苗半两，柏子仁生用三分，枳壳炒去麸三分，薏苡仁炒一两一分，附于炮裂去皮脐三分，杏仁汤去皮尖双仁炒三分，熟干地黄剉焙干一两。

右一十七味，捣罗为末，炼蜜为丸，如梧桐子大。每服空心食前温酒下二十丸。

13. 羚羊角丸方（209页）

治脾藏中风。口面偏斜，语涩虚烦，手臂腰脚不遂。

羚羊角屑、防已、白芍药、独活去芦头、白茯苓去黑皮、防风去叉、酸枣仁微炒、杏仁去皮尖并双仁炒黄、麦门冬去心焙各三分，柏子仁炒、人参、槟榔剉、芎䓖、桂去粗皮、当归切焙各半两，薏苡仁、附子炮裂去皮脐、熟干地黄焙各一两。

右一十八味，捣罗为未，炼蜜和丸，如梧桐子大，每服空心温酒下三十丸。

14. 羚羊角汤（245页）

治中风舌强不语。手足拘急，发歇有时。

羚羊角镑、麻黄去根节、防风去叉、升麻、桂去粗皮、芎䓖、薏苡仁各一两，羌活去芦头、杏仁去皮尖并双仁炒各二两黄。

右九味，粗捣筛，每服三钱匕，水一盏，入木通竹叶，煎至七分。去滓不拘时温服。

15. 羚羊角汤方（258页）

治风亸曳。及摊缓不遂等疾。

羚羊角镑，防已、杏仁去皮尖双仁炒研各一两半，侧子炮裂去皮脐半两，五加皮二两，磁石生杵碎八两，干姜炮、芍药、麻黄去根节各一两半，薏苡仁二两，防风去叉，芎䓖、秦艽去苗土、甘草炙各半两。

右一十四味，剉如麻豆。每服三钱匕，水一盏，煎至七分。去滓温服，日三夜一。

16. 羌活汤方（266页）

治中风四肢拘挛筋急。或缓纵不遂，骨肉疼痛，羸瘦眩闷；或腰背强直，或心松虚悸，怵惕不安；服诸汤汗出后，又觉虚围，病仍未痊。

羌活去芦头三两，防风去叉三分，人参三两，白茯苓去黑皮四两，芎䓖二两，远志去心二两半，薏苡仁炒三两，附子炮裂去皮脐、麻黄去节先煎去沫焙干、桂去粗皮各二两，磁石煅醋淬五两，秦艽去苗土二两，五加皮二两半，丹参二两，生干地黄焙、杏仁汤去皮尖双仁炒各半两。

右一十六味，剉如麻豆，每服五钱匕。水二盏，枣二枚劈破，生姜半枣大切，同煎至一盏。去滓温服，空心晚食前各一服。若病者有热，即去桂加葛根一两剉，白藓皮一两炙剉。四肢疼痛痿弱挛急，加当归切焙，细辛去苗叶，各二两。

17. 胡壳丸方（281页）

治偏风手足一边不遂，筋骨烦痛。

枳壳去瓤麸炒一两半，防风去叉一两，人参一两半，羌活去芦头一两半，羚羊角镑一两半，升麻二两，甘菊花未开者良微炒一两，葛根剉一两，薏苡仁炒一两，桂去粗皮一两，黄连去须二两，熟干地黄切焙二两。

右十二味，捣罗为末，炼蜜和丸，如梧桐子大。每服二十丸，渐加至三十丸，空心温酒下，日再。

18. 防风饮方（284页）

治偏风半身不遂。筋脉抽牵，行履不得。

防风去叉、白术、芎䓖、白芷，牛膝切沼浸焙、狗脊去毛、萆薢、葛根剉、人参、羌活去芦头、薏苡仁各一两，杏仁去皮尖双仁炒二两，麻黄去节先煮去上沫焙、石膏、桂去粗皮各三两。

右一十五味，粗捣筛，每服五钱匕。以水一盏半，入生姜半分切，煎取八分去滓。空腹温服。

19. 白芷汤方（290 页）

治中风手足一边不遂，言语謇涩。

白芷、白术、芎䓖、防风去叉各半两，羌活去芦头一两，麻黄去根节先煎去沫焙干用半两，石膏一两半，牛膝去苗、狗脊去毛、萆薢炒各半两，薏苡仁炒、杏仁汤去皮尖双仁炒、附子炮裂去皮脐、葛根各一两，桂去粗皮一两半。

右一十五味，剉咀如麻豆大，每用十八钱匕。以水四盏。入生姜一分切，煎取二盏。去滓分温三服，微热服，日二夜一。

20. 芎䓖汤方（291 页）

治中风手足不遂。身体疼痛，口面㖞斜，一眼不合。

芎䓖，防风去叉、白术、白芷，牛膝去苗、狗脊去毛、萆薢炒、薏苡仁炒各半两，杏仁汤去皮尖双仁炒、人参、葛根剉、羌活去芦头各一两，麻黄去根节先煎掠去沫焙干用二两，石膏碎、桂去粗皮各一两半。

右一十五味，粗捣筛，每用十二钱匕。以水三盏，煎取二盏。去滓分三服，微热服之。日二服，夜一服。服药后，宜依法次第灸诸穴；风池二穴，肩髃一穴，曲池一穴，支沟一穴，五枢一穴，阳陵泉一穴，巨虚上下廉各一穴，灸九次即差。

21. 伏神汤方（291 页）

治中风手足一边不收，精神健忘。

茯神去木三两，防风去叉、牛膝去苗、枳壳去瓤麸炒、防己剉、秦艽去土、玄参坚者、芍药、黄芪细剉、白鲜皮剉、泽泻、独活去芦头各二两，桂去粗皮一两半，五味子半升，人参半两，薏苡仁炒半升，麦门冬去心焙半两，羚羊角镑屑二两，石膏碎半斤，甘草炙到一两半，磁石一十二两烈火烧赤醋淬十遍淘用别捣碎。

右二十一味，除磁石外，粗捣筛。每用药一两，磁石半两，别入杏仁七枚，去皮尖碎。以水四盏，同煎至二盏去滓。分二服，微热服之，空心并午时各一服。每自申春宜服，至季夏即住。

22. 防风酒方（298 页）

治荣虚卫实，肌肉不仁，病名肉苛。

防风去叉二两，白术一两半，山茱萸并子用一两半，山芋干者一两半，附子炮裂去皮脐一两半，天雄炮裂去皮脐一两半，细辛去须叶轻炒一两半，独活去芦头一两半，秦艽去土一两半，茵芋去粗茎一两半，杏仁汤去皮尖双仁炒一两半，紫巴戟去心二两，桂去粗皮二两，麻黄去节先煎去沫焙干用二两，生姜切焙二两，磁石生捶碎如大豆浸去赤汁半斤，薏苡仁炒三两，生地黄净洗细切焙二两半。

右十八味，剉如麻豆，生绢囊盛，以无灰清酒三斗，浸六七日。空心混饮四合至五合，以知为度。

23. 侧子汤方（483 页）

治寒湿痹留著不去。皮肤不仁，手足无力。

侧子炮裂去皮脐、五加皮各一两，磁石煅醋淬七遍、羚羊角镑、防风去叉、薏苡仁、麻黄去根节、杏仁汤浸去皮尖双仁麸炒各一两，甘菊花、防己，葛根、赤芍药、芎䓖、秦艽去苗土、甘草炙各半两。

右一十五味，剉如麻豆，每服三钱匕。水一盏，煎七分。去滓温服，不拘时。

24. 补骨脂丸方（3014 页）

平补诸虚，益精壮阳。

补骨脂炒、松脂、山芋、白茯苓去黑皮各八两，杏仁汤浸去皮尖双仁炒三升，胡桃肉、枣各一斤，鹿角胶炙燥十两，桂去粗皮、牛膝酒浸切焙、泽泻、菖蒲、薏苡仁、萆薢、槟榔煨剉、独活去芦头、蒺藜子炒去角、蛇床子各一两，生地黄二十斤取汁。

右一十九味，除地黄汁外，捣罗为末，煎地黄汁成煎，入药点蜜和丸，如梧桐子大。每服空腹温酒下三十丸。

（三）［元］危亦林编著《世医得效方》

25. 桔梗汤（953 页）

治男子妇人咳而胸膈隐痛，两脚肿满，咽干口燥，烦闷多渴，时出浊唾腥臭，名肺痈。小便赤黄，大便多涩。实者先投参苏饮四服，虚者先投小青龙汤四服，并用生姜枣子煎，却服此。

桔梗去芦头、贝母去心，大当归酒浸。瓜蒌仁、枳壳去瓤炒，薏苡仁微炒、桑白皮炒、甘草节、防己去粗皮各一两，百合蕉半两，黄芪一两半，正地骨皮去骨、知母、杏仁、北五味子、甜葶苈各半两。

右剉散，每服四钱。水一盏半，生姜五片煎，不以时温服。咳不渴加百药煎；热加黄芩；大便不利加煨大黄少许，小便涩甚加木通车前子煎，烦躁加白茅根；咳而疼甚加人参、白芷。

（四）［明］王肯堂辑《证治准绳》

26. 薏苡仁散（90 页）

治肉实极，肌肤淫淫如鼠走，津液开池，或时麻痹不仁。

薏苡仁、石膏煅、川芎、肉桂，防风、防己、羚羊角镑、赤芍药、杏仁去皮麸炒、甘草炙各等分。

剉咀，每服四钱。水一盏，姜五片，煎服无时。

27. 保和汤（262 页）

治劳证久嗽，肺燥成痿，服之决效。

知母、贝母、天门冬去心、麦门冬去心，款冬花各一钱，天花粉，薏苡仁炒、杏仁去皮尖炒各五分，五味子十二粒，马兜铃、紫苑、桔梗，百合、阿胶蛤粉炒、当归，百部各六分，粉草炙、紫苏、薄荷各四分。

水二盅姜三片，煎七分。入饴糖一匙，食后服。吐血或痰带血，加炒蒲黄、生地黄、小蓟。痰多加橘红、茯苓、瓜蒌仁。喘去紫苏、薄荷，加苏子、桑皮，陈皮。

28. 清金汤（277 页）

治丈夫妇人远年近日咳嗽，上气喘急，喉中涎声，胸满气逆，坐卧不宁，饮食不下。

陈皮去白、薏苡仁、五味子、阿胶炒、茯苓去皮、紫苏、桑白皮、杏仁去皮尖炒，贝母去心、款冬花、半夏曲、百合各一钱，粟壳蜜炒、人参、甘草炙各半钱。

作一服，水二盅，生姜三片，枣二枚，乌梅一枚，煎一盅，食后服。

（五）［明］孙一奎撰《赤水玄珠》

29. 百药煎方（237 页）

治失音不语。

百药煎、杏仁、百合、诃于肉、苡仁等分匀。

为末，以鸡子清和丸，如弹子大。每临卧噙化一丸。

30. 清金汤（240 页）

远年近日咳嗽，上气喘急，喉中延声，胸满气逆坐卧不安。

罂粟谷蜜炙、人参、粉草各五钱，陈皮、茯苓、杏仁、阿胶、五味、桑皮、薏苡仁、紫苏、百合，贝母、半夏麯、款冬花。

每服六钱，姜三片、枣二枚、乌梅半个水煎服。

31. 知母汤（262 页）

久痨咳嗽，肺痿见血。

知母、贝母、天冬、麦冬、款冬花各三分，川归、地黄、苡仁、杏仁、天花粉各五分，桔梗、甘草、马兜铃、紫苑、阿胶、白蜡各一分半。

姜三片，枣一枚水煎。连进三服立愈。

32. 桔梗汤（267 页）

治肺痈咳嗽脓血，心神烦闷，咽干多渴，两脚肿浮，小便赤黄，大便多沚。

桔梗、贝母、当归、瓜篓仁、枳壳、薏苡仁、桑皮；防己各一二分，甘草节、杏仁、百合各六分，黄芪一钱八分。

分二服，姜三片，水煎，温服。大便秘加大黄，小便秘加木通。

33. 保和汤（382 页）

治劳嗽肺燥成痿者，服之决效。

知母、贝母、天门冬、麦门冬、款冬花各三钱，天花粉、薏苡仁、杏仁各二钱炒，粉草炙、紫苑、五味子、马兜铃、百合、桔梗各一钱，阿胶、生地黄、当归、紫苏、薄荷各五分，生姜三片。

右水煎，入饴糖一匙药内服之。每日三服，食后进一方无地黄有百部。若血盛加蒲黄、茜草根、藕节、大蓟、茅花。

痰盛加南星、半夏、橘红、茯苓、枳壳、枳实、栝蒌实炒。

喘盛加桑白皮、陈皮、大腹皮、萝卜子、葶苈子、苏子。

热盛加山栀子、炒黄连、黄芩、黄柏、连翘。

风热加防风、荆芥、金沸草、甘草、菊花、细辛、香附。寒盛加人参、芍药、桂皮、五味子、蜡片。

34. 羚羊角散（774 页）

治妊娠冒闷，角弓反张及子痼，子冒风痉等症。

羚羊角、独活、酸枣仁炒、五加皮、防风、川芎、薏苡仁炒、川归洗、杏仁去皮尖、茯神各五分，炙甘草、木香各二分。右姜水煎服。

35. 薏苡仁汤又名瓜子仁汤（788 页）

治肠痈，腹中疼痛，烦毒不安或胀满不食，小便沚。妇人产后虚热，多有此病。纵非痈，但疑似，间便可服。

桃仁二钱，一方用冬爪子仁，无冬瓜子仁以栝蒌代之。姚氏去桃仁用杏仁，崔氏加芒硝。薏苡仁、栝蒌仁各三钱，牡丹皮二钱。

右作一剂，水煎服。

36. 桔梗汤（837 页）

治肺痈。咳而胸膈隐痛，胸次肿满，咽干口燥烦闷作渴，浊唾腥臭。

桔梗，枳壳、薏苡仁、桑皮各炒、当归、贝母、瓜蒌仁、甘草节，防己去皮各一钱，黄芪盐水炒、百合蒸各一钱半，五味子炒、甜葶苈炒、地骨皮、知母、杏仁各五分。

姜水煎服。

（六）［朝鲜］［明］许浚等著《东医宝鉴》

37. 麻杏薏仁汤（414 页）

治风湿，身疼，不能转侧，日晡加剧。

麻黄、薏苡仁各二钱，杏仁、甘草各一钱。

右剉作一贴，水煎服。

38. 清金汤（476 页）

治咳嗽，喘急，胸满气逆，坐卧不安。

陈皮、赤茯苓、杏仁、阿胶珠、五味子、桑白皮、薏苡仁、紫苏叶、百合、贝母、半夏曲、款冬花各七分，罂粟壳、人参、甘草各三分。

右剉作一贴，入姜三、枣二、梅一个，同煎服。

39. 桔梗汤（544 页）

治肺痈

桔梗、贝母各一钱二分，当归、瓜蒌、薏苡仁各一钱，枳壳、桑白皮、防风、黄芪各七分，杏仁、百合、甘草节各五分。

右剉作一贴，入姜五片，水煎服。

（七）［清］吴谦，刘裕铎等辑《医宗金鉴》

40. 麻黄杏仁薏苡甘草汤方（445 页）

麻黄去节半两汤泡，甘草一两炙，薏苡仁半两，杏仁十枚去皮尖炒。

右剉麻豆大，每服四钱。水盏半，煮八分。去滓温服，有微汗，避风。

（八）［清］吴谦，刘裕锋等辑《医宗金鉴》

41. 羚羊角散（300 页）

羚羊角镑、独活、酸枣仁、五加皮、防风、薏苡仁、杏仁、当归酒浸、川芎、茯神去木各五分，甘草、木香各二分。

右剉咀。加生姜五片，水煎服。

42. 宁肺桔梗汤（266 页）

苦桔梗、贝母去心、当归、栝蒌仁研，生黄芪、枳壳麸炒、甘草节、桑白皮炒、防己、百合去心、薏苡各八分炒，五味子、地骨皮、知母生、杏仁炒研、苦葶苈各五分。

水二盅、姜三片，煎八分。不拘时服。咳甚倍加百合，身热加柴胡黄芩，大便不利加蜜炙大黄一钱，小水沚滞加灯心木通，烦躁痰血加白茅根，胸痛加人参白芷。

（九）秦伯未编撰《清代名医医察精华》

43. 咳嗽（11 页）

向来阳气不充，得温补每每奏效。近因劳须，令阳气弛张，致风温过肺卫以扰心营，欲咳心中先痒，痰中偶带血点，不必过投沉降清散。以辛甘凉，理上燥，清络热，蔬食安闭，旬日可安。冬桑叶、玉竹、大沙参，甜杏仁、生甘草、苡仁、糯米汤煎。

44. 失音（15 页）

秋凉燥气咳嗽，初病皮毛凛凛，冬月失音，至夏末愈，而纳食颇安。像屡经暴冷暴暖之伤，未必是二气之馁。仿“金实无声”议治。麻黄、杏仁、石膏、生甘草、射干、苡仁。

45. 吐血（17 页）

以毒药熏疮，火气逼肺金，遂令咳呛痰血咽干胸闷。诊脉尺浮，下焦阴气不藏。最虑病延及下，即有虚损之患。姑以轻药，暂渐清上焦，以解火气。杏仁、绿豆皮，冬瓜子、薏仁、川贝、兜铃。

46. 哮喘（26 页）

先寒后热，不饥不食，继浮肿喘呛，俯不能仰，仰卧不安。古人以先喘后胀治肺，先胀后喘治脾。今由气分臜郁，以致水道阻塞，大便溏泻，仍不爽利，其肺气不降，二肠交阻，水谷蒸腐之湿，横趋脉络，肿由渐加，岂乱医可效？粗述大略，与高明论证。至肺位最高，主气，为手太阴脏，其脏体恶寒喜热，宣辛则通，微苦则降。苦药气味重浊，直入中下，非宣肺方法矣。故手经与足经大异。当世不分手足经混治者，特表及之。麻黄、苡仁、茯苓、杏仁、甘草。

47. 痰饮（29 页）

冬温，阳不潜伏，伏饮上泛。仲景云：“脉沉属饮。”面色鲜明为饮。饮家咳甚，当治其饮，不当治咳。缘年高下焦根蒂已虚，因温暖气泄不主收藏，饮邪上扰乘肺，肺气不降，一身之气交阻，熏灼不休，络血上涌。经云：“不得卧，卧则喘甚痹塞。”乃肺气之逆乱也。若以见病图病，昧于色诊候气，必致由咳变幻，腹肿胀满渐不可挽。明眼医者，勿得忽为泛泛可也，兹就管见，略述大意，议开太阳，以致饮浊下趋，仍无碍于冬温，从仲景小青龙越婢合法。杏仁、茯苓、苡仁、炒半夏、桂枝木、石膏、白芍、炙草。

48. 肿胀（47 页）

初因面肿，邪干阳位，气壅不通，二便皆少。桂、附不应，即与导滞，滞属有质，湿热无形，入肺为喘，乘脾为胀。六腑开阖皆废，便不通爽，溺短浑浊，时而点滴。视其舌绛口渴，腑病背胀，脏病腹满，更兼倚倒左右，肿胀随着处为甚。其湿热布散三焦，明眼难以决胜矣。经云；“从上之下者治其上。”又云；“从上之下而甚于下者，必先治其上，而后治其下。”此症逆乱纷更，全无头绪，皆不辨有形无形之误。姑以清肃上焦为先。飞滑石、大杏仁、生苡仁、白通草、鲜枇杷叶、茯苓皮、淡豆豉、黑山栀壳。

49. 喘咳（96 页）

辨八方之风，测五土之性，大宰贵邦偏在中华巽上，箕尾之前，翼轸之外。阳气偏泄，即有风寒，易感易散。来此中华，已属三年。况不得卧下，肺气大伤，止宜润降而已。蜜炙枇杷叶、麦门冬、川贝母、甜杏仁、经霜桑叶、米仁。

50. 治肺寒卒咳嗽

细辛半两（捣为末），苦杏仁半两（汤浸，去皮尖、双仁，麸炒微黄，研如膏）。上药，于铛中熔蜡半两，次下酥一分，入细辛、苦杏仁，丸如羊枣大。不计时候，以绵裹一丸，含化咽津（《圣惠方》）。

51. 治咳逆上气

苦杏仁三升，熟捣如膏，蜜一升，为三分，以一分内苦杏仁捣，令强，更内一分捣之如膏，又内一分捣熟止。先食已含咽之，多少自在，日三。每服不得过半方寸匕，则痢（《千金方》苦杏仁丸）。

52. 治久患肺喘，咳嗽不止，睡卧不得者

苦杏仁（去皮尖，微炒）半两，胡桃肉（去皮）半两。上件入生蜜少许，同研令极细，每一两作一十丸。每服一丸，生姜汤嚼下，食后临卧（《杨氏家藏方》苦杏仁煎）。

53. 治上气喘急

桃仁、苦杏仁（并去双仁、皮尖，炒）各半两。上二味，细研，水调生面少许，和丸如梧桐子大。每服十丸，生姜、蜜汤下，微利为度（《圣济总录》双仁丸）。

54. 治气喘促浮肿，小便淋沥

苦杏仁一两，去皮尖，熬研，和米煮粥极熟，空心吃二合（《食医心镜》）。

55. 治肺病咯血

苦杏仁四十个，以黄蜡炒黄，研，入青黛一钱，作饼，用柿饼一个，破开包药，湿纸裹，煨熟食之（朱震亨）。

56. 利喉咽，去喉痹，痰唾咳嗽，喉中热结生疮

苦杏仁去皮熬令赤，和桂末，研如泥，绵裹如指大，含之（《本草拾遗》）。

57. 治久病大肠燥结不利

苦杏仁八两，桃仁六两（俱用汤泡去皮），蒌仁十两（去壳净），三味总捣如泥；川贝八两，陈胆星四两（经三制者），同贝母研极细，拌入杏、桃、蒌三仁内。神曲四两研末，打糊为丸，梧子大。每早服三钱，淡姜汤下（《方脉正宗》）。

58. 治暴下水泻及积痢

苦杏仁二十粒（汤浸去皮尖），巴豆二十粒（去膜油令尽）。上件研细，蒸枣肉为丸，如芥子大，朱砂为衣。每服一丸，食前（《杨氏家藏方》朱砂丸）。

59. 治上气，头面风，头痛，胸中气满贲豚，气上下往来，心下烦热，产妇金疮

苦杏仁一升，捣研，以水一斗滤取汁，令尽，以铜器塘火上从旦煮至日入，当熟如脂膏，下之。空腹酒服一方寸匕，日三，不饮酒者，以饮服之（《千金方》苦杏仁膏）。

60. 治眼疾翳膜遮障，但瞳子不破者

苦杏仁三升（汤浸去皮尖、双人）。每一升，以面裹，于煻灰火中炮热，去面，研苦杏仁压取油，又取铜绿一钱与杏油同研，以铜箸点眼（《圣济总录》苦杏仁膏）。

61. 治鼻中生疮

捣苦杏仁乳敷之；亦烧核，压取油敷之（《千金方》）。

62. 治诸疮肿痛

苦杏仁去皮，研滤取膏，入轻粉、麻油调搽，不拘大人小儿（《纲目》）。

63. 治犬啮人

苦杏仁五合，令黑，碎研成膏敷之（《千金方》）。

三、临床应用处方

1. 桑杏汤（《瘟病条辨》）

治外感温燥证。

头痛，身热不甚，口渴咽干鼻燥，干咳无痰，或痰少而黏，舌红，苔薄白而干，脉浮数而右脉大者。桑叶 3 g，杏仁 4.5 g，沙参 6 g，象贝 3 g，香豉 3 g，栀皮 3 g，梨皮 3 g。水二杯，煮取一杯，顿服之，重者再作服。方中杏仁宣降肺气，润燥止咳，为君药。

2. 桑菊饮（《温病条辨》）

主治风温初起引起的咳嗽发热，口微渴，脉浮数证。

桑叶 7.5 g，菊花 3 g，薄荷 2.5 g，连翘 5 g，芦根 6 g，杏仁 6 g，桔梗 6 g，甘草 2.5 g 水煎服。

3. 麻黄汤（《伤寒论》）

主治外感风寒表实证。

麻黄 9 g，桂枝 6 g，杏仁 6 g，炙甘草 3 g 水煎服。

4. 麻杏甘石汤（《伤寒论》）

治肺热壅盛证。

身热不解，有汗或无汗，咳逆气急，甚或鼻扇，口渴，舌苔薄白或黄，脉浮滑而数。麻黄5g，杏仁9g，甘草6g，石膏18g。以水七升，煮麻黄去上沫，内诸药，煮取二升，去渣，温服一升。方中杏仁降气，佐麻黄宣降肺气以止咳平喘。

5. 三仁汤（清·《温病条辨》）

湿温初起，头痛恶寒，面色淡黄，身重疼痛，午后身热，胸闷不饥等症。

具有清利湿热，宣畅气机之功效。杏仁五钱、飞滑石六钱、白通草二钱、白蔻仁二钱、竹叶二钱 、厚朴二钱、生薏仁六钱、半夏五钱。因内含：杏仁、白蔻仁生薏仁，取名为“三仁汤”。［用法用量］以甘澜水八碗，煮取三碗，服一碗，日三服。

6. 五仁丸（《世医得效方》）

治津枯便秘。

大便干燥，难摄难出，口干欲饮，舌燥少苔，脉细涩。桃仁15g，杏仁15g，柏子仁5g，松子仁5g，郁李仁5g，陈皮20g。将五仁别研为膏，入陈皮末研匀，炼蜜为丸，如梧桐子大，每服五十丸，空心米饮送下。（现代用法：可改为汤剂，剂量酌定，水煎服。）方中质润多脂，润燥通便，且降肺气，以利通便，为君药。

7. 人参蛤蚧散（《杨氏家藏方》卷十）

主治虚劳咳嗽咯血，潮热盗汗，不思饮食。

具有补肺益肾，止咳定喘的功效。蛤蚧1对（蜜炙），人参（去芦头）半两，百部半两，款冬花（去梗）半两，贝母（去心）半两，紫菀茸半两，阿胶（蛤粉炒）1分，柴胡（去苗）1分，肉桂（去粗皮）1分，黄耆（蜜炙）1分，甘草（炙）1分，鳖甲（醋炙）1分，杏仁（汤浸，去皮尖）1分，半夏（生姜汁制）1分。研磨制成细末。《普济方》引作“蛤蚧散”。

此方剂当注意，肉桂虽去风寒，有热人不宜服，则当改用细辛。

8. 定喘汤（《摄生众妙方》）

主治哮喘。

具有宣肺降气，清热化痰之功效。白果 9 g，麻黄 9 g，款冬花 9 g，半夏 9 g，杏仁 9 g，紫苏子 6 g，桑白皮 6 g，黄芩 6 g，甘草 3 g。用水煎煮制成汤剂。

9. 咳嗽合剂《农村中草药制剂技术》

感冒咳嗽，镇咳，祛痰。

枇杷叶 250 g，桔梗 250 g，杏仁 200 g，甘草 150 g，救必应 200 g，氯化铵 20 g，共制成 1 000 mL。制法（1）将氯化铵溶解在 60 mL 水中，过滤，备用。（2）其余各药加水浸过药面，煎煮两次（第一次 1 ～2 h，第二次 0. 5 ～1 h 时），合并煎煮液，过滤，浓缩至约 940 mL。加入上述氯化铵溶液，搅匀，共制成 1 000 mL 即得。［用法与用量］口服，每日 3 次，每次 10 mL。

四、中医疗疾验方

参见第三章第二节之三。

第三节　仁用杏的食药保健开发展望

一、抗癌和抗肿瘤方面

对于抗癌的研究目前有这样的研究结果：美国的毕尔德及克雷布斯父子研究发现，身体内有许多细胞 当其还处于原生胚胎期阶段时，这些细胞是用来修复组织的，依照特别的形态遗传刺激，它们可以分化为身体的任何组织、器官、血液或头发。当我们的身体受到损害，动情激素便会刺激这些细胞来修复受伤的地方，修复好了则由胰腺酵素来关掉修复工程。如果没有关掉这个修复动作，这些细胞就会因不断地漫无法纪的分裂修复而形成肿瘤或癌症。如果免疫系统低落，又没有摄取足够的VitB17，癌症就慢慢潜伏形成。

癌症作为慢性代谢疾病是毋庸置疑的。它不是由病毒或细菌所引发的传染病，而是源于代谢问题，和身体的食物利用有关。大多数的代谢病主要基于食物中缺乏某种特定的维生素物质。如果一个人体内有癌细胞存在，在短期内尽可能给病人摄取最大量的Vit B17，这种情况就会在短期内得到改善。

克雷布斯Dr. Krebs博士的研究表明，建议成年人每日吃10粒苦杏仁可以预防癌症的发生，给癌症病人每日吃30～50粒可以作为他们的营养补充品。这样使用VitB17及代谢疗法治疗病人，病人的病情就会持续得到好转。

他们还通过这种代谢疗法用于治疗动物的癌症，野生动物很少得癌症，现代人饲养的动物因为饮食没有足够的VitB17，所以，容易罹癌。

需要提醒的是，少数癌症病人吃了杏仁会有恶心反应，诊疗中心建议减少食用量，让身体适应后再渐渐增加分量。并非所有的杏仁都有效，必须是带点苦味，才表示确实含有Vit B17，例如中药中的北杏即含有Vit B17。

其他富含Vit B17的有：桃子种仁、苹果种子、美国枣子种仁、李子种仁、樱桃种仁、及油桃种仁。我们每天吃的小米millet、荞麦buck whear、夏威夷豆macadamia nuts、竹笋、绿豆、利马豆、青豆、某些品种的豌豆等等也富含Vit B17。除此之外，我们还可由日常的食物中摄取，食物中含有胰岛酵素的有木瓜及菠萝。癌症病人最好每天食用木瓜及半个菠萝。

随着工业国家的污染所产生的几万种人造、有害的化学物质，会造成身体的损伤，所损伤的部位创造了修复条件，若此处一直不断地受到伤害，一直不断地修补，要是胰腺酵素不足以关掉该项修补，就决定肿瘤产生的部位。这时饮食中如有足够的VitB17，它就能提供了身体的第二道防线，进而使体内癌细胞得到抑制。其机理还需要人们不断地探索和研究。

抗结肠癌方面的研究（回乔等，2013），①山杏仁中含有抑制 Caco－2 细胞生长的活性成分，但该活性成分的含量较低，能够用 80% 乙醇提取。②用不同方法制备的山杏仁乙醇提取物中，E3（除去山杏仁中可溶于水和盐溶液中的成分后，收集山杏仁乙醇提取物在 pH 值 4.5 时的沉淀物）抑制 Caco－2 细胞增殖作用最强。③在山杏仁的乙醇、乙二醇、异丙醇、叔丁醇提取物中，只有乙醇提取物显示强烈的抑制 Caco－2 细胞增殖的作用。④具有抑制 Caco－2 细胞生长作用的山杏仁乙醇提取物，主要是由蛋白和脂肪组成，活性成分是以特定形式存在蛋白质或脂肪，或两者以特定形式结合的特异性复合物。

二、仁用杏的食用药用开发展望

随着我国仁用杏产业的蓬勃发展，杏仁的开发利用也迫在眉睫。需要从仁用杏的深加工工艺，生理需要及功能机理上进行更深入的研究和开发，为人类的健康保驾护航。

（一）仁用杏深加工工艺的研究

1. 苦杏仁苷的提取

（1）乙醇提取法

此法现已广泛使用，效果较好。一般在经过粉碎，脱脂处理以后，用 95% 乙醇进行回流提取操作。由于苦杏仁苷在冷乙醇中的溶解度很小，在热乙醇中的溶解度很大，所以，亦可采用乙醇做结晶溶剂提取苦杏仁苷，结晶或者减压蒸馏便可得到苦杏仁苷粗品。

（2）水提取法

水提取法是以水作为溶剂，在沸腾状态下，从植物中提取有效成分的方法。水提取法，提取率高，但是杏仁中蛋白质含量高，会使提取液易于发霉变质。水提取时的料液较大(10:1)，提液难于浓缩，这为苦杏仁苷的纯化处理造成了困难。而且用热水提取，尽管提取效率很高，但是大部分的D－苦杏仁苷被转化成异苦杏仁苷，比例接近1∶1（Ja-yong et al. 2005），原物质成分容易流失。

（3）水—乙醇结合法

邢国秀等2004对去杂、粉碎后的苦杏仁苷用去离子水浸提，再脱脂浓缩，最后用95%乙醇萃取，结晶的粗品。

（4）甲醇提取法

景文娟等人将杏仁粉加入三角烧瓶内，加甲醇，超声提取一次30 min，静置10 min吸取上清液过滤，稀释后用HPLC测定含量。

（5）超声波辅助提取

利用超声波可以提高天然活性物质的提取率。超声波提取得到的产品具有杂质含量低、有效成分含量高、提取时间短的优点。而且超声波本身具有节省能源、省时、简化操作程序、提高反应率和提取率、能显著降低化学反应产生的废弃物对环境所产生的危害等优点。

（6）微波辅助提取

微波炮制苦杏仁可以快速杀酶且无须烘干，生产成本应该更低，但限于市场上尚无工业化生产设备，受热均匀性也暂时难以解决，所以，微波法标准化炮制苦杏仁技术有待进研究（Qizhen et al. 2005）。

2. 苦杏仁蛋白的提取

目前，采用稀盐溶液浸提及等电点—盐析相结合的方法提取、制备苦杏仁蛋白。

3. 杏仁油提取工艺

杏仁油成分的分析目前主要采用气相色谱法、液相色谱法及气谱－质谱联用技术。

（二）仁用杏仁的代谢生理及代谢功能研究

目前研究表明，杏仁油具有调节血脂，清理血栓。高血脂是导致高血压、动脉硬化、心脏病、脑血栓、中风等疾病的主要原因，杏仁油的不饱和脂肪酸能降低血液中对人体有害的胆固醇和甘油三酯，有效控制人体血脂浓度，提高高密度脂蛋白的含量。

杏仁油能促进体内饱和脂肪酸的代谢，减轻和消除食物内的动物脂肪对人体的危害，防止脂肪沉积，抑制动脉粥样硬化，增强血管的弹性和韧性。降低血液黏稠度，增进红细胞携氧的能力。长期食用杏仁油可保持身体健康，预防心血管疾病、改善内分泌（Esfahlan A J. 2010）。

抗氧化，预防衰老。杏仁油中含有维生素 A、维生素 E、维生素 D3、维生素 P 等多种维生素，尤其是维生素 D3 的含量高达 5. 01 mg/100 g，在植物油中较为少见。维生素 D3 影响人体中钙、磷的吸收和贮存，在人体骨的矿化作用中起着重要作用。维生素 E 的含量为 5. 58 mg/100 g，维生素 E 具有抗氧化作用，保护机体细胞免受自由基的毒害，且维生素 E 能减少斑纹组织的产生、保护皮肤免受紫外线和污染的伤害、减少疤痕与色素的沉积。可延缓衰老，减少皱纹产生。维生素 E 可帮助消化，预防便秘，所以，杏仁油的减肥效果显著。今后应从水分含量、天然抗氧化剂及增效剂、包装材料及方式等方面进行杏仁油抗氧化研究。

杏仁油中富含人体必需的 8 种氨基酸，对身体生长及保养有重要作用。杏仁油中含有丰富的钙、锰、锌、磷、硒等矿物质元素，可增强记忆力（邓泽元 2009）。

美容养颜的功效。杏仁油具有良好的亲肤性，能迅速被皮肤吸收，具有保湿养颜、防皱纹的功效。杏仁油轻柔润滑、不油腻，可作为基础油，与植物油和精油调和制作各种护肤面膜和按摩香熏，是保养皮肤的上品。长期用杏仁油护发，可有效改善掉发、发质稀疏等。

以上各方面今后应加强从人体代谢机理、营养代谢的生理功能等进行深入的研究，为人类的健康提供理论依据。

（三）仁用杏仁产品开发

1. 杏仁油深度加工研究开发

杏仁油为初级加工产品，科技含量和附加值较低。杏仁中的油脂和蛋白质含量丰富，是一种优质的可利用植物资源。提取后制成的杏仁油和杏仁蛋白粉，可以作为食用油、化妆品用基础油、食品添加剂或蛋白质强化剂，还可与玉米蛋白、大豆蛋白或其他种类的植物蛋白混合，加工成多元植物蛋白食品，开发利用价值相当可观。在我国杏仁产业蓬勃发展的形势下，杏仁深加工途径具有现实的经济效益。

2. 医疗保健食品的开发

苦杏仁有很好的医疗和保健作用，具有抗癌防癌、降低胆固醇、延年益寿的功效。并且苦杏仁中含24.7% 蛋白质，44.8% 脂肪，及微量元素硒，胡萝卜素，维生素 B_1、B_2等，具有很高的营养价值。但目前其产品研发力度不够，品种多停留在大众型小食品的开发上，对苦杏仁的开发研究还远远不够。大概估计苦杏仁深加工后的产值比粗加工要高将近 10 倍。而苦杏仁苷的开发作为其中的一个重要部分，具有很好的前景。如何建立一种省时高效节约成本的方法，值得广大分析工作者的大力研究。

3. 保健乳品的开发研制

以苦杏仁和鲜牛乳为原料，经脱皮、去苦、乳化和发酵等工艺步骤获得杏仁乳生产最佳技术参数。以杏仁乳∶牛乳比例为30∶70，接种量5%，发酵时间为5 h，按照以保加利亚乳杆菌、嗜热链球菌（1∶1）接种，42 ℃条件下发酵，可得品质优良的杏仁酸乳（权美平 2013）。今后要解决工厂化、规模化生产的问题，以提供人们对健康乳制品的需求。

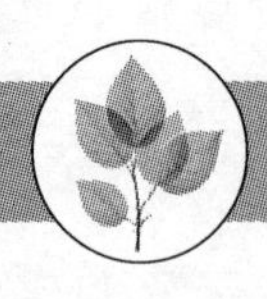

参考文献

［1］张加延，何跃．我国“三北”杏树产业带的发展现状[J]．北方果树，2007（1）：33－35.

［2］山西省园艺学会．山西果树志．北京：中国经济出版社，1991.

［3］黄永红．仁用杏的生物学特性及其开发利用[J]．中国果品研究，1997（2）：16.

［4］肖扬．林木培育学[M]．北京：中国农业出版社，1998.

［5］赵峰，中国仁用杏的生产概况及发展前景[J]．河北林果研究，2001，16（4）：377－379.

［6］王德生．仁用杏——国仁[J]．现化农业，2001（10）：7.

［7］Qizhen Dua，Gerold Jerz，Yangchun He，et al. Semi-Industrial Isolation of Salicin and Amygdalin from Plant Extracts Using Slow Rotary Counter-Current Chromatography [J]. Journal of Chromatography A，2005：1074：43－46.

［8］王富花，张占军．杏仁研究进展[J]．安徽农业科学，2010，38（29）：16 239－16 240，16 242.

［9］李春华，解方，赵素莲，等．苦杏仁甙对小鼠肝枯否细胞 r-RNA 活性及吞噬功能的影响[J]．中国实用中西医杂志，1994（1）：7－8.

［10］Takafumi Isozak，Yutaka Matano，Keiichi Yamamoto，etal. Quantitative Determination of Amygdalin Epimers by Cyclodextrin-modified Micellar Electrokinetic Chromatography [J]. Journal of Chromatography A，2001，923：249－254.

［11］吕伟峰．中药材中有害物质的分析方法研究［D］．清华

大学出版社，2005.

［12］回乔，朱梦媛，陈婷，等．山杏仁乙醇提取物抑制 Caco-2 细胞生长[J]. 中国食物与营养，2013，19（8）：67－70.

［13］王田利．仁用杏生产现状及发展前景展望[J]. 中国果业信息，2011，28（9）：19－21.

［14］周晏起，赵锋，卜庆雁，等．大力开发辽宁西部地区的仁用杏产业[J]. 北方树，2006（3）：41－43.

［15］苑克俊，辛力，王长君，等．山东省杏生产现状及发展建议[J]. 落叶果树，2012，44（5）：22－23.

［16］高丽红．我国扁杏产业的生产现状及发展建议[J]. 河北果树，2008（2）：1－3.

［17］张晓莉，朱诗萌，何余堂，等．我国杏仁油的研究与开发进展[J]. 食品研究与开发，2013，34（16）：133－136.

［18］Ja-Yong Koo，Eun-Young Hwang，Sonhae Cho，et al. Quantitative Determination of Amygdalin Epimers from ArmeniacaeSemen by Liquid Chromatography [J]. Journal ofChromatography B，2005：69－73.

［19］邢国秀，李楠，崔丽均，等．苦杏仁苷提取工艺优化[J]. 中国医药工业杂志，2004，35（1）.

［20］景文娟，陈治平，王鲁石等．野巴旦杏营养成分及苦杏仁苷的测定[J]. 食品科技，2006（6）.

［21］家庭书架编会．生活中常用的 200 种道地药材[M]. 2007：237－238.

［22］［明］李时珍．图解本草纲目[M]. 西安：陕西师范大学出版社，2010：277－278.

［23］赵晓明．薏苡[M]. 北京：中国林业出版社，2000. 8.

［24］国家药典委员会．中华人民共和国药典临床用药须知（中药饮片卷）［M]. 北京：中国医药科技出版社，2010：879－882.

[25] 姚延梼. 仁用杏营养元素循环研究[J]. 林业科技通讯, 1997, 22 (6): 1-5.

[26] 李云峰, 杨秀清, 姚延梼. 铜、锌元素在仁用杏树不同生育期的循环规律初探[J]. 山西农业大学学报, 2003, 23 (2): 108-111.

[27] 刘金龙, 姚延梼, 杨秀清. 仁用杏多酚氧化酶和超氧化物歧化酶的研究[J]. 山西林业科技, 2002 (2): 38-41.

[28] 苦杏仁的功效和作用. http: //ypk. 39. net/zcy/zkht/7e96b. html.

[29] 赵宇瑛, 尚冰, 宋晓东. 苦杏仁甙的研究进展[J]. 安徽农业科学, 2005, 33 (6): 1 097-1 098.

[30] 赵可夫, 王韶唐. 作物抗性生理[M]. 北京: 农业出版社,1990: 19-20.

[31] 詹福建, 巫光宏, 黄卓烈, 等. 低温胁迫对马占相思树P家系细胞膜透性的影响[J]. 林业科学研究, 2003, 39 (1): 56-61.

[32] 白宝璋等. 植物生理学[J]. 中国农业科技出版社, 1996: 247.

[33] 罗广华, 王爱国, 吴航, 等. 华南食用植物的SOD及其对介质盐度的反应. 中科院华南植物研究所集刊, 科学出版社, 1994 (9): 81-87.

[34] 蒋明义, 杨文英, 等. 渗透胁迫下水稻幼苗中叶绿素降解的活性氧化损伤作用[J]. 植物学报, 1994, 36 (4): 289-295.

[35] 蒋明义 王韶唐, 等. 水分胁迫与植物膜脂过氧化[J]. 西北农业大学学报, 1991, 19 (2): 88-94.

[36] McCord J M, Fridovich I. Superoxide dismutase: an enzymic function for crythrocuprein (hemocuprein). *J Biol Chem*. 1969, 244.

[37] 白宝璋, 叶尚红, 王玉国. 植物生理学[M]. 北京: 中国农业科技出版社, 1996: 256-279.

[38] 姚延梼，等．华北落叶松铜、钼含量及抗坏血酸氧化酶活性研究[J]. 山西农业大学学报，1997，17 (4)：325 - 329.

[39] 王金胜．植物基础生物化学[M]. 北京：中国林业出版社,1998：95.

[40] 邹承鲁．酶学研究中的一些新进展[J]. 科学通讯，1962 (9)：16.

[41] 季孔庶，等．美洲黑杨 I - 69 树皮中多酚氧化酶同工酶的提纯和特性[J]. 南京林业大学学报，1991，15 (2)：16 - 21.

[42] 宋凤鸣，等．枯萎病菌侵染后棉菌体内多酚氧化酶活性的变化[J]. 植物生理学通讯，1997，33 (3)：175 - 177.

[43] 李士鹏，等．生物化学与生物物理进展[J]. 1984 (2)：72 - 74.

[44] 郭尧君．生物化学与生物物理进展[J]. 1983 (3)：50 - 55.

[45] 罗玉坤，等．第五届全国生物化学学术会议论文摘要汇编 [D] . 1984：182.

[46] 周树根，等．生命的化学[J]. 1984，4 (6)：24 - 26.

[47] 史跃林，罗庆熙，等. Ca^{2+} 对盐胁迫下黄瓜幼苗中 CAM、MDA 含量和质膜透性的影响[J]. 植物生理学通讯，1995，31 (5)：347 - 349.

[48] 刘鸿先，曾韶西，王以柔，等．低温对不同耐寒力的黄瓜幼苗子叶各细胞器中超氧化物歧化酶 (SOD) 的影响[J]. 植物生理学报,1985，11 (1)：48 - 57.

[49] 韩富根，焦桂珍，等．烟草叶片多酚氧化酶的提取及其特性研究[J]. 河南农业大学学报，1994，29 (1)：98 - 101.

[50] 梁小娟．化学技术措施对仁用杏生长、结实影响的研究[J]. 山西林业科技，2001 (1)：14 - 17.

[51] 王德生．仁用杏—国仁[J]. 现代农业，2001 (10)：7.

[52] Mayer M Alfred. Polygpenol oxidases in phants-recent progress. *P-hytophemistry*. 1987, 26: 11 -20.

[53] Mayer M Alfred and Eitan H. Polygpenol oxidases in phants. *Phyto-phemistry*. 1979, 18: 193 -215.

[54] Keith Vao Cleveetal. Productivity and Nutrient cycling in taiga forest ecosystem Can. *J. Res*. 1983, 13 (5): 12 -14.

[55] 张海保，朱西儒，刘鸿先．感染束顶病后香蕉过氧化物酶和多酚氧化酶的活性变化．植物生理学通讯，1996，32 (5): 321 -327.

[56] 徐豹，庄炳昌，等．不同进化类型大豆种子超氧化物歧化酶的比较．植物学报，1989，31 (7): 517 -522.

[57] 谭兴杰，等．荔枝多果皮多酚氧化酶的部分纯化及性质[J]. 植物生理学报，1984，10 (4): 339 -345.

[58] 韩富根，等．烟草叶片多酚氧化酶的提取及其特性研究[J]. 河南农业大学学报，1995，29 (1): 98 -102.

[59] 郑海歌，等．蘑菇中的多酚氧化酶及其同工酶[J]. 植物生理学通讯，1996，32 (3): 17 -18.

[60] 吴经柔，张之菱．应用过氧化物酶同工酶谱测定苹果的抗寒性[J]. 果树科学，1990，7 (1): 41 -44.

[61] 马翠兰，刘星辉，胡又厘．柚品种间的耐寒性差异及其机理[J]. 福建农业大学学报，1998，27 (2): 160 -165.

[62] 吴国良，常留印，陈国秀，等．核桃实生苗叶性状与抗寒性关系[J]. 植物学通报，1998，15 (增): 111 -113.

[63]] 郑家基，卢炜，陈利恒，等．龙眼、橄榄叶片空隙率与耐寒性的关系[J]. 福建农业大学学报，1996 (2): 161 -164.

[64] 王丽雪，李荣富，马兰青，等．葡萄枝条中淀粉、还原糖及脂类物质变化与抗寒性的关系[J]. 内蒙古农牧学院学报，1994，15 (4): 1 -7.

［65］李荣富，王雪丽，梁艳荣，等．葡萄抗寒性研究进展［J］. 内蒙古农业科技，1997（6）：24－26.

［66］L yons J M．Chilling injury in plants［J］. Ann Rev Plant Physiol，1973（24）：445－466.

［67］崔国庭，田呈瑞．大孔吸附树脂分离纯化苦杏仁苷的研究［J］. 食品工业科技，2005，26（4）．

［68］万清林．草莓抗寒特性分析［J］. 北方园艺，1990，8：4－7.

［69］BassiD，Andalo G，Bartolozzi F，et al. To lerance of apricot to winter temperture fluctuation and spring frost in northern Italy［J］. A cta Hoticulturae，1995（384）：315－321.

［70］Simp son D G. Seasonal and geographic origin effects on cold hardiness of white spruce buds，foliage and stems［J］. Can Jou For Res，1994，24（5）：1 066－1 070.

［71］Huziling，Gulacar F O. Composition and positional distribution of fatty acids in leaf phospholipids［J］. Archs SciGeneve，1996，49（1）：11－20.

［72］Ishikawa W，Robertson A J，Gusta L V．Comparison of viability tests for assessing cross-adaptation to freezing，heat and salt stresses induced by abscisic acid in brom egrass suspension cultured cells［J］. Plant Sci，1995（107）：83－93.

［73］Susan W，AtulM，Vaidaya G B，et al. High specific activity of whole cells in an aqueous-organic two-phase membrane bioreator［J］. Enzyme and Technology，1998（22）：575－577.

［74］潘晓云．膜脂过氧化作为扁桃品种抗寒性鉴定指标研究［J］，生态学报，2002（11）：1 902－1 911.

［75］孙中海．柑橘抗寒性与膜脂肪酸组分的关系研究［J］. 武汉植物学研究，1990，8（1）：79－85.

[76] 黄义江. 苹果属果树抗寒性细胞学鉴定[J]. 园艺学报, 1982, 9 (5): 23 - 30.

[77] 刘星辉, 佘文琴, 张惠斌. 龙眼、荔枝叶片膜脂肪酸与耐寒性的研究[J]. 福建农业大学学报, 1996, 25 (3): 297 - 301.

[78] 佘文琴, 刘星辉. 荔枝叶片膜透性和束缚水/自由水与抗寒性的关系[J]. 福建农业大学学报, 1995, 24 (1): 14 - 18.

[79] 王飞, 陈登文, 李嘉瑞, 等. 杏花及幼果的抗寒性研究[J]. 西北植物学报, 1995, 15 (2): 133 - 137.

[80] 刘天明, 张振文, 李华, 等. 桃品种耐寒性研究[J]. 果树科学, 1998, 15 (2): 107 - 111.

[81] 刘祖祺, 张石城. 植物抗性生理学[M]. 北京: 中国农业出版社, 1994.

[82] 林定波, 颜秋生, 沈德绪. 柑橘抗羟脯氨酸细胞变异系的选择及抗寒性研究[J]. 浙江农业大学学报, 1999, 25 (1): 94 - 98.

[83] 尹立荣. 葡萄枝条组织结构、淀粉、还原糖脂类变化与抗寒性关系[J]. 内蒙古农牧学院学报, 1990, 5 (4): 1 - 7.

[84] 刘威生, 张加延, 唐士勇, 等. 李属种质资源的抗寒性鉴定[J]. 北方果树, 1999 (2): 6 - 8.

[85] 贺普超, 牛立新. 我国葡萄野生种质资源抗寒性分析[J]. 园艺学报, 1982, 9 (3): 17 - 21.

[86] 王毅, 杨宏福, 李树德. 园艺植物冷害和抗冷性的研究——文献综述[J]. 园艺学报, 1994, 21 (3): 239 - 244.

[87] 李美茹, 刘鸿先, 王以柔. 植物抗冷性分子生物学研究进展（综述）[J]. 热带亚热带植物学报, 2000, 8 (1): 70 - 80.

[88] 沈漫, 黄敏仁, 王明庥, 等. 磷脂酰甘油分子种与杨树抗寒性关系的研究[J]. 植物学报, 1998, 40 (4): 349 - 355.

[89] 王艇, 苏应娟, 刘良式. 植物低温诱导蛋白和低温诱导

基因的表达调控[J]. 武汉植物学研究，1997，15（1）：80－90.

[90] 林定波. 植物对低温的分子响应及其遗传改良研究进展[J]. 河北农业技术师范学院学报，1997，11（4）：58－64.

[91] 王少敏，等. 核果类果树花器霜冻及其防护措施[J]. 中国果树，2002（1）：30－32.

[92] 陈学森，等. 杏及大樱桃花器冻害调查[J]. 园艺学报，2001，28（4）：373.

[93] 张军科，等. 杏品种资源抗寒性主成分分析[J]. 西北农业大学学报，1999，27（6）：79－84.

[94] 冯军仁. 杏树良种耐寒性研究[J]. 北方园艺，1994（6）：29－30.

[95] 石荫坪，等. 2001年杏花期晚霜冻害调查研究[J]. 落叶果树，2001（4）：8－10.

[96] 张秀国，等. 杏花期霜害的影响因素调查及防治措施[J]. 河北林业科技，2004（3）：35－36.

[97] 李疆，等. 花期低温对仁用杏花器官危害程度的影响[J]. 新疆农业大学学报，2001，24（4）：22－24.

[98] 王飞，等. 杏品种花器官耐寒性研究[J]. 园艺学报，1999，26（6）：356－359.

[99] 吕增仁. 我国杏研究进展[J]. 河北果树，1996，(1)：1－5.

[100] 彭伟秀，等. 几个仁用杏品种枝条组织结构与抗寒性关系的初步研究[J]. 河北农业大学学报，2002，25（1）：48－50.

[101] 刘和，等. 杏李次生木质部导管分子的解剖学研究[J]. 山西农业大学学报，1996，16（4）：404－407.

[102] 彭伟秀，等. 不同抗寒性的杏品种叶片组织结构比较[J]. 河北林果研究，2001，16（2）：145－147.

[103] 李晓燕，等. 葡萄不同种类、品种组织解剖构造观察[A]. 中国科协第二届青年学术年会园艺学论文集[C]. 北京：

北京农业大学出版社，1995，232－237.

［104］李荣富，等．苹果砧木组织结构特征与矮化效应的研究［J］. 内蒙古农业大学学报，2003，24（3）：49－52．

［105］简令成，等．不同柑橘种类叶片组织的细胞结构与抗寒性的关系［J］. 园艺学报，1986，13（3）：163－168.

［106］王飞，等．杏品种的需寒量与抗寒性的相关研究［J］. 中国农业科学，2001，34（5）：465－468.

［107］杨建民，等．果树霜冻害研究进展［J］. 河北农业大学学报，2000，23（3）：54－58.

［108］孙福在，等．杏树上冰核细菌种类及其冰核活性与霜冻关系的研究［J］. 中国农业科学，2000，33（6）：50－58.

［109］王夔，等．生命科学中的微量元素（上）［M］. 北京：中国计量出版社，1989：148－158.

［110］王夔，等．生命科学中的微量元素（下）［M］. 北京：中国计量出版社，1989：129－130.

［111］余叔文，汤章成．植物生理与分子生物学（第二版）［M］. 科学出版社，1999：380－381.

［112］Hille，R. et al. *J. of Biol. Chem.* 1983，258（8）：4 849.

［113］Slooten L，and Nuyten，A. *Biochimica et Biophysica Acta*，1984：766，88.

［114］Uthus，E. O. et al. Arsenic Symp. Biomediecal and Environ. Perspective，Van Nostrand Reinhold，New York，1983：173.

［115］王金胜．植物基础生物化学［M］. 中国林业出版社．1998：95.

［116］［宋］王怀隐．《太平圣惠方》（第1版）［M］. 北京：人民卫生出版社，1985. 9.

［117］［宋］赵佶．《圣济总录》（第1版）［M］. 北京：人民卫生出版社，1962. 10.

［118］［元］危亦林．《世医得效方》（第1版）［M］. 上海：上海科学技术出版社，1964. 9.

［119］［明］王肯堂．《证治准绳》［M］. 北京：人民卫生出版社，1991. 11.

［120］［明］孙一奎．《赤水玄珠》［M］. 上海：上海古籍出版社，1991. 4.

［121］［朝鲜］［明］许浚，等．《东医宝鉴》（第1版）［M］. 北京：人民卫生出版社，1982. 2 .

［122］［清］吴谨，刘裕铎等《医宗金鉴》（一册）（第一版）［M］. 上海：上海古籍出版社，1991. 4.

［123］察伯未．《清代名医医察精华》（第二版）［M］. 上海：上海科学技术出版社，1981. 10.

［124］回乔，朱梦媛，陈婷，等．山杏仁乙醇提取物抑制 Caco－2 细胞生长［J］. 中国食物与营养，2013，19（8）：67－70.

［125］权美平．杏仁酸乳的研制［J］. 现代食品科技，2013，29（4）：784－787.

［126］Esfahlan A J，Jamei R，Esfahlan R J. The importance of almond（Prunus amygdalusL.）and its by-products［J］. Food chemistry，2010，120：349－360.

［127］邓泽元．食品营养学［M］. 北京：中国农业出版社，2009：23－26，77－97，111－118.

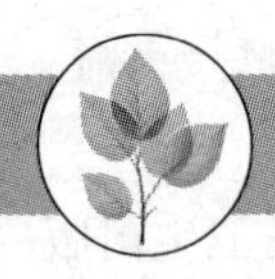

附　录

宋代以后衡量与市秤的对照表

时代	重　量		容　量	
	古代重量	折合市制	古代容量	折合市制
宋代	一两	1.1936 市两	一升	0.66 市升强
明代	一两	1.1936 市两	一升	1.07 市升强
清代	一两	1.194 市两	一升	1.0355 市升

现在：1 市斤 =500 克，1 两 =31.25 g，1 钱 =3.125 g